住房和城乡建设部"十四五"规划教材
教育部高等学校建筑电气与智能化专业
教学指导分委员会规划推荐教材

智能建筑信息设施系统

刘义艳 李艳波 主 编
张 军 陈建群 余 雷 副主编

中国建筑工业出版社

图书在版编目（CIP）数据

智能建筑信息设施系统 / 刘义艳，李艳波主编；张军，陈建群，余雷副主编. -- 北京：中国建筑工业出版社，2024. 11. --（住房和城乡建设部"十四五"规划教材）（教育部高等学校建筑电气与智能化专业教学指导分委员会规划推荐教材）. -- ISBN 978-7-112-30416-5

Ⅰ. TU855

中国国家版本馆 CIP 数据核字第 202458J2W0 号

本教材作为教育部高等学校建筑电气与智能化专业教学指导分委员会规划推荐教材之一，全面系统地介绍了智能建筑中信息设施系统的基本概念、系统构成、系统功能、设计方法以及工程案例。全书共9章，第1章绪论介绍了智能建筑和智慧城市、建筑智能化系统、信息设施系统的构成。第2章至第8章分别介绍了信息网络系统、信息基础设施系统、F5G 全光网络、综合布线系统、语音应用信息设施系统、多媒体信息设施系统、信息机房系统等各子系统的组成结构、工作原理、功能、工程设计方法及技术发展趋势。第9章介绍了无源光局域网系统工程实例。

本教材是住房和城乡建设部"十四五"规划教材。主要用于建筑类大专院校、高职院校的建筑智能化专业、电气工程及其自动化专业、建筑工程造价管理专业以及其他相关专业的专业课教材，也可作为从事建筑智能化系统工程设计、施工、管理人员的技术参考书，还可作为相关专业的培训教材。

为支持教学，本书作者制作了多媒体教学课件，选用此教材的教师可通过以下方式获取：1. 邮箱：jckj@cabp.com.cn；2. 电话：（010）58337285。3. QQ 群：797658515。

责任编辑：胡欣蕊　齐庆梅

责任校对：赵　力

住房和城乡建设部"十四五"规划教材

教育部高等学校建筑电气与智能化专业教学指导分委员会规划推荐教材

智能建筑信息设施系统

刘义艳　李艳波　主　编

张　军　陈建群　余　雷　副主编

*

中国建筑工业出版社出版、发行（北京海淀三里河路9号）

各地新华书店、建筑书店经销

北京科地亚盟排版公司制版

建工社（河北）印刷有限公司印刷

*

开本：787 毫米×1092 毫米　1/16　印张：16¾　插页：6　字数：448 千字

2025 年 4 月第一版　　2025 年 4 月第一次印刷

定价：45.00 元（赠教师课件）

ISBN 978-7-112-30416-5

（43088）

版权所有　翻印必究

如有内容及印装质量问题，请与本社读者服务中心联系

电话：（010）58337283　　QQ：2885381756

（地址：北京海淀三里河路9号中国建筑工业出版社 604 室　邮政编码：100037）

出 版 说 明

党和国家高度重视教材建设。2016年，中办国办印发了《关于加强和改进新形势下大中小学教材建设的意见》，提出要健全国家教材制度。2019年12月，教育部牵头制定了《普通高等学校教材管理办法》和《职业院校教材管理办法》，旨在全面加强党的领导，切实提高教材建设的科学化水平，打造精品教材。住房和城乡建设部历来重视土建类学科专业教材建设，从"九五"开始组织部级规划教材立项工作，经过近30年的不断建设，规划教材提升了住房和城乡建设行业教材质量和认可度，出版了一系列精品教材，有效促进了行业部门引导专业教育，推动了行业高质量发展。

为进一步加强高等教育、职业教育住房和城乡建设领域学科专业教材建设工作，提高住房和城乡建设行业人才培养质量，2020年12月，住房和城乡建设部办公厅印发《关于申报高等教育职业教育住房和城乡建设领域学科专业"十四五"规划教材的通知》（建办人函〔2020〕656号），开展了住房和城乡建设部"十四五"规划教材选题的申报工作。经过专家评审和部人事司审核，512项选题列入住房和城乡建设领域学科专业"十四五"规划教材（简称规划教材）。2021年9月，住房和城乡建设部印发了《高等教育职业教育住房和城乡建设领域学科专业"十四五"规划教材选题的通知》（建人函〔2021〕36号），以下简称为《通知》。为做好"十四五"规划教材的编写、审核、出版等工作，《通知》要求：（1）规划教材的编著者应依据《住房和城乡建设领域学科专业"十四五"规划教材申请书》（简称《申请书》）中的立项目标、申报依据、工作安排及进度，按时编写出高质量的教材；（2）规划教材编著者所在单位应履行《申请书》中的学校保证计划实施的主要条件，支持编著者按计划完成书稿编写工作；（3）高等学校土建类专业课程教材与教学资源专家委员会、全国住房和城乡建设职业教育教学指导委员会、住房和城乡建设部中等职业教育专业指导委员会应做好规划教材的指导、协调和审稿等工作，保证编写质量；（4）规划教材出版单位应积极配合，做好编辑、出版、发行等工作；（5）规划教材封面和书脊应标注"住房和城乡建设部'十四五'规划教材"字样和统一标识；（6）规划教材应在"十四五"期间完成出版，逾期不能完成的，不再作为《住房和城乡建设领域学科专业"十四五"规划教材》。

住房和城乡建设领域学科专业"十四五"规划教材的特点：一是重点以修订教育部、住房和城乡建设部"十二五""十三五"规划教材为主；二是严格按照专业标准规范要求编写，体现新发展理念；三是系列教材具有明显特点，满足不同层次和类型的学校专业教学要求；四是配备了数字资源，适应现代化教学的要求。规划教材的出版凝聚了作者、主审及编辑的心血，得到了有关院校、出版单位的大力支持，教材建设管理过程有严格保障。希望广大院校及各专业师生在选用、使用过程中，对规划教材的编写、出版质量进行反馈，以促进规划教材建设质量不断提高。

住房和城乡建设部"十四五"规划教材办公室

2021年11月

序

自 20 世纪 80 年代智能建筑出现以来，智能建筑技术迅猛发展，其内涵不断创新丰富，外延不断扩展渗透，成为世界范围内教育界和工业界的研究热点。21 世纪以来，随着我国国民经济的快速发展，新型工业化、信息化、城镇化的持续推进，智能建筑产业不但完成了"量"的积累，更是实现了"质"的飞跃，已成为现代建筑业的"龙头"，为绿色、节能、可持续发展和"碳达峰、碳中和"目标的实现做出了重大的贡献。智能建筑技术已延伸到建筑结构、建筑材料、建筑设备、建筑能源以及建筑全生命周期的运维服务等方面，促进了"绿色建筑""智慧城市"日新月异的发展。《中华人民共和国国民经济和社会发展第十四个五年规划和 2035 年远景目标纲要》提出，要推动绿色发展，促进人与自然和谐共生。智能建筑产业结构逐步向绿色低碳转型，发展绿色节能建筑、助力实现碳中和已经成为未来建筑行业实现可持续发展的共同目标。建筑电气与智能化专业承载着建筑电气与智能建筑行业人才培养的重任，肩负着现代建筑业的未来，且直接关系国家"碳达峰、碳中和"目标的实现，其重要性愈加凸显。教育部高等学校土木类专业教学指导委员会、建筑电气与智能化专业教学指导分委员会十分重视教材在人才培养中的基础性作用，多年来积极推进专业教材建设高质量发展，取得了可喜的成绩。为提升新时期专业人才服务国家发展战略的能力，进一步推进建筑电气与智能化专业建设和发展，贯彻《住房和城乡建设部办公厅关于申报高等教育、职业教育住房和城乡建设领域学科专业"十四五"规划教材的通知》（建办人函〔2020〕656 号）精神，建筑电气与智能化专业教学指导分委员会依据专业标准和规范，组织编写建筑电气与智能化专业"十四五"规划教材，以适应和满足建筑电气与智能化专业教学和人才培养需求。该系列教材的出版目的是培养专业基础扎实、实践能力强、具有创新精神的高素质人才。真诚希望使用本规划教材的广大读者多提宝贵意见，以便不断完善与优化教材内容。

教育部高等学校土木类专业教学指导委员会副主任委员
教育部高等学校建筑电气与智能化专业教学指导分委员会主任委员　方潜生

前　言

随着社会的不断发展，人们在日常生活中对建筑的功能性需求越来越多，于是智能化建筑逐渐出现在人们的视野中。信息设施系统是智能建筑中最基础的系统，也是建设智慧城市的基础。建筑电气与智能化专业承载着智能建筑人才培养的重任，肩负现代建筑业的未来，且直接关乎建筑"绿色节能环保"目标的实现，其重要性愈加突出！智能建筑信息设施系统是一门技术迭代快、实践性强、知识面广和实用性强的专业课课程，具有与信息技术发展和工程实际紧密结合的特点。瞄准智慧化建筑应用需求，以适应和满足教学和人才培养的需要，作者编写了本教材。教育、科技、人才是全面建设社会主义现代化国家的基础性、战略性支撑，必须深入实施科教兴国战略、人才强国战略、创新驱动发展战略，深化教育领域综合改革，加强教材建设和管理。本书作为住房和城乡建设部"十四五"规划教材，由教育部高等学校建筑电气与智能化教学指导分委员会组织编写。

本教材紧跟学科前沿，以国家相关标准、设计要求和规范为依据，将智能建筑信息设施系统的新规范、新标准、新产品，及 F5G 和 5G 技术、绿色全光网络技术引入教材之中，努力提高本教材的先进性、科学性和实用性。本教材系统地介绍了建筑物中对语音、数据、图像和多媒体等各类信息进行采集、传送、处理、交换、显示、存储等综合处理的各类设备系统，是现代化建筑物中最重要的基础设施平台。在编写过程中注重工程实际应用，重点介绍各子系统的组成、工作原理、应具备的功能、采用的新技术以及系统设计与实施方法，并列举了大量的工程实例。通过对智能建筑信息设施系统的基本理论、基本技能和基本方法的介绍，希望提高读者分析问题和解决问题的能力，为从事实际工程技术工作和科学技术研究工作打下坚实基础。

由于智能建筑信息设施系统涉及的子系统繁多，应用的技术涉及多个学科，本教材邀请了长期从事本课程教学的高校教师，以及华为技术有限公司和长期从事工程设计的具有丰富工程实践经验的行业专家共同编写。全书共分9章，教材内容可根据不同专业要求和学时要求进行取舍。本书由长安大学刘义艳副教授、李艳波教授主编，负责全书的构思、编写组织和统稿工作。第1章由长安大学刘义艳编写，第2章由长安大学余雷编写，第3章由华为技术有限公司於蜀、长安大学刘义艳编写，第4章由中南建筑设计院股份有限公司陈建群、华为技术有限公司张军编写，第5章由浙江建设职业技术学院张瑶瑶编写，第6章、第7章由内蒙古科技大学多丽编写，第8章由长安大学李艳波编写，第9章由中国建筑西北设计研究院有限公司杨小锐编写。在编写过程中华为技术有限公司张军、中国电子节能技术协会绿色全光网络专业委员会张锐利以及中南建筑设计院股份有限公司陈建群对教材内容提出了许多宝贵的修改意见和建议，在此深表谢意。在本书的编写、出版过程中，得到了中国建筑工业出版社的大力支持和热心帮助，在此表示衷心的感谢。特聘请教育部高等学校建筑电气与智能化教学指导分委员会委员段晨东教授为本书主审。

由于作者水平有限，编写时间仓促，书中难免出现纰漏与不妥之处，恳请各位同行、专家和广大读者指正，提出宝贵的意见和建议，以便再版时修正。

目 录

第1章 绪论 ... 1
1.1 智能建筑和智慧城市 ... 1
1.2 建筑智能化系统 ... 4
1.3 信息设施系统的构成 ... 6
本章小结 ... 11
思考题与习题 ... 12

第2章 信息网络系统 ... 13
2.1 概述 ... 13
2.2 网络体系结构及基本参考模型 ... 15
2.3 局域网与广域网 ... 19
2.4 网络设备 ... 23
2.5 信息网络系统的设计 ... 27
本章小结 ... 41
思考题与习题 ... 41

第3章 信息基础设施系统 ... 42
3.1 信息接入系统 ... 42
3.2 移动通信室内信号覆盖系统 ... 56
3.3 5G网络技术 ... 59
3.4 卫星通信系统 ... 63
本章小结 ... 67
思考题与习题 ... 67

第4章 F5G全光网络 ... 68
4.1 F5G全光网络概述 ... 68
4.2 F5G全光网络（无源光局域网）的系统架构及主要部件 ... 70
4.3 F5G全光园区（无源光局域网）系统设计 ... 80
4.4 F5G全光园区（无源光局域网）系统检测、验收 ... 92
本章小结 ... 95
思考题与习题 ... 95

第5章 综合布线系统 ... 96
5.1 概述 ... 96
5.2 综合布线系统的结构和组成部件 ... 99

5.3 综合布线系统的设计 ·················· 110
  5.4 系统测试 ·················· 118
  本章小结 ·················· 124
  思考题与习题 ·················· 125

第6章 语音应用信息设施系统 ·················· 126
  6.1 用户电话交换系统 ·················· 126
  6.2 无线对讲系统 ·················· 143
  本章小结 ·················· 145
  思考题与习题 ·················· 145

第7章 多媒体信息设施系统 ·················· 146
  7.1 有线电视及卫星电视接收系统 ·················· 146
  7.2 公共广播系统 ·················· 160
  7.3 会议系统 ·················· 174
  7.4 信息引导及发布系统 ·················· 180
  7.5 时钟系统 ·················· 186
  本章小结 ·················· 188
  思考题与习题 ·················· 188

第8章 信息机房系统 ·················· 190
  8.1 信息机房系统概述 ·················· 190
  8.2 信息机房选址与布局 ·················· 193
  8.3 信息机房的空气环境 ·················· 196
  8.4 信息机房电气系统要求 ·················· 202
  8.5 电磁屏蔽机房 ·················· 208
  8.6 智能化系统 ·················· 209
  8.7 信息机房布线系统与网络系统 ·················· 212
  8.8 信息机房消防系统 ·················· 216
  本章小结 ·················· 219
  思考题与习题 ·················· 219

第9章 无源光局域网系统工程实例 ·················· 220
  9.1 学校无源光局域网工程实例 ·················· 220
  9.2 办公楼无源光局域网工程实例 ·················· 233
  9.3 酒店无源光局域网工程实例 ·················· 248
  本章小结 ·················· 258

参考文献 ·················· 259

第1章 绪 论

通信网络是新基建的先导与基石,第五代固定网络技术(The 5th Generation Fixed Networks,F5G)和5G技术是新基建中最根本的通信基础设施,不但可以为大数据中心、人工智能和工业互联网等其他基础设施提供重要的网络支撑,而且可以将大数据、云计算等数字科技快速赋能给各行各业,是数字经济的重要载体。由此可见,新基建为智能建筑行业带来了大有可为的重大机遇,建筑物信息设施系统是智能建筑中最基础的系统,也是建设智慧城市的基础。

《智能建筑设计标准》GB 50314—2015对信息设施系统的定义是:为满足建筑物的应用与管理对信息通信的需求,将各类具有接收、交换、传输、处理、存储和显示等功能的信息系统整合,形成建筑物公共通信服务综合基础条件的系统。其主要功能是:支持建筑内外相关的语音、数据、图像和多媒体等形式的信息的传输,融合信息化所需的各类信息设施,并为建筑的使用者及管理者提供信息化应用的基础条件。

1.1 智能建筑和智慧城市

1.1.1 智能建筑

欧美国家20世纪50年代兴建大型建筑,并提出楼宇自动化的概念。1984年世界上第一幢智能大厦在美国出现,联合技术建筑系统公司(United Technology Building & Industrial Systems)在康涅狄格州哈特福德市建设了City Place Building(都市广场大厦),实现办公自动化、设备自动控制和通信自动化。20世纪80年代后期智能大厦的概念开始引入国内,20世纪90年代中期智能大厦在我国蓬勃发展。智能建筑提供舒适健康的环境,激发高效的个人创造力,高度支持办公事务、商务需求与文化交流,保证安全的生活空间,具有适应建筑功能变化的灵活性。

我国《智能建筑设计标准》GB 50314—2015对智能建筑的定义是:以建筑物为平台,基于对各类智能化信息的综合应用,集架构、系统、应用、管理及其优化组合为一体,具有感知、传输、记忆、推理、判断和决策的综合智慧能力及形成以人、建筑、环境互为协调的整合体,为人们提供安全、高效、便利及可持续发展功能环境的建筑。

在智能建筑的定义中,明确了智能建筑系统的构成,并将信息设施系统列为智能建筑中的首个系统,由此可见信息设施系统在智能建筑中的重要位置。

1.1.2 智慧城市

1. 智慧城市发展内涵

智慧城市是指利用各种信息技术或创新概念,将城市的系统和服务打通、集成,以提升资源运用的效率,优化城市管理和服务,以及提高市民生活质量。智慧城市是实现新技术应用和应对城市发展新挑战的必然选择,本质是用前沿技术手段赋能现代城市,重塑城市发展模式。智慧城市作为数字中国、网络强国、智慧社会、新型基础设施建设等国家战略实施的重要载体，引领着我国城市发展的新方向。

我国智慧城市发展经历了三大阶段：

第一阶段是技术驱动阶段。智慧城市概念于2008年底提出，随后引起国际上的广泛关注，并引发了全球智慧城市的发展热潮。这一阶段更多强调从技术本身解决城市的信息化问题。

第二阶段是业务驱动阶段。信息技术和城市发展深入融合，催生了智慧交通、智慧医疗、智慧健康、智慧养老等多领域应用场景，同时大数据、人工智能、物联网、云计算等前沿信息技术产业也实现了蓬勃发展。

第三阶段是场景驱动阶段。强调"以人为本"，让城市变得"会思考"。以"城市大脑""数字孪生"为核心的城市各领域智慧应用全面深化，应用场景更加丰富、智能、生动。这一阶段更加注重"联接＋平台＋数据＋运营"，实现城市资源的价值最大化，提升城市品质，赋能城市经济高质量发展。从智慧城市的发展形态看，新一代信息通信技术的发展，使整个社会结构发生了深刻的变化。人工智能成为新的生产力，区块链成为新的生产关系，大数据成为生产资料和生产要素，云计算成为新的生产工具，物联网、互联网、通信网络成为社会的自然环境，软件、算法正在重新定义生产方式，为城市发展开拓了无限想象的空间。信息时代有了新规则，智慧城市也显现出融合化、协同化和创新化的特征。以网络更好地连接智慧城市的服务、连接百姓、连接企业，成为智慧城市发展的新能力。智慧城市系统的能力建设，也将从过去条线形的纵向垂直系统转向以城市为载体的横向融通系统，打破城市范围内的信息孤岛和数据分割，打造全程全时、全模式全响应、"牵一发而动全身"的"敏态"智慧系统，城市也将从二元空间转向三元甚至多元空间，人类社会将变成一个数字化的智能社会、虚实融合的社会、线上线下相结合的更加智慧的社会。

作为一种新概念和新模式，智慧城市的概念尚处于构建期。欧盟对智慧城市的定义为：既重视信息通信技术的发展，又重视知识服务和基础应用的质量；既重视对资源的智能管理，又重视参与式、智能化的治理方式，多方面推动经济可持续发展和市民生活更高品质。中国工程院刘先林院士认为，"智慧城市"的本质是基于地理位置信息的"智慧"服务，通俗地说就是实现"更节能、更绿色、更环保、更可持续发展"，利用综合的地理信息提供更加人性化的服务让我们生活更方便。

2. 智慧城市发展趋势

通过大数据、云计算、人工智能等手段推进城市治理现代化，大城市也可以变得更"聪明"。从信息化到智能化再到智慧化，是建设智慧城市的必由之路，其前景广阔。

（1）技术方面：随着技术发展和需求更新，城市大脑将成长为具有自优化、自学习、自演进能力的未来城市基础设施，推动城市从感知智能向认知智能、决策智能迈进；大数据、人工智能与知识图谱技术的融合、交互，将促进智慧场景的应用落地和数据价值的进一步挖掘。通过构建城市级全行业知识图谱，实现对城市整体态势的全局、实时感知。

（2）数据方面：政府数据与社会数据将打破鸿沟，实现融合共享，合力加速城市治理和公共服务的数字化建设应用；数字孪生城市将依托城市信息模型重构城市数据结构，汇聚城市全要素数据，形成城市级共用的数字底座，为城市治理提供时空化、集约化的服务。

（3）应用方面：随着智慧城市建设的愈发成熟，提升城市智慧应用的开发效率和系统应急响应速度，满足城市的敏态、韧性发展将成为智慧城市升级迭代的新要求；部分城市建设了城市 APP 作为城市政务服务的统一入口，而互联网入口由于用户规模、内容应用及良好交互，将成为城市 APP 的强有力补充，两者将相互融通。

（4）建设方面：产城融合成为新型智慧城市建设的重要使命。通过发展数字经济形成叠加溢出效应，更好支撑城市产业形态创新与发展方式转型；智慧城市是开放复杂的巨系统，并非少数企业就可以完成，需要构建开放生态，优化资源配置，多方合作共赢，为智慧城市发展提供肥沃的土壤。

（5）运营方面：区块链、隐私计算等数据安全技术保障城市数据要素安全、高效地流通、共享、应用，充分释放数据价值；智慧城市的可持续发展，需要各级政府围绕数据、技术、人才、资金等要素建立专门的智慧城市运营机构，保障要素资源的高效配置与长效运营。

3. 全光智慧城市

我国智慧城市建设正在融入越来越多的科技新元素，新技术正在重新定义城市，重新定义社会，万物互联成为智慧城市的发展趋势，F5G 将赋能智慧城市开启全光时代。

全光智慧城市是以 F5G 全光智能底座为基础，融合物联网、云计算、人工智能等信息技术，形成立体感知、全域协同、精确判断和持续进化、开放的智慧城市系统，通过智能交互、智能连接、智能中枢、智慧应用共同构筑智慧城市全场景应用。

智慧城市建设是要建造一个由信息技术支撑、能够统一管理的网络平台。它由多个系统组成，能够相互融合、互联互通，通过对各种数据的智慧应用，在城市一级实现统一运营、管理和服务。

建筑是城市的细胞。智能建筑是具有感知、推理、判断和决策的综合智慧能力及形成以人、建筑、环境互为协调的整合体，因此智能建筑是智慧城市的基本单元、管理枢纽和基础载体。智能建筑以及智能社区，理所当然地是智慧城市的基石，是智慧城市中的重要组成部分。

1.1.3 智慧城市建设中智能建筑发展趋势

由于智慧城市概念的出现，对智能建筑提出了新的要求。今后智能建筑的技术发展和工程建设都应适应智慧城市的要求。在智慧城市中，智能化的电气化设施以及智能建筑等将对人类生活起到重要影响。智能建筑不仅是智能技术的单项应用，同时也是基于城市物联网和云中心架构下的一个智慧综合体。面对未来智慧城市的发展，作为智能技术与智慧应用的有机结合体的智能建筑，究竟会在哪些方面有所发展？

1. 智能控制技术应用的扩展

智能控制技术的广泛应用，是智能建筑的基本特点。智能控制技术通过非线性控制理论和方法，采用开环与闭环控制相结合、定性与定量控制相结合的多模态控制方式，解决复杂系统的控制问题；智能技术通过多媒体技术提供图文并茂、简单直观的工作界面；智能技术通过人工智能和专家系统，对人的行为、思维和行为策略进行感知和模拟，获取楼宇对象的精确控制；智能控制系统具有变结构的特点，具有自寻优、自适应、自组织、自学习和自协调能力。

2. 城市云端信息服务共享

智慧城市中的云中心，汇集了城市相关的各种信息，可以通过基础设施服务、平台服务和软件服务等方式，为智能建筑提供全方位的支撑与应用服务。因此智能建筑要具有共享城市公共信息资源的能力，尽量减少建筑内部的系统建设，达到高效节能、绿色环保和可持续发展的目标。

3. 物联网技术的实际应用

简单来说，物联网是借助射频识别（RFID）、红外感应器、全球定位系统、激光扫描器等信息传感设备，按约定的协议，把任何物品与互联网连接起来，进行信息交换和通信，以实现智能化识别、定位、跟踪、监控和管理的一种网络。智能建筑中存在各种设备、系统和人员等管理对象，需要借助物联网技术，来实现设备和系统信息的互联互通和远程共享。

4. 四网融合的应用

四网是指在现有的电信网、计算机网（互联网）和广播电视网（有线电视网）的三网融合基础上加入电网，成为四网融合。智能电网将服务于三网融合，不会产生本质冲突。电网光纤定位于提供公共信息通路，不触动电信、广电运营商的核心利益，各运营商可通过购买、共建或租赁电力光纤通道，与电网实现合作共赢。电力光纤到户技术使现代通信网络接入技术进入家庭，在建设坚强智能电网的同时，融合三网业务，使建筑内部的人员不再关心谁是服务商，自由自在地获取各种语音、文字、图像和影视服务。

智能建筑作为信息高速公路的节点和信息港的码头，已充分表现了它在经济、文化、科技领域中的重要作用。智能化系统是针对需求设置的，为满足安全性需求，在智能建筑中设置公共安全系统，其内容主要包括火灾自动报警系统、安全技术防范系统和应急响应系统；为满足舒适、节能、环保、健康、高效的需求，在智能建筑中设置建筑设备管理系统；为满足工作上的高效性和便捷性，在智能建筑中设置方便快捷和多样化的信息设施系统和信息化应用系统，把原来相对独立的资源、功能等集合到一个相互关联、协调和统一的智能化集成系统之中，对各子系统进行科学高效的综合管理，以实现信息综合、资源共享。

由此可见，建筑智能化系统是一个发展的概念，具备适应情况变化的能力，能够与时俱进，它会随着智能化技术的发展及人们需求的增长而不断完善。智能建筑中的智能化系统包括智能化集成系统、信息设施系统、信息化应用系统、建筑设备管理系统、公共安全系统和机房工程等。

1.2 建筑智能化系统

1.2.1 建筑设备管理系统

建筑设备管理系统（Building Management System，BMS）是对建筑设备监控系统和公共安全系统等实施综合管理的系统，建筑设备监控系统主要实现对建筑内的供配电、照明、给水排水及空调系统的测量、监视和控制，而建筑设备管理系统的主要功能是对建筑机电设备进行集中监视和统筹科学管理，对相关的公共安全系统进行监视及联动控制，实现以最优控制为中心的设备控制自动化；以可靠、经济为中心的能源管理自动化；以安全状态监视和灾害控制为中心的防灾自动化和以运行状态监视和计算为中心的设备管理自动化。

设备控制自动化实现了自动监视并控制各种机电设备的启、停,自动检测、显示、打印各种设备的运行参数及其变化趋势或历史数据,当参数超过正常范围时,自动报警。对建筑物内的温度、湿度、照度自动调节,使空调、照明及其他环境条件达到较佳或最佳的条件,使工作在智能建筑环境中的人无论是心理上还是生理上均感到舒适,从而提高工作效率。

能源管理自动化在保证建筑物内环境舒适的前提下,提供可靠、经济的最佳能源供应方案。尽可能利用自然光和自然风来调节室内环境,最大限度减少能源消耗。根据大楼实际负荷开启设备,避免设备长时间不间断地运行,从而达到节能的目的。

防灾自动化对相关的公共安全系统进行监视及联动控制,提高建筑物及内部人员与设备的整体安全水平和灾害防御能力。

设备管理自动化及时提供设备运行情况的有关资料、报表,便于集中分析,及时进行故障处理。按照设备运行累计时间制订维护保养计划,延长设备使用寿命。

1.2.2 信息设施系统

信息设施系统(Information Technology System Infrastructure,ITSI)是楼内的语音、数据、图像传输的基础,其主要作用是对来自建筑物或建筑群内外的各种信息予以接收、交换、传输、存储、检索和显示,同时与外部通信网络(如公用电话网、综合业务数字网、计算机互联网、数据通信网及卫星通信网等)相联,为建筑物或建筑群的拥有者(管理者)及建筑物内的使用者提供有效的信息服务,支持建筑物内用户所需的各类信息通信业务。

智能建筑中信息设施系统主要包括实现语音信息传输的电话交换系统、室内移动通信覆盖系统、广播系统,实现数据通信的信息网络系统、综合布线系统、卫星通信系统,实现图像通信的有线电视及卫星电视接收系统,实现多媒体通信的信息导引及发布系统、会议系统等,以及通信接入系统和其他相关的信息通信系统。

1.2.3 信息化应用系统

信息化应用系统(Information Technology Application System,ITAS)是以建筑物信息设施系统和建筑设备管理系统等为基础,为满足建筑物各类业务和管理功能需要的多种类信息设备与应用软件而组合的系统,功能要求一是应提供快捷、有效的业务运行功能;二是应具有完善的业务支持辅助功能。

信息化应用系统包括物业运营管理系统、公共服务管理系统、公众信息服务系统、智能卡应用系统和信息网络安全管理系统、工作业务应用系统等其他业务功能所需要的应用系统。其中物业运营管理系统对建筑物内各类设施的资料、数据、运行和维护进行管理;公共服务管理系统对各类公共服务进行计费及人员管理;公众信息服务系统具有集合各类公用及业务信息的接入、采集、分类和汇总的功能,建立数据资源库,向建筑物内公众提供信息检索、查询、发布和导引等功能;智能卡应用系统具有识别身份、门钥、信息系统的密钥,并具有各类其他服务、消费等计费和票务管理、资料借阅、物品寄存、会议签到以及访客管理等功能;信息网络安全管理系统确保信息网络的运行和信息安全。以上信息化应用系统对建筑物的物业管理运营信息及建筑物内的各类公众事务服务和管理,属于通用型的信息化应用系统。而工作业务应用系统是根据建筑物类型的不同，按其特定的业务需求，建立的专用业务领域的信息化应用系统。例如，适用于工厂企业生产及销售管理的工厂企业信息化应用系统、适用于工厂商品信息管理的商业型信息化应用系统等。通用型信息化应用系统是建筑智能化系统设计内容的一部分，而工作业务应用系统的建设不在智能建筑基本建设范围内，但在智能建筑信息环境设计中应为其创造良好的基础条件。

1.2.4 公共安全系统

公共安全系统（Public Security System，PSS）是为维护公共安全，综合运用现代科学技术，以应对危害社会安全的各类突发事件而构建的技术防范系统或保障体系。

公共安全系统针对火灾、非法侵入、自然灾害、重大安全事故和公共卫生事故等危害人们生命财产安全的各种突发事件，建立应急及长效的技术防范保障体系，其主要内容包括火灾自动报警系统、安全技术防范系统和应急联动系统。

火灾自动报警系统由火灾探测器、报警控制器以及联动模块等组成。探测器对火灾进行有效探测，控制器进行火灾信息处理和报警控制，联动模块联动消防装置。

安全技术防范系统综合运用安全防范技术、电子信息技术和信息网络技术等，构建先进、可靠、经济、适用和配套的安全技术防范体系，主要内容包括安全防范综合管理系统、入侵报警系统、视频安防监控系统、出入口控制系统、电子巡查管理系统、访客对讲系统、停车库（场）管理系统及各类建筑物业务功能所需的其他相关安全技术防范系统。

应急联动系统是大型建筑物或其群体以火灾自动报警系统、安全技术防范系统为基础，构建的具有应急联动功能的系统。应急联动系统应配置有线/无线通信、指挥、调度系统、多路报警系统（110、119、122、120、水、电等城市基础设施抢险部门）、消防-建筑设备联动系统、消防-安防联动系统、应急广播-信息发布-疏散导引联动系统，实现对火灾、非法入侵等事件进行准确探测和本地实时报警，采取多种通信手段，对自然灾害、重大安全事故、公共卫生事件和社会安全事件实现本地报警和异地报警、指挥调度、紧急疏散与逃生导引、事故现场紧急处置等功能。

1.2.5 智能化集成系统

智能化集成系统（Intelligent Integration System，IIS）以满足建筑物的使用功能为目标，将不同功能的建筑智能化系统，通过统一的信息平台实现集成，具有对各智能化系统进行数据通信、信息采集和综合处理的能力，确保对各类系统监控信息资源的共享和优化管理。智能化集成系统建设主要包括智能化系统信息共享平台建设和信息化应用功能实施。

智能建筑是信息技术与建筑技术相结合的产物，随着计算机技术、通信技术和控制技术等信息技术的发展和相互渗透，智能建筑的内涵将会越来越丰富。

1.3 信息设施系统的构成

信息设施系统是为满足建筑物的应用与管理对信息通信的需求，将各类具有接收、交换、传输、处理、存储和显示等功能的信息系统整合，形成建筑物公共通信服务综合基础条件的系统。

信息设施系统如图 1-1 所示，包括信息通信基础设施系统、数据信息设施系统、语音信息设施系统、多媒体信息设施系统。

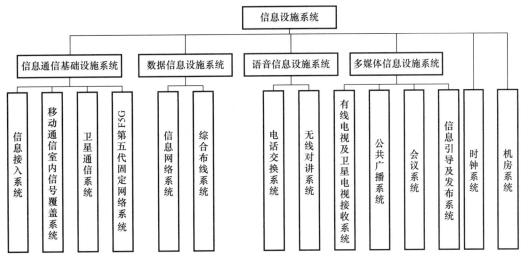

图 1-1　信息设施系统

1.3.1　通信网络及信息基础设施系统

1. 信息网络系统

信息网络系统通过传输介质和网络连接设备将分散在建筑物中具有独立功能、自治的计算机系统连接起来，通过功能完善的网络软件，实现网络信息和资源共享，为用户提供高速、稳定、实用和安全的网络环境，实现系统内部的信息交换及系统内部与外部的信息交换，使智能建筑成为信息高速公路的信息节点。另外，信息网络系统还是实现建筑智能化系统集成的支撑平台，各个智能化系统通过信息网络有机地结合在一起，形成一个相互关联、协调统一的集成系统。

信息网络具有以下功能：

（1）数据通信：利用信息网络可实现各计算机之间快速可靠地互相传送数据，进行信息交流，如发送电子邮件与信息浏览等服务。

（2）资源共享：包括硬件资源的共享和软件资源的共享，如计算处理能力、大容量磁盘、高速打印机、绘图仪、数据库、文件和其他计算机的有关信息，从而增强网络上计算机的处理能力，提高软硬件的利用率。

此外，信息网络还可以均衡网络负荷，提高计算机的处理能力，对于网络中的计算机进行集中管理，通过系统的冗余和备份增强系统的可靠性。

2. 综合布线系统

综合布线系统是为适应综合业务数字网（Integrated Services Digital Network，ISDN）的需求而发展起来的一种特别设计的布线方式，它为智能大厦和智能建筑群中的信息设施提供了多厂家产品兼容、模块化扩展、更新与系统灵活重组的可能性。既为用户创造现代信息系统环境，强化了控制与管理，又为用户节约了费用，保护了投资。综合布线系统已成为现代化建筑的重要组成部分，特别是智能建筑中最基本、最重要的基础设施。

建筑物与建筑群综合布线系统采用开放式的体系、灵活的模块化结构、符合国际工业标准的设计原则，支持众多系统及网络，不仅可获得传输速度及带宽的灵活性，满足信息网络布线在灵活性、开放性等诸多方面的要求，而且可将语音、数据、图像及多媒体设备的布线组合在一套标准的布线系统上，用相同的电缆与配线架、相同的插头与模块化插座传输语音、数据、视频信号，以一套标准配件综合了建筑及建筑群中多个通信网络，故称之为综合布线系统。

3. 信息接入系统

每一个建筑、建筑群或住宅小区，在信息的海洋中都是一个个孤立的小岛。这些独立的信息岛需要与外界相连以便交换信息，否则就变成信息孤岛。将这些信息岛连接到一起就是电信系统中的接入网系统。

接入网分为有线接入和无线接入两大类接入方式。接入网与运营商提供的业务有很大关系。当前，在我国提供接入网服务的运营商，既有传统的电信公司和有线电视网络公司，还有许多计算机网络公司和卫星通信公司，提供电信网、互联网、广播电视网和智能电网"四网融合"的功能，建设资源共享共建的网络基础设施。"四网融合"的关键是在接入网方面，应提供宽带接入，根据业务需要和接入条件，可采用光纤、铜缆、HFC[①]和无线接入等方式。

4. 移动通信室内信号覆盖系统

移动通信室内信号覆盖系统是将基站的信号通过有线的方式直接引入到室内的每一个区域，再通过小型天线将基站信号发送出去，同时也将接收到的室内信号放大后送到基站，从而消除室内覆盖盲区，保证室内区域拥有理想的信号覆盖，为楼内的移动通信用户提供稳定、可靠的室内信号，提高建筑物内的通话质量，从整体上提高移动网络的服务水平。

伴随着移动互联网与智能设备的普及，移动互联业务呈现多样化和海量化的特征，无线移动用户数量和无线通信数据量呈现指数增长趋势，5G需要实现高频谱效率、高可靠性、超低延时以及无处不在的无线通信。同时，城镇化带来了高层建筑的大规模扩建以及用户数量在立体维度上的扩增，进一步导致平面投影上的用户密集化，并为5G通信系统带来了更高的频谱效率要求，以保证用户的服务质量与业务需求。依托城市建筑的立体结构，探索立体化组网以实现频谱效率的进一步提升成为发展趋势。密集立体覆盖通过平面之外的第三个维度上进行拓展，可以实现垂直方向的频谱复用，从而大幅提升单位空间上的频谱利用率。利用多层次的异构覆盖、微小蜂窝网络、密集组网等技术，密集立体覆盖网络为5G通信系统容量的提升提供了可能性。

5. 卫星通信系统

卫星通信系统是智能建筑的信息设施系统之一，通过在建筑物上配置的卫星通信系统天线接收来自卫星的信号，为智能建筑物提供与外部通信的一条链路，使大楼内的通信系统更完善、更全面，满足建筑的使用业务对语音、数据、图像和多媒体等信息通信的需求。

---

① HFC（Hybrid Fiber-Coaxial，混合光纤同轴电缆网）是一种混合光纤同轴电缆技术，它结合了光纤和同轴电缆的特点，用于传输数据信号，尤其是在有线电视和宽带网络中。

卫星通信系统由地球同步卫星和各种卫星地球站组成。卫星起中继作用，转发或发射无线电信号，在两个或多个地球站之间进行通信。地球站是卫星系统与地面公共网的接口，地面用户通过地球站接入卫星系统，形成连接电路。地球站的基本作用是一方面接收来自卫星的微弱微波信号并将其放大成为地面用户可用的信号，另一方面将地面用户传送的信号加以放大，使其具有足够的功率，并将其发射到卫星。

6. F5G（第五代固定网络技术）

F5G即第五代固定网络技术，也称为F5G全光网，与5G类似，都是由国际标准组织为面向产业互联网应用场景提出的新一代通信标准。5G与F5G互为补充，在不同的业务场景发挥着不可替代的作用。5G适用于移动性、多联接的场景，比如无人机、车联网等；而F5G则适用于固定性、大带宽、低时延和高安全的场景，比如工业互联网、数据中心互联和企业园区等。

F5G与5G作为当前最先进的通信技术代表，各有其擅长的领域和不可替代的作用，两者之间更多是一种融合互补的关系，F5G和5G的双千兆协同打造全场景精品网络。在相互促进方面，F5G是5G回传网络的重要承载技术，可实现室内场景的低成本、快速、灵活部署，两者之间存在明显的需求牵引和基础支撑关系。在协同互补方面，F5G往往面向家庭、企业、工厂、医院等室内或固定场景提供高性能宽带服务，而5G一般适用于室外或移动应用场景，两者在应用领域上重合、在应用场景上互补，共同构成支撑生产生活全场景的泛在网络环境。两者协同发展，一方面可为个人、家庭、政企等各类用户提供"固移同速、无缝沟通"的极致上网体验，满足日常生活、工作、娱乐等方面多样化应用需求，促进工作、生活方式变革，推动信息消费不断升级；另一方面，可满足新型基础设施建设所需的固定、移动、固移融合等各类高质量互联需求，从而引领新型基础设施大建设、大发展，助力传统领域智能化升级，驱动数字经济高质量发展。

1.3.2 语音应用支撑设施系统

1. 电话交换系统

电话交换系统是历史最为悠久的电气化的通信系统，至今已有一百余年的历史。电话交换系统在发明之初是提供语音信息服务。随着电话网络的普及和数字技术的出现，电话交换网曾承担相当多的非语音业务，如传真、数据业务、计算机网络业务等，并为计算机网络的发展做出了重大贡献。

建筑物内的电话通信提供支持的电话交换系统有多种可选的模式，如可设置独立的综合业务数字程控用户交换机系统、采用本地电信业务经营者提供的虚拟交换方式、采用配置远端模块方式或采用软交换机通过 Internet 提供 IP 电话服务。

数字程控用户交换机 PABX（Private Automatic Branch eXchange）是机关和工矿企业等单位内部进行电话交换的一种专用交换机，它采用计算机程序控制方式完成电话交换任务，主要用于用户交换机内部用户与用户之间，以及用户通过用户交换机中继线与外部电话交换网上的各用户之间的通信。

虚拟用户交换机是一种利用局域程控交换机的资源为公用网用户提供用户交换机功能的新业务，是将用户交换机的功能集中到局用交换机中，用局用交换机来替代用户小交换机，它不仅具备所有用户小交换机的基本功能，还可享用公网提供的电话服务功能。

2. 无线对讲系统

无线对讲系统是一个独立的以放射式的双频双向自动重复方式通信的系统，解决因使用通信范围或建筑结构等因素引起的通信信号无法覆盖的问题，便于在管理场所内非固定的位置执行职责人员（如保安、工程、操作及服务的人员）精准联络使用。

无线对讲系统具有机动灵活、操作简便、语音传递快捷、使用经济等特点，是实现生产调度自动化和管理现代化的基础手段。建设楼宇内无线对讲系统对于安全保卫、设备维护、物业管理等各项工作将带来极大的便利，可实现高效、即时地处理各种事件，最大限度地减少可能造成的损失。

1.3.3 多媒体应用支撑设施系统

1. 有线电视及卫星电视接收系统

有线电视也叫电缆电视，其保留了无线电视的广播制式和信号调制方式，并未改变电视系统的基本性能。有线电视把录制好的节目通过线缆（电缆或光缆）传送给用户，再用电视机重放出来，所以又叫闭路电视。卫星电视是利用地球同步卫星将数字编码压缩的电视信号传输到用户端的一种广播电视形式。

在智能建筑中，卫星电视和有线电视接收系统是适应人们使用功能需求而普遍设置的基本系统，该系统将随着人们对电视收看质量要求的提高和有线电视技术的发展，在应用和设计技术上不断提高。有线电视网络的优势主要体现在以下几个方面：实现广播电视的有效覆盖；图像质量好，抗干扰能力强；频道资源丰富，传送的节目多；宽带入户，便于综合利用；能够实现有偿服务。

2. 公共广播系统

公共广播系统是专用于远距离、大范围内传输声音的电声音频系统，能够对处在广播系统覆盖范围内的所有人员进行信息传递。公共广播系统在现代社会中应用十分广泛，主要体现在背景音乐、远程呼叫、消防报警、紧急指挥以及日常管理应用上。公共广播系统通常设置于公共场所，为机场、港口、地铁、火车、宾馆、商厦、学校等提供背景音乐和其他节目，出现火灾等突发情况时，则转为紧急广播。

公共广播系统按广播的内容可分为业务性广播、服务性广播和紧急广播。业务性广播是以业务及行政管理为主的语言广播，主要应用于院校、车站、客运码头及航空港等场所。服务性广播以欣赏性音乐类广播为主，主要用于宾馆客房的节目广播及大型公共场所的背景音乐。紧急广播以火灾事故广播为主，用于火灾时引导人员疏散。在实际使用中，通常是将业务性广播或背景音乐和紧急广播在设备上有机结合起来，通过在需要设置业务性广播或背景音乐的公共场所装设的组合式声柱或分散式扬声器箱，平时播放业务性广播或背景音乐，当发生紧急事件时，强切为紧急广播，指挥疏散人群。

3. 会议系统

会议系统是一种让身处异地的人们通过某种传输介质实现"实时、可视、交互"的多媒体通信技术。目前已广泛应用于会议中心、政府机关、企事业单位和宾馆酒店等。主要包括数字会议系统和视频会议系统。

数字会议系统的核心是采用先进的数字音频传输技术，用模块化结构，将会议签到、发言、表决、扩声、照明、跟踪摄像、显示、网络接入等子系统根据需求有机地连接成一体，由会议设备总控系统根据会议议程协调各子系统工作，从而实现对各种大型的国际会议、学术报告会及远程会议的服务和管理。

视频会议系统又称会议电视系统，是指两个或两个以上不同地方的个人或群体，通过传输线路及多媒体设备，将声音、影像及文件资料互传，实现即时且互动的沟通，以实现远程会议的系统设备。视频会议除了能与通话的人进行语言交流外，还能看到他们的表情和动作，使处于不同地方的人就像在同一会议室内沟通。

4. 信息引导及发布系统

信息引导及发布系统的主要功能是在某些功能区域进行电视节目或定制信息的按需发布和客户信息查询，其通过管理网络连接系统服务器及控制器，对信息采集系统获得的信息进行编辑及播放控制。信息引导及发布系统主要包括大屏幕显示系统和触摸屏查询系统。

大屏幕系统是一个集视频技术、计算机及网络技术、超大规模集成电路等综合应用于一体的大型电子显示系统，其主要功能为信息接收及信息显示。触摸屏查询系统将文字、图像、音乐、视频、动画等数字资源集成并整合在一个互动的平台上，具有图文并茂、有趣生动的表达形式，给用户很强的音响、视觉冲击力，并留下深刻的印象。

5. 时钟系统

时钟系统在某些类型的建筑中是非常重要的一个系统，如媒体类建筑、医院建筑、学校建筑、交通枢纽建筑等，在这类建筑中，对时间有着严格的要求。时钟系统将保证建筑物中的所有的受控钟表的时间相一致，并且钟表设置的位置和数量符合相关的规定。

时钟系统从GPS卫星上获取标准的时间信号，将这些信息传输给自动化系统中需要时间信息的设备，如计算机、保护装置、事件顺序记录装置、安全自动装置、远程终端单元等，以达到整个系统时间同步的目的。时钟系统由母钟、时间服务器、时间网管、交换设备及子钟等组成。

1.3.4 信息机房系统

随着智能建筑的发展，建筑物中的智能化系统越来越多，因此安防设备的机房也越来越多，特别是计算机技术的广泛应用和各种基于网络技术的应用系统的不断增加，电子信息机房的重要性日显突出。信息机房是指放置关键网络和通信设备的弱电机房。信息机房系统现在已发展成为一个专门的技术门类和行业，不仅涉及强、弱电，还与结构、消防、空调等密切相关。

本 章 小 结

建筑物中的信息设施系统不论其重要性还是它所包括的内容，在信息高速发展的时代都在不断发展和变化。建筑物信息设施系统与智能建筑和智慧城市是密切相关的，并且伴随着智慧城市的出现，其内涵也发生着变化，本章开篇阐述了三者之间的关系。智能建筑中的智能化系统主要由建筑设备管理系统、信息设施系统、信息化应用系统、公共安全系统和智能化集成系统。主要对建筑物中的信息设施系统的基本概念和系统的构成作了介绍，结合我国有关的设计规范和工程建设的具体情况，将建筑物信息设施系统划分为通信网络及信息基础设施系统、语音应用支撑设施系统、多媒体应用支撑设施系统、信息机房系统。

思考题与习题

1. 智慧城市对智能建筑提出了哪些新的要求?
2. 简述智慧城市内涵的发展趋势。
3. 智能建筑的建设目标是什么?如何实现?
4. 说一说信息设施系统与智能建筑的关系。
5. 建筑智能化系统包括哪些内容?各实现什么功能?
6. 建筑物中信息设施系统包含了哪些应用系统?各系统的功能有哪些?

第 2 章　信息网络系统

信息网络系统是计算机技术与通信技术紧密结合的产物，是信息高速公路的基础。随着信息社会的到来，信息网络的应用已渗透到社会生活的各个方面，从根本意义上改变着人们的工作与生活方式。

2.1　概　　述

2.1.1　信息网络系统的概念和功能

信息网络系统是把分布在不同地理位置、具有独立功能、自治的多个计算机系统通过通信设备和线路连接起来，在功能完善的网络软件和协议（如网络操作系统、网络协议）的管理下，以实现网络信息和资源共享的系统。

信息网络是计算机技术与通信技术的结合产物，完整的信息网络包括三个方面的要素：

（1）必须有两台或两台以上具有独立功能的计算机系统相互连接起来，以达到共享资源为目的；

（2）两台或两台以上的计算机连接，互相通信交换信息，必须有一条通道，这条通道的连接是物理的，由物理介质来实现；

（3）计算机系统之间的信息交换，必须有某种约定和规则，即协议，这些协议可以由硬件或软件来完成。

信息网络的主要功能：

1. 数据通信

数据通信是利用信息网络实现各计算机之间快速可靠地互相传送数据、信息交流，如发送电子邮件、电子数据交换、电子公告牌、远程登录与信息浏览等服务。

2. 资源共享

资源共享包括硬件资源共享和软件资源共享，如计算处理能力、大容量磁盘、高速打印机、绘图仪、数据库、文件和其他计算机上的有关信息，从而增强网络上计算机的处理能力，提高了软硬件的利用率。

此外还可均衡网络负荷，提高计算机处理能力，对网络中的计算机集中管理等。

2.1.2　信息网络拓扑结构

信息网络拓扑结构是指网络中各个站点相互连接的形式，可分为物理拓扑和逻辑拓扑。常用的信息网络的基本拓扑结构主要有总线型拓扑结构、星形拓扑结构、环形拓扑结构、树形拓扑结构、混合型拓扑结构、网状拓扑结构。

1. 总线型拓扑结构

总线型拓扑结构是最简单的网络拓扑结构，采用一个信道作为传输媒体，所有站点都通过相应的硬件接口直接连到这一公共传输媒体上，该公共传输媒体称为总线。如图 2-1 所示。

2. 星形拓扑结构

星形拓扑结构将各工作站以星形方式连接起来，网络中的每一个节点设备都以中心节点为中心，如图 2-2 所示。综合布线中以一个建筑物配线架（Building Distributor，BD）为中心节点，配置若干个楼层配线架（Floor Distributor，FD），每个楼层配线架（FD）连接若干个信息插座（Telecommunications Outlet，TO），这种结构就是一个典型的两级星形拓扑结构；以某个建筑群配线架（Campus Distrbutor，CD）为中心节点，以若干建筑物配线架（BD）为中间层中心节点，相应地有再下层的楼层配线架（FD）和配线子系统，构成多级星形拓扑结构。

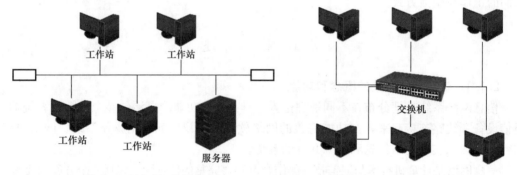

图 2-1　总线型拓扑结构　　　　　　　图 2-2　星形拓扑结构

3. 环形拓扑结构

环形拓扑结构中各节点通过环路接口连在一条首尾相连的闭合环形通信线路中，环路中各节点地位相同，环路上任何节点均可请求发送信息，请求一旦被批准，便可以向环路发送信息，如图 2-3 所示。环形网中的数据按照设计主要是单向传输也可以双向传输（双环拓扑）。由于环线共用，一个节点发出的信息必须穿越环中所有的环路接口，信息流的目的地址与环上某节点地址相符时，信息被该节点的环路接口所接收，并继续流向下一环路接口，一直流回到发送该信息的环路接口为止。

4. 树形拓扑结构

树形拓扑结构是总线型拓扑结构的一种演化，是一种分级结构，又称为分级的集中式网络结构。树形拓扑结构网络具有逐渐延伸的特点，而且常与其他拓扑结构组合使用。树形拓扑结构如图 2-4 所示。

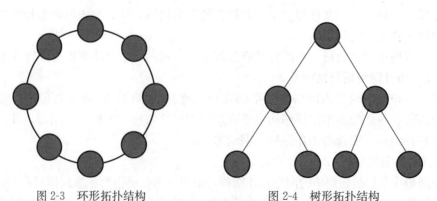

图 2-3　环形拓扑结构　　　　　　　图 2-4　树形拓扑结构

5. 网状拓扑结构

将多个子网或多个网络连接起来构成网状拓扑结构，如图 2-5 所示。在一个子网中，交换机将多个设备连接起来，如图 2-5（a）所示，而路由器则将各子网连接起来，如图 2-5（b）所示。

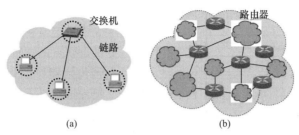

图 2-5 网状拓扑结构
(a) 子网；(b) 子网连接

2.2 网络体系结构及基本参考模型

2.2.1 网络体系结构

随着计算机技术和通信技术的发展，通用的计算机网络体系结构逐渐浮出水面。现在应用比较广泛的网络体系结构为层次型网络体系结构。层次型网络体系结构是计算机网络出现以后第一个被提出并实际使用的网络体系结构。直到目前，其产生和发展的过程始终与计算机网络产生和发展的过程保持协调一致。为了简化网络设计与实现的复杂性，层次型网络体系结构将复杂的网络问题分解为若干个不同的小问题，每个层次专注于解决特定的问题，这样就比较容易对所解决本层次涉及的问题实现模块化和标准化，标准化的层次间的通信规则被称为协议。层次型网络体系结构是层和协议的集合。典型的层次型网络体系结构如图 2-6 所示。

层次型网络体系结构首先提出了模块化的设计实现思想：将复杂的网络问题分解为较为单纯易于解决的小问题；用不同的模块解决不同的问题。不同的模块之间接口简单明确，因此可以各自独立地制定标准和进行开发。

国际标准化组织 ISO 为层次型网络体系结构设计了 OSI 参考模型。该模型将网络自底向上划分为物理层、数据链路层、网络层、传输层、会话层、表示层和应用层七个层次，每个层次完成经过分解的特定的网络工作。

TCP/IP 是一组用于实现网络互联的通信协议。Internet 网络体系架构以 TCP/IP 为核心。基于 TCP/IP 的参考模型将协议分成四个层次，它们分别是网络接口层、互联网层、传输层、应用层。四层协议模型对应着 OSI 七层协议模型。

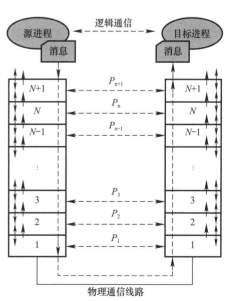

图 2-6 层次型网络体系结构

OSI 参考模型和 TCP/IP 参考模型的层次结构如图 2-7 所示。

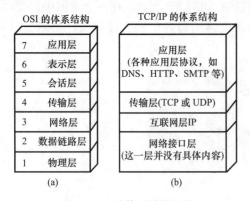

图 2-7 两种体系结构比较
(a) OSI 的七层协议；(b) TCP/IP 的四层协议

2.2.2 OSI 七层参考模型

OSI 参考模型规定了每个层次需要完成的工作，并对完成工作的方式和标准提出了建议。

1. 物理层

物理层主要是定义物理设备和物理媒体之间的接口，提供点到点的比特流透明传输的物理链路，定义内容包括接口的机械特性、电气特性、功能特性、规程特性。不同的传输设备和传输媒体具有不同的接口定义，例如：《数据通信—25 芯 DTE/DCE 接口连接器和插针分配》ISO 2110 标准定义了串行和并行的调制解调器接口的机械特性。随着新型传输设备和传输媒体的出现，物理层的标准将不断更新和丰富。物理层协议通常由硬件支持。

2. 数据链路层

数据链路层的主要功能是在两个相邻节点之间建立、维护和断开数据通信的链路，并负责在链路上可靠地传输数据。数据链路层的主要任务包括：

（1）帧的封装：数据链路层将来自网络层的数据封装成数据帧进行传输。每个数据帧都包括数据部分和必要的控制信息，如地址、校验等。

（2）帧的传输：数据链路层负责在物理层提供的传输介质上进行数据帧的传输。在传输过程中，数据链路层需要处理可能出现的错误，如帧的丢失、重复或错误等。

（3）差错控制：为了保证数据的可靠性，数据链路层需要实现差错控制。这包括检测和纠正数据传输中的错误，以及处理传输过程中出现的帧丢失等问题。

（4）流量控制：数据链路层还需要进行流量控制，以确保发送方和接收方的数据传输速率相匹配，避免数据的丢失或溢出。

3. 网络层

网络层主要负责处理分组传输和路由选择，实现不同网络之间的通信。网络层的主要功能包括以下几点：

（1）路由选择：网络层根据分组的目的地址，选择合适的路由路径，将分组从源节点传输到目的节点。

（2）分组转发：网络层将接收到的分组，按照分组要去的目的地（即目的网络），把该分组从网络层的某个合适的输出端口转发给下一跳路由器。下一跳路由器也按照这种方法处理分组，直到该分组到达终点为止。

（3）异构网络互联：网络层需要处理不同网络之间的通信，包括不同的寻址方案、网络接入介质、差错处理方法、路由选择机制等。

（4）子网划分和管理：网络层负责对子网进行划分和管理，以便实现更高效的数据传输和资源利用。子网划分技术如 VLSM（可变长子网掩码）和 CIDR（无分类域间路由选择）等。

（5）网络互联：网络层需要实现不同网络设备之间的互联，如通过路由器、交换机等设备。

第 2 章 信息网络系统

4. 传输层

OSI 网络层服务可以支持用户信息在同一个网络上的端到端传输，但不同的网络（如各种广域网和局域网）是针对不同的应用环境而设计的，具有不同的性能（例如，不同的网络支持不同的吞吐量、速度和传输延迟；不同的网络支持不同的分组长度，收取的传输费用也不同）；不同的用户对网络通信也可能具有不同的要求，网络的性能和用户的要求之间也许存在着某种差异。

传输层的主要工作就是解决用户要求和网络服务之间的差异，包括采用分流/合流技术，用多条网络连接来支持一个用户的数据传输，使得具有低吞吐量、低速率和高传输延迟的网络可以支持用户高速传输数据的要求；采用复用/解复用技术和可能的拼接/分割技术，用网络支持多个用户的数据传输，使得具有高吞吐量、高速率和低传输延迟且高费用的网络可以满足用户的低传输成本要求；采用分段/合段技术，使得传输有限长度用户数据（分组）的网络可以支持用户的无限长数据的传输；采用适当的差错检测和恢复技术，使得差错率较高的网络可以支持用户高可靠数据传输的要求。

总之，传输层的功能就是屏蔽各种通信网络的性能差异，以及用户要求和网络服务之间的差异，以满足各类用户的应用要求。因特网使用的 TCP/IP 协议集中 TCP 协议属于传输层协议。

5. 会话层

会话层主要负责在通信双方之间建立、维护和终止会话连接，并管理会话过程，以确保会话数据的可靠传输。会话层的主要功能包括以下几点：

（1）建立连接：在通信双方之间建立会话连接，为数据传输提供基础。

（2）维护连接：在会话过程中，负责保持连接的稳定和可靠，以便数据能够正常传输。

（3）终止连接：当会话完成或出现异常时，负责终止连接，释放资源。

（4）管理会话：会话层可以对会话进行管理，包括会话的启动、控制和终止等。

（5）数据传输：在会话连接的基础上，实现数据的传输和接收。

（6）差错与恢复：在会话过程中，负责处理数据传输中的差错，并采取相应的措施进行恢复。

6. 表示层

表示层主要负责处理数据的语法和结构。在计算机网络中，不同类型的计算机可能有各自不同的数据描述方法，因此，为了实现数据在不同的计算机系统之间的交换，表示层需要对数据进行格式转换。表示层的主要任务是将源站内部的数据结构进行编码，使其形成适合于传输的比特流，然后在目的站进行解码，将其转换成用户所要求的格式。这样，各个系统间交换的信息才能具有统一的数据结构和意义。

表示层的主要功能包括：

（1）数据编码：将源站的数据结构编码成适合传输的比特流，以便在网络中进行传输。

（2）数据解码：在目的站将接收到的比特流解码成用户所要求的格式，以便进行后续处理和分析。

（3）数据转换：处理不同计算机系统之间的数据格式差异，确保数据在传输过程中的意义不变。

（4）数据加密与解密：根据需要，对数据进行加密处理，以保证数据的安全性。在接收端进行解密处理，以恢复数据的原貌。

7. 应用层

应用层是计算机网络可向最终用户提供应用服务的唯一窗口，其目的是支持用户联网的应用要求。由于用户的要求不同，应用层含有支持不同应用的多种应用实体，提供多种应用服务。（如电子邮件、文件传输、虚拟终端等）。因特网使用的协议集提供的应用服务如：电子邮件（简单邮件传输协议）、远程登录、文件传输协议、超文本传输协议、域名系统等，都属于应用层的协议，为用户提供了各种网络应用服务。随着使用网络的用户增多，用户的应用需求将更加丰富应用层的服务。

2.2.3 TCP/IP 四层参考模型

1. 网络接口层

物理层是定义物理介质的各种特性：机械特性、电子特性、功能特性、规程特性。数据链路层是负责接收 IP 数据报并通过网络发送，或者从网络上接收物理帧，抽出 IP 数据报，交给 IP 层。常见的接口层协议有 Ethernet、Token Ring、X.25、Frame relay、HDLC、PPP、ATM 等。

2. 互联网层

负责相邻计算机之间的通信，其功能包括：

（1）处理来自传输层的分组发送请求，收到请求后，将分组装入 IP 数据报，填充报头，选择去往信宿机的路径，然后将数据报发往适当的网络接口。

（2）处理输入数据报：首先检查其合法性，然后进行寻径，假如该数据报已到达信宿机，则去掉报头，将剩下部分交给适当的传输协议；假如该数据报尚未到达信宿，则转发该数据报。

（3）处理路径、流控、拥堵等问题。

网络层包括：IP（Internet Protocol）协议、ICMP（Internet Control Message Protocol）控制报文协议、ARP（Address Resolution Protocol）地址转换协议、RARP（Reverse ARP）反向地址转换协议。

IP 是网络层的核心，通过路由选择将下一跳 IP 封装后交给接口层。IP 数据报是无连接服务。ICMP 是网络层的补充，可以回送报文。用来检测网络是否通畅。ARP 是正向地址解析协议，通过已知的 IP，寻找对应主机的 MAC 地址。RARP 是反向地址解析协议，通过 MAC 地址确定 IP 地址。比如无盘工作站还有 DHCP 服务。

3. 传输层

提供应用程序间的通信。其功能包括：①格式化信息流；②提供可靠传输。为实现后者，传输层协议规定接收端必须发回确认，并且假如分组丢失，必须重新发送。

传输层协议主要是：传输控制协议 TCP（Transmission Control Protocol）和用户数据报协议 UDP（User Datagram Protocol）。

4. 应用层

应用层向用户提供一组常用的应用程序，比如电子邮件、文件传输访问、远程登录等。远程登录 TELNET 使用 TELNET 协议提供在网络其他主机上注册的接口。TELNET 会话提供了基于字符的虚拟终端。文件传输访问 FTP 使用 FTP 协议来提供网络内机器间的文件拷贝功能。应用层一般是面向用户的服务。如 FTP、TELNET、DNS、SMTP、POP3。

2.3 局域网与广域网

2.3.1 局域网

局域网（Local Area Network，LAN）是指在某一区域内由多台计算机互联成的计算机组。局域网可以实现文件管理、应用软件共享、打印机共享、工作组内的日程安排、电子邮件和传真通信服务等功能。局域网是封闭型的，可以由办公室内的两台计算机组成，也可以由一个公司内的上千台计算机组成。

1. 局域网的特点

（1）局域网分布于较小的地理范围内，往往用于某一群体，如一个单位、一个部门等。

（2）局域网一般不对外提供服务，保密性较好，且便于管理。

（3）局域网的网速较快，现在通常采用 100Mbps 的传输速率到达用户端口，1000Mbps 的传输速率用于骨干的网络链接部分。

（4）局域网投资较少，组建方便，使用灵活。

2. 以太网（Ethernet）

常见的局域网类型包括：以太网（Ethernet）、光纤分布式数据接口（FDDI）、异步传输模式（ATM）、令牌环网（Token Ring）、交换网 Switching 等，它们在拓扑结构、传输介质、传输速率、数据格式等多方面都有许多不同。

目前应用最广泛的是以太网，以太网（Ethernet）是 Xerox（施乐）、Digital Equipment Corporation（数字设备公司）和 Intel（英特尔）三家公司开发的局域网组网规范，并于 20 世纪 80 年代初首次出版，称为 DIX1.0。1982 年修改后的版本为 DIX2.0。这三家公司将此规范提交给 IEEE（电子与电气工程师协会）802 委员会，经过 IEEE 成员的修改并通过，变成了 IEEE 的正式标准，并编号为 IEEE802.3。Ethernet 和 IEEE802.3 虽然有很多规定不同，但术语 Ethernet 通常认为与 802.3 是兼容的。IEEE 将 802.3 标准提交国际标准化组织（ISO），再次经过修订变成了国际标准。

以太网基于带冲突检测的载波侦听多路访问（Carrier Sense Multiple Access with Collision Detection，CSMA/CD）机制，采用共享介质方式实现计算机之间的通信。CSMA/CD 采用总线控制技术及退避算法。当一个站点要发送时，先侦听总线以确定总线介质上是否存在其他站点的发送信号。如果介质是空闲的，则可以发送；否则等一个随机时间后重新侦听，再发送。

早期的以太网由于介质共享特性，当网络中站点增加时，网络性能会迅速下降，同时也缺乏多种服务和对服务质量（Quality of Service，QoS）的支持。随着网络技术的发展，现在的以太网技术已经从共享以太网发展到交换以太网，使以太网的性能得到极大改进。共享式以太网上的所有站点（如服务器、工作站等）共享同一带宽，当网上任意两个站点之间进行信息传输时，其他站点只能等待。交换以太网利用交换技术，使网上每个设备独享带宽，向目标地址定向传输，增大了网络的传输吞吐量，使网上多个站点可以同时进行信息传输，提高了网络的总体传输速率。

2.3.2 无线局域网

无线局域网（Wireless Local Area Networks，WLAN）是一种利用射频（Radio Frequency，RF）技术进行数据传输的无线网络。它可以在空中进行通信，取代了传统的有线局域网中使用的双绞铜线（Coaxial），使得无线局域网能够利用简单的访问架构让用户透过它。

无线局域网解决了有线局域网布线困难、成本高、扩展性差等问题。用户可以通过无线局域网进行网页浏览、文件传输、视频通话等操作，享受便捷的网络服务。

在无线局域网中，常见的频段有 2.4GHz 和 5GHz。2.4GHz 频段穿透性好，但干扰较多，适用于家庭和办公室环境；5GHz 频段干扰较少，但穿透性较差，适用于企业和对速度要求较高的场景。用户可以根据自己的需求和环境选择合适的无线局域网设备。

然而，无线局域网也存在一些问题，如信号覆盖范围有限、速度受环境影响较大、安全性相对较低等。因此，在实际应用中，需要根据具体情况进行合理地部署和优化，以获得更好的网络体验。

无线局域网可分为两大类，第一类是有固定基础设施的，第二类是无固定基础设施的。所谓"固定基础设施"是指预先建立起来的，能够覆盖一定地理范围的一批固定基站。大家经常使用的蜂窝移动就是利用移动电信公司预先建立的覆盖全国的大量固定基站来接通用户手机拨打。

无线概述：基于 IEEE802.11 标准的无线局域网允许在局域网络环境中使用，可以在不必授权的 ISM 频段中的 2.4GHz 或 5GHz 射频波段进行无线连接。它们被广泛应用，从家庭到企业再到 Internet 接入热点。

简单的家庭无线 WLAN：家庭无线最通用和最廉价的例子，如图 2-8 所示，在有线网络中接入一个无线接入点（Access Point，AP），从而将无线网络接入有线网络，实现家庭有线和无线同时上网。

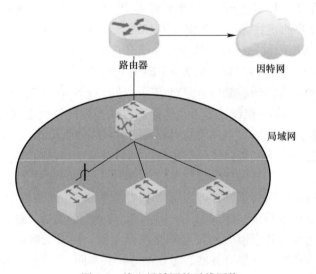

图 2-8　接入局域网的无线网络

1. IEEE802.11

对于第一类有固定设施的无线局域网，1997 年 IEEE 制定出无线局域网的协议标准：802.11 系列标准，是 802.11 原始标准的一个修订标准，于 1999 年获得批准。2003 年 5

月,我国公布了 WLAN 的国家标准,该标准采用了 ISO/IEC 8802-11 系列国际标准,并针对 WLAN 的安全问题,把国家对密码算法和无线电频率的要求纳入进来。

IEEE802.11 是个相当复杂的标准。但简单地说,IEEE802.11 是无限以太网的标准,它使用星形拓扑,其中心叫作接入点 AP,在 MAC 层使用 CSMA/CA 协议。凡使用 IEEE802.11 系列协议的局域网又称为 Wi-Fi,因此在许多文献中,Wi-Fi 几乎成了 WLAN 的同义词。

IEEE802.11 标准规定无线局域网的最小构件是基本服务集(Basic Service Set,BSS)(图 2-9)。一个基本服务集 BSS 包括一个基站和假设若干个移动站,所有的站在本 BSS 上都可以直接通信,但在和本 BSS 以外的站通信时都必须通过本 BSS 的基站。当网络管理员安装 AP 时,必须为该 AP 分配一个不超过 32 字节的服务集标识符(Service Set IDentifier,SSID)和一个信道。SSID 其实是指使用该 AP 的无线局域网的名字。一个基本服务集 BSS 所覆盖的地理围叫作一个基本服务区(Basic Service Area,BSA)。基本服务区 BSA 的围直径一般不超过 100m。

一个基本服务集可以是孤立的,也可通过接入点 AP 连接到一个分配系统(Distribution System,DS),然后再连接到另一个基本服务集,这样就构成了一个扩展的服务集(Extended Service Set,ESS)。分配系统的作用就是使扩展的服务集 ESS 对上层的表现就像一个基本服务集 BSS 一样。分配系统可以使用以太网(这是最常用的)、点对点链路或其他无线网络。扩展服务集 ESS 还可为无线用户提供到 802.X 局域网(也就是非 802.11 无线局域网)的接入。这种接入是通过叫作 Portal(门户)的设备来实现的。Portal 是 802.11 定义的新名词,其实它的作用就相当于一个网桥。在一个扩展服务集的几个不同的本服务集也可能有相交的局部。在图 2-9 中的移动站 A 如果要和另一个基本服务集中的移动站 B 通信,就必须经过两个接入点 AP_1 和 AP_2,即 A→AP_1→AP_2→B。从 AP_1 到 AP_2 的通信是使用有线传输的。

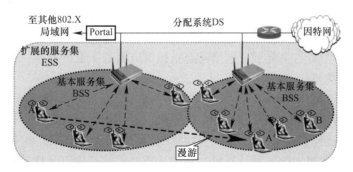

图 2-9　IEEE802.11 的基本服务集 BSS 和扩展服务集 ESS

由于无线局域网已经非常普及,因此现在无论是笔记本电脑或台式计算机,其主板上都已经有了置的无线局域网适配器(也就是无线网),因而不需要再插入外置的无线网卡了。无线局域网的适配器能够实现 802.11 的物理层和 MAC 层的功能。只要在无线局域网信号覆盖的地方,用户就能够通过接入点 AP 连接到因特网。由于无线信道的使用日益增多,因此用户可以通过无线信道接入到无线因特网服务提供商(Wireless Internet Service Provider,WISP),然后再经过无线信道接入到因特网。

2. 移动自组网络

另一类无线局域网是无固定基础设施的无线局域网，它又叫作自组网络。这种自组网络没有上述基本服务集中的接入点 AP，而是由一些处于平等状态的移动站之间相互通信组成的临时网络（图 2-10）。图 2-10 中还画出了当移动站 A 和 E 通信时，是经过 A→B、B→C、C→D 和最后 D→E 这样一连串的存储转发过程。因此，在从源节点 A 到目的节点 E 的路径中的移动站 B、C 和 D 都是转发节点，这些节点都具有路由器的功能。由于自组网络没有预先建好的网络固定基础设施（基站），因此自组网络的覆盖范围通常是受限的，而且自组网络一般也不和外界的其他网络相连接，移动自组网络也就是移动分组无线网络。

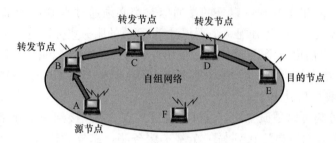

图 2-10　移动自组网络

自组网络通常是这样构成的：一些可移动的设备发现在它们附近还有其他的可移动设备，并且要求和其他移动设备进行通信。在移动自组网络中往往需要将某个重要信息同时向多个移动站传送。这种多播比固定节点网络的多播要复杂得多，需要有实时性好而效率又高的多播协议。在移动自组网络中，安全问题也是一个更为突出的问题。

近年来，移动自组网络中的一个子集——无线传感器网络（Wireless Sensor Network，WSN）引起了人们广泛的关注。无线传感器网络是由大量传感器节点通过无线通信技术构成的自组网络。无线传感器网络的应用就是进展各种数据的采集、处理和传输，一般并不需要很高的带宽，但是在大局部时间必须保持低功耗，以节省电池的消耗。由于无线传节点的存储容量受限，因此对协议栈的大小有严格的限制。此外，无线传感器网络还对网络平安性、节点自动配置、网络动态重组等方面有一定的要求。

2.3.3　广域网

广域网（Wide Area Network，WAN）是一种在广泛地理范围内建立的计算机通信网络，其范围可以超越城市、国家和全球。广域网由通信子网和资源子网两个部分组成。通信子网负责实现网络的互联，可以是专用网（交换网或非交换网）或公用网（交换网）；资源子网则包括连在网上的各种计算机、终端、数据库等硬件以及软件和数据资源。

广域网主要应用于企业、政府、教育等机构，可以实现远程办公、数据共享、视频会议等需求。广域网技术的发展和演进受到了多种因素的影响，如技术创新、市场需求、政策法规等。

在广域网技术中，常见的网络协议有点对点协议（Point-to-Point Protocol，PPP）、软件定义网络（Software-Defined Networks，SDN）等。PPP 是一种数据链路协议，用于在广域网中实现两个网络设备之间的通信；SDN 则是一种网络架构，通过将网络控制与数据平面分离，实现网络的灵活配置和管理。

随着云计算、大数据、物联网等技术的快速发展，广域网技术也在不断演进和拓展。

未来，基于 SDN 的广域网技术将在网络管控、多路径动态负载均衡、服务质量保障等方面发挥更加重要的作用。

2.4 网络设备

根据处于七层结构的位置，目前网络设备有集线器和中继器、网桥和交换机、路由器、网关等设备。集线器目前基本已经被交换机取代，所以本节不再单独提及。

1. 中继器（Repeater）

中继器是网络物理层上面的连接设备。中继器是一种解决信号传输过程中放大信号的设备，它是网络物理层的一种介质连接设备。由于信号在网络传输介质中有衰减和噪声，使有用的数据信号变得越来越弱，为了保证有用数据的完整性，并在一定范围内传送，要用中继器把接收到的弱信号放大以保持与原数据相同。使用中继器就可以使信号传送到更远的距离。

因为中继器只完成信号的整形和放大，在网段之间复制比特流，因此不进行存储，信号延迟小；可以进行介质转换，如 UTP 转换为光纤。但是中继器不检查错误，会扩散错误，也不对信息进行任何过滤。在局域网中主要用于延长通信线路。

2. 网桥（Bridge）和交换机（Switch）

网桥（Bridge）和交换机（Switch）均工作于链路层，区别在于网桥只有两个端口，交换机的端口数多，并且交换速度快。这意味着网络交换机可看作是多端口的高速网桥，所以下面主要介绍交换机功能。

它们能把用户线路、电信电路和（或）其他需要互联的功能单元根据单个用户的请求连接起来。交换机的主要功能包括物理编址、网络拓扑结构、错误校验、帧序列以及流控。目前交换机还具备了一些新的功能，如对虚拟局域网（Virtual Local Area Network，VLAN）的支持、对链路汇聚的支持，甚至有的还具有防火墙的功能。图 2-11 为某企业 CloudEngine S12700E 系列交换机。

图 2-11 某企业 CloudEngine S12700E 系列交换机

（1）交换机的优点

1）扩展传统以太网的带宽：每个以太网交换机的端口对用户提供专用带宽，由交换机所提供的端口数目可以灵活有效地伸缩带宽性能，也可以由以太网交换机提供高速以太网端口，用以连接高速率的服务器和网络干线 LAN 段，以进一步提高网络性能。

2）加快网络响应时间：在以太网交换机端口上，可以由少数几个用户共享同一个带宽，甚至只有一个用户独占带宽，这样可以明显地加快网络的响应速度，减少甚至消除在网络上发生数据包碰撞的直接结果。如图 2-12 所示，交换机通过内部的交换矩阵把网络划分为多个网段——每个端口为一个冲突域，1 和 6、2 和 7、3 和 8 之间传送数据不互相影响，交换机能够同时在多对端口间无冲突地交换帧。

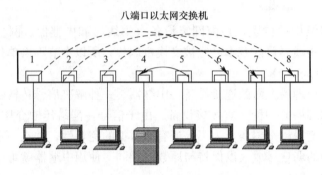

图 2-12 交换机结构

3) 部署和安装的费用低：以太网交换机使用现有的以太网电缆布线，原有的网络接口卡，集线器和软件，保护企业网原有的投资，在互联网络中加装一台以太网交换机通常简便可行。

4) 提高网络的安全性：因为交换机只对和数据包的目的地地址相联系的端口送出单点传送的数据包，其他地址的用户接收不到通信。当每个交换机端口支持单个用户，或者当部署虚拟 LAN 的情况，提高网络安全性的程度是最大的。

（2）交换机在网络中的应用

1) 提供网络接口

交换机在网络中的最重要应用就是提供网络接口，所有局域网设备的互联基本都借助于交换机来实现。图 2-13 即为大中型网络中交换机与其他设备连接示意图。

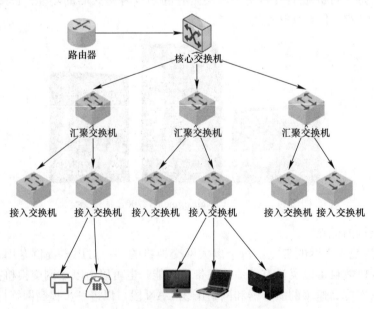

图 2-13 大中型网络中交换机与其他设备连接

2）扩充网络接口

尽管交换机大多拥有较多数量的端口，但是当网络规模比较大的时候，一台交换机所能提供的网络接口是远远不够的，因此就必须将两台或者多台交换机连接在一起，从而成倍提供网络接口。如图 2-14 所示为交换机级联，每台交换机拥有 50 个端口，将三台交换机连接在一起就可以提供多达 146 个端口。

3）扩展网络范围

交换机与计算机或者其他网络设备是依靠传输介质（如双绞线、光纤）连接在一起的，而每种传输介质的传输距离都是有限的。例如：双绞线传输距离为 100m，单模光纤为 2km。当网络覆盖范围比较大时，就可以借助于交换机来进行中继，扩大网络覆盖范围。如图 2-15 所示，两台交换机通过单模光纤连接，就可以将原来 100m 覆盖范围扩大到 2km。

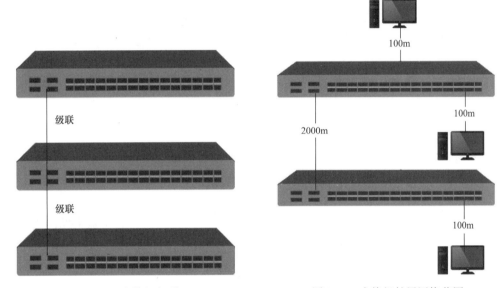

图 2-14　交换机级联　　　　图 2-15　交换机扩展网络范围

3. 路由器（Router）

路由器是互联网的主要节点设备。路由器通过路由决定数据的转发。转发策略称为路由选择（Routing），路由器因其负责转发功能而得名。作为不同网络之间互相连接的枢纽，路由器系统构成了基于 TCP/IP 的国际互联网络 Internet 的主体脉络，也可以说，路由器构成了 Internet 的骨架。它的处理速度是网络通信的主要瓶颈之一，它的可靠性则直接影响着网络互联的质量。因此，在园区网、地区网乃至整个 Internet 研究领域中，路由器技术始终处于核心地位，其发展历程和方向成为整个 Internet 研究的一个缩影。

路由器的作用包括：

（1）连通不同的网络

随着企业规模逐渐增大，各部门办事处或者分支机构逐渐增多，为了将分布于各地的局域网连接起来，就必须要通过路由器才能连接。图 2-16 就是三个局域网通过路由器远程连接起来。

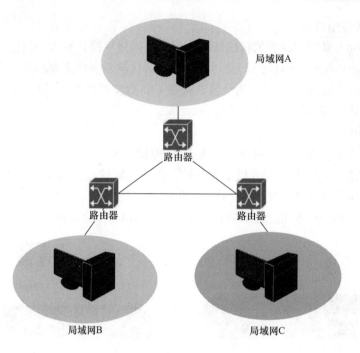

图 2-16　路由器远程连接

（2）选择信息传送的线路

选择通畅快捷的线路，能大大提高通信速度，减轻网络系统通信负荷，节约网络系统资源，提高网络系统畅通率，从而让网络系统发挥出更大的效益来。

（3）Internet 连接共享

路由器是局域网接入 Internet 所必需的网络设备，与此同时，路由器借助网络地址转换（Network Address Translation，NAT）技术，只需要一个合法的 Internet IP 地址，就可以实现局域网共享接入 Internet。图 2-17 即为借助路由器连接互联网。

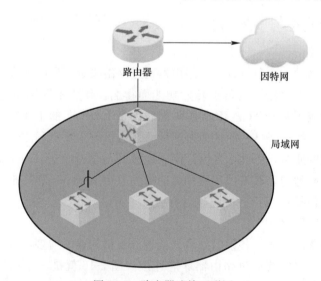

图 2-17　路由器连接互联网

4. 网关（网间连接器、协议转换器）（Gateway）

网关（Gateway）是连接两个不同网络协议、不同体系结构的计算机网络的设备。

网关有两种：一种是面向连接的网关；另一种是无连接的网关。网关可以实现不同网络之间的转换，可以在两个不同类型的网络系统之间进行通信，对协议进行转换，将数据重新分组、包装和转换（图 2-18）。

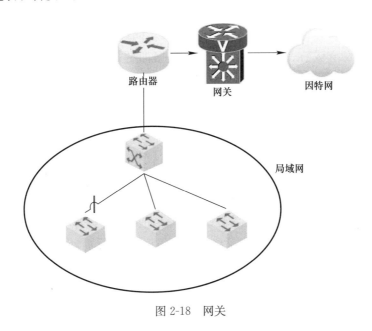

图 2-18 网关

2.5 信息网络系统的设计

2.5.1 方案设计

信息网络系统设计包括确定信息网络系统目标与方案设计原则、通信平台规划与设计、资源平台规划与设计、网络通信设备选型、网络服务器与操作系统选型、综合布线网络选型和网络安全设计等内容。

1. 信息网络系统目标和设计原则

（1）信息网络系统目标

对信息网络系统目标要进行总体规划，分步实施。在制订信息网络系统总目标时应确定采用的网络技术、工程标准、网络规模、网络系统功能结构、网络应用目的和范围。然后，对总体目标进行分解，明确各分期工程的具体目标、网络建设内容、所需工程费用、时间和进度计划等。

对于信息网络系统应根据工程的种类和目标大小不同，先对信息网络系统有一个整体规划，然后再确定总体目标，并对目标采用分步实施的策略。分为三步：

1）建设计算机网络环境平台。
2）扩大计算机网络环境平台。
3）进行高层次网络建设。

(2) 信息网络系统设计原则

信息网络系统设计原则是指在设计和构建信息网络系统时需要遵循的一些信息网络系统设计原则：

1) 开放性和标准化原则：网络系统应具备开放性，以便于与其他网络系统进行互联互通。同时，网络系统内部应采用国家标准和国际标准，以及广为流行的实用工业标准，以提高系统的兼容性和可维护性。

2) 安全性原则：在设计网络系统时，需要考虑网络安全性，确保网络系统能够抵御外部攻击和内部安全威胁。安全性原则包括数据加密、权限控制、入侵检测等方面的措施。

3) 可靠性原则：网络系统应具备较高的可靠性，以确保系统在面临硬件故障、软件错误、网络中断等问题时，能够维持正常运行。可靠性原则包括冗余设计、故障切换、备份恢复等方面的措施。

4) 可扩展性原则：网络系统应具备良好的可扩展性，以便于随着业务的发展和需求的变化进行扩容和升级。可扩展性原则包括模块化设计、预留接口、弹性架构等方面的措施。

5) 高效性原则：网络系统应具备较高的传输速率和处理能力，以满足用户对高速、高效网络服务的需求。高效性原则包括优化网络拓扑结构、选择合适的传输协议、提高网络设备性能等方面的措施。

6) 易用性原则：网络系统应具备良好的用户界面和易用性，以便于用户和维护人员使用和管理。易用性原则包括人性化设计、简单明了的文档和培训等方面的措施。

7) 成本效益原则：在满足系统性能和功能需求的前提下，网络系统设计应考虑成本效益，尽量降低系统的建设和运营成本。成本效益原则包括优化网络方案、选择合适的设备和技术、合理分配网络资源等方面的措施。

2. 网络通信平台设计

(1) 网络拓扑结构

网络拓扑结构主要是指园区网络的物理拓扑结构，局域网技术首选交换以太网技术。采用以太网交换机，从物理连接看拓扑结构可以是星形、扩展星形或树形等结构，从逻辑连接看拓扑结构只能是总线结构。对于大中型网络考虑链路传输的可靠性，可采用冗余结构。确立网络的物理拓扑结构是整个网络方案规划的基础，物理拓扑结构的选择往往和地理环境分布、传输介质与距离、网络传输可靠性等因素紧密相关。

网络拓扑结构的规划设计与网络规模息息相关。一个规模较小的星形局域网没有汇聚层、接入层之分。规模较大的网络通常为多星形分层拓扑结构，如图2-19所示为网络全冗余连接星形分层拓扑结构图。主干网络称为核心层，用以连接服务器、建筑群到网络中心，或在一个较大型建筑物内连接多个交换机配线间到网络中心设备间。连接信息点的"毛细血管"线路及网络设备称为接入层，根据需要在中间设置汇聚层。

分层设计有助于分配和规划带宽，有利于信息流量的局部化，也就是说全局网络对某个部门的信息访问的需求很少（比如：财务部门的信息，只能在本部门内授权访问），这种情况下部门业务服务器即可放在汇聚层。这样局部的信息流量传输不会波及全网。

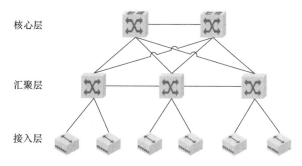

图 2-19　网络全冗余连接星形分层拓扑结构图

（2）主干网络（核心层）设计

主干网络（核心层）技术的选择，要根据以上需求分析中用户方网络规模大小、网上传输信息的种类和用户方可投入的资金等因素来考虑。一般而言，主干网用来连接建筑群和服务器群，可能会容纳网络上 50%～80% 的信息流，是网络大动脉。连接建筑群的主干网一般以光缆做传输介质，从易用性、先进性和可扩展性的角度考虑，采用千兆以太网是目前局域网构建的流行做法。

（3）汇聚层和接入层设计

汇聚层的存在与否，取决于网络规模的大小。当建筑楼内信息点较多（比如大于 22 个点），超出一台交换机的端口密度，而不得不增加交换机扩充端口时，就需要有汇聚交换机。交换机间如果采用级连方式，则将一组固定端口交换机上联到一台背板带宽和性能较好的汇聚交换机上，再由汇聚交换机上联到主干网的核心交换机。如果采用多台交换机堆叠方式扩充端口密度，其中一台交换机上联，则网络中就只有接入层。

接入层即直接信息点，通过此信息点将网络资源设备（PC 等）接入网络。汇聚层采用级连还是堆叠，要看网络信息点的分布情况。如果信息点分布均在距交换机为中心的 50m 半径内，且信息点数已超过一台或两台交换机的容量，则应采用交换机堆叠结构。堆叠能够有充足的带宽保证，适宜汇聚（楼宇内）信息点密集的情况。交换机级连则适用于楼宇内信息点分散，其配线间不能覆盖全楼的信息点，增加汇聚层的同时也会使工程成本提高。

汇聚层、接入层一般采用千兆以太网交换到桌面，传输介质是六类双绞线。接入层交换机可选择的产品很多，但要根据应用需求，可选择支持 1～2 个光端口模块，支持堆叠的接入层变换机。

（4）广域网连接与远程访问设计

广域网连接是指园区网络对外的连接通道，一般采用路由器连接外部网络。远程访问设计根据网络规模的大小、网络用户的数量，来选择对外连接通道的带宽。外部线路租用费用一般与带宽成正比，速度越快费用越高。信息网络系统设计方和用户方必须清楚的一点就是，能给用户方提供多大的连接外网的带宽受两个因素的制约，一是用户方租用外连线路的速率，二是用户方共享运营商连接 Internet 的速率。

（5）无线网络设计

无线网络适用于很难布线的地方（比如受保护的建筑物、机场等）或者经常需要变动布线结构的地方（如展览馆等）。学校也是一个很重要的应用领域，一个无线网络系统可以使教师、学生在校园内的任何地方接入网络。

3. 网络资源平台设计

(1) 服务器

服务器一般分为两类：一类是为全网提供公共信息服务、文件服务和通信服务，为园区网络提供集中统一的数据库服务，由网络中心管理维护，服务对象为网络全局，适宜放在网管中心。另一类是部门业务和网络服务相结合，主要由部门管理维护，如大学的图书馆服务器和企业的财务部服务器，适宜放在部门子网中。服务器是网络中信息流较集中的设备。其磁盘系统数据吞吐量大，传输速率也高，要求高带宽接入。服务器网络接口主要有以下几种。

1) 千兆以太网端口接入：服务器需要配置多模 SX 模块接入交换机的多模光端口中。优点：性能好、数据吞吐量大；缺点：成本高，对服务器硬件有要求。适合企业级数据库服务器、流媒体服务器和较密集的应用服务器。

2) 双网卡冗余接入：采用两块以上的 1000Mbps 服务器专用高速以太网卡分别接入网络中的两台交换机中。通过网络管理系统的支持实现负载均衡，当其中一块网卡失效后不影响服务器正常运行，这种方案比较流行。

3) 单网卡接入：采用一块服务器专用网卡接入网络，是一种经济的接入方式。信息流密集时可能会因主机 CPU 占用（主要是缓存处理占用）而使服务器性能下降。适宜数据业务量不是太大的服务器（如 E-mail 服务器）使用。

(2) 服务器子网连接方案

服务器子网连接的两种方案如图 2-20 所示。

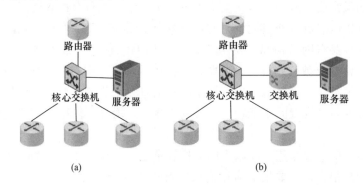

图 2-20　服务器子网连接的两种方案
(a) 方案 1；(b) 方案 2

图 2-20 (a) 的服务器直接连接核心层交换机，优点是直接利用核心层交换机的高带宽，缺点是需要占太多的核心层交换机端口，使成本上升。图 2-20 (b) 的服务器是在核心层交换机上连接一台专用服务器子网交换机，优点是可以分担带宽，减少核心层交换机端口占用，可为服务器组提供充足的端口密度，缺点是容易形成带宽瓶颈，且存在单点故障。

(3) 网络应用系统

在网络方案设计中服务器的选择配置以及服务器群的均衡技术是非常关键的技术之一，也是衡量网络系统集成商水平的重要指标。很多系统集成商的方案偏重的是网络设备集成而不是应用集成，在应用问题上缺乏高度认识和认真细致的需求分析，待昂贵的服务器设备采购进来后发现与应用软件不配套或不够用会造成资源浪费，必然会使预算超支，直接导致网络方案失败。

选择服务器首先要看其具体的网络应用，应用系统所采用的开发工具和运行环境建立在应用平台的基础上。基础应用平台与网络操作系统关系紧密，其支持的操作系统是有选择的（如 SQL Server 数据库不支持 Tru64 UNIX 操作系统等），有时基础应用平台也是网络操作系统的组成部分（如 IIS Web 服务平台就是 Windows Server 和 Windows Advanced Server 的一部分）。众所周知，不同的服务器硬件支持的操作系统大相径庭，因此，选服务器硬件事实上将使网络操作系统定下来。

4. 网络安全设计

根据安全设计的基本原则，制订出网络各层次的安全策略和措施，然后选择网络安全系统产品。

网络安全设计原则：

网络安全设计原则是指在设计和构建网络安全系统时需要遵循的一些基本原则，以确保网络系统的安全性得到满足。以下是网络安全设计原则：

（1）全面保护原则：网络安全设计应当全面保护网络系统的各个层次，包括网络设备、网络协议、网络数据和网络服务等，以确保网络系统的整体安全。

（2）预防为主原则：网络安全设计应当采取预防措施，提前预测和防范可能的网络安全威胁，避免安全问题的发生。

（3）安全隔离原则：网络安全设计应当实现安全隔离，将网络中的安全区域与非安全区域进行隔离，以防止安全问题在网络中传播。

（4）访问控制原则：网络安全设计应当实现访问控制，对网络中的用户和设备进行权限管理，以防止未经授权地访问和使用。

（5）加密保护原则：网络安全设计应当采用加密技术，对网络中的数据进行加密保护，以防止数据泄露和篡改。

（6）监测预警原则：网络安全设计应当实现实时监测和预警，对网络中的安全事件进行及时发现和报警，以便及时处理和应对。

（7）备份恢复原则：网络安全设计应当实现数据和系统的备份和恢复，以便在网络安全问题发生后，能够及时恢复网络系统的正常运行。

（8）可管理性原则：网络安全设计应当实现网络安全的可管理性，以便于网络安全的监控和管理。

（9）综合性原则：网络安全设计应当考虑多种安全技术和管理措施的综合性，以实现网络安全的整体性。

2.5.2 设备选型

1. 网络通信设备选型

（1）网络通信设备选型原则

1）品牌选择：所有网络设备尽可能选取同一厂家的产品，以便用户从网络通信设备的性能参数、技术支持、价格等各方面获得更多的便利。从品牌选择唯一性这个角度来看，产品线齐全、技术认证队伍力量雄厚、产品市场占有率高的厂商是网络设备品牌的首选。

2）扩展性考虑：在网络的层次结构中，主干设备选择应预留一定的能力，以便于将来扩展；低端设备则够用即可，因为低端设备更新较快，易于淘汰。

3）"量体裁衣"策略：根据网络实际带宽性能需求、端口类型和端口密度选型。如果是旧网改造项目，应尽可能保留可用设备，减少在资金投入方面的浪费。

4）性价比高、质量可靠的原则：网络系统设备应具有较高的可靠性和性价比，工程费用的投入产出应达到最大值，能以较低的成本为用户节约资金。

（2）核心交换机选型策略

核心网络骨干交换机是宽带网的核心，应具备：

1）高性能，高速率：二层交换最好能达到线速交换，即交换机背板带宽≥所有端口带宽的总和。如果网络规模较大（联网机器的数量超过 250 台）或联网机器台数较少但为安全考虑需要划分虚网，这两种情况均需要配置 VLAN，则要求必须有较出色的第三层（路由）交换能力。

2）便于升级和扩展：具体来说，250 个信息点以上的网络，适宜于采用模块化（插槽式机箱）交换机；500 个左右的信息点网络，交换机还必须能够支持高密度端口和大吞吐量扩展卡；250 个信息点以下的网络，为降低成本，应选择具有可堆叠能力的固定配置交换机作为核心交换机。

3）高可靠性：应根据经费许可选择冗余设计的设备，如冗余电源、风扇等；要求设备扩展卡支持热插拔，易于更换维护。

4）强大的网络控制能力，提供服务质量（Quality of Service，QoS）和网络安全，支持远程用户拨号认证（Remote Authentication Dial In User Service，RADIUS）、终端访问控制器访问控制系统（Terminal Access Controller Access-Control System，TACACS＋）等认证机制。

5）良好的可管理性，支持通用网管协议，如简单网络管理协议（Simple Network Management Protocol，SNMP）、远程监控（Remote Monitoring，RMON1 and RMON2）等。

（3）汇聚层/接入层交换机选型策略

汇聚层/接入层交换机亦称二级交换机或边缘交换机，一般都属于可堆叠/扩充式固定端口交换机。在大中型网络中它用来构成多层次的、结构灵活的用户接入网络。在中小型网络中它也可能用来构成网络骨干交换设备。应具备下列要求。

1）灵活性：提供多种固定端口数量，可堆叠、易扩展。

2）高性能：作为大中型网络的二级交换设备，应支持千兆/百兆高速上连以及同级设备堆叠。当然还要注意与核心交换机品牌的一致性。如果用作小型网络的中心交换机，要求具有较高背板带宽和三层交换能力的交换机。

3）在满足技术性能要求的基础上，最好价格便宜、使用方便、即插即用、配置简单。

4）具备一定的网络服务质量和控制能力以及端到端的 QoS。

5）如果用于跨地区企业分支部门通过公网进行远程上联的交换机，还应支持虚拟专网 VPN 标准协议。

6）支持多级别网络管理。

（4）远程接入与访问设备选型策略

远程接入与访问设备可以采用路由器。在现今的网络连接中，一般采用同步口或以太口连接广域网，采用异步口连接远程拨号用户。

2. 网络操作系统与服务器配置

(1) 网络操作系统选型

目前，网络操作系统产品较多，为网络应用提供了良好的可选择性。操作系统对网络建设的成败至关重要，要依据具体的应用选择操作系统。一般情况下，网络系统集成方在信息网络系统项目中要完成基础应用平台以下三层（网络层、数据链路层、物理层）的建构。选择什么操作系统，也要看网络系统集成方的工程师以及用户方系统管理员的技术水平和对网络操作系统的使用经验而定。如果在工程实施中选一些大家都比较生疏的服务器和操作系统，有可能使工期延长，不可预见性费用加大，可能还要请外援做系统培训，维护的难度和费用也要增加。

网络操作系统分为两个大类：即面向 IA 架构 PC 服务器的操作系统族和 UNIX 操作系统家族。UNIX 服务器品质较高、价格昂贵、装机量少而且可选择性也不高，一般根据应用系统平台的实际需求，估计好费用，瞄准某一两家产品去准备即可。与 UNIX 服务器相比，Windows Server 服务器品牌和产品型号可谓"铺天盖地"，一般在中小型网络中普遍采用。

同一个网络系统中不需要采用同一种网络操作系统，选择中可结合 Windows Advanced Server、Linux 和 UNIX 的特点，在网络中混合使用。通常 WWW、办公自动化（Office Automation，OA）及管理信息系统服务器上可采用 Windows Server 平台，E-mail、DNS、Proxy 等，Internet 应用可使用 Linux/UNIX，这样，既可以享受到 Windows Server 应用丰富、界面直观、使用方便的优点，又可以享受到 Linux/UNIX 稳定、高效的好处。

(2) 服务器群的综合配置与均衡

PC 服务器、UNIX 服务器、小型机服务器，其概念主要限于物理服务器（硬件）范畴。在网络资源存储、应用系统集成中，通常将服务器硬件上安装各类应用系统的服务器系统冠以相应应用系统的名字，如数据库服务器、Web 服务器、E-mail 服务器等，其概念属于逻辑服务器（软件）范畴。根据网络规模、用户数量和应用密度的需要，有时一台服务器硬件专门运行一种服务，有时一台服务器硬件需安装两种以上的服务程序，有时两台以上的服务器需安装和运行同一种服务系统。也就是说，服务器与其在网络中的职能并不是一一对应的。网络规模小到只用 1~2 台服务器的局域网，大到可达十几台至数十台的企业网和校园网，如何根据应用需求、费用承受能力、服务器性能和不同服务程序之间对硬件占用特点、合理搭配和规划服务器配置，最大限度地提高效率和性能的基础上降低成本，是系统集成方要考虑的问题。

有关服务器应用配置与均衡的建议如下：

1) 中小型网络服务器应用配置

小型网络由于缺乏专业的技术人员，资金相对紧张，所以要求服务器群必须易于维护，功能齐全，而且还必须考虑资金的限制。建议在费用许可的情况下，应尽可能提高硬件配置，利用硬件资源共享的特点，均衡网络应用负载，把网络中所需的所有服务集成到 2~3 台物理服务器上。比如，把对磁盘系统要求不高、对内存和 CPU 要求较高的域名系统（Domain Name System，DNS）、Web 和对磁盘系统和 I/O 吞吐量要求高、对缓存和

CPU 要求较低的文件服务器（File Transfer Protocol，FTP）安装在一台配置中等的部门级服务器内；把对硬件整体性能要求较高的数据库服务和 E-mail 服务安装在一台较高配置的高档部门级服务器上。当然，Web 服务器对系统 I/O 的需求也较高。当用户方访问数量增加时，系统的实时响应和 I/O 处理需求也会急剧增加，但 FTP 访问偶发性强，Web 访问密度比较均匀，二者正好可以互补。另外，如果采用 Linux 操作系统，利用其资源占用低、Internet 服务程序丰富的特点，可将所有 Internet 服务集中到一台服务器上，另外再配置一台应用服务器，网络效率可能会成倍提高。

2）中型网络服务器应用配置

中型网络注重实际应用，可将应用分布在更多的物理服务器上。宜采用功能相关性配置方案，将相关应用集成在一起。比如，远程网络应用主要是 Web 平台，Web 服务器需要频繁地与数据库服务器交换信息，把 Web 服务和数据库服务安装在一台高档服务器内，毫无疑问会提高效率，减轻网络 I/O 负担。对于企业网络，可能需要一些工作流应用系统（如 OA 系统的公文审批流转、文件下发等），需要依赖 E-mail 服务时，就可以采用群件服务器（如 Lotus Notes DoMino），把 E-mail 和 News 服务集成进去。对于像视频点播（Video on Demand，VOD）这样的流媒体专用服务器，必须要单列，并发用户多时还要采用服务器集群技术。

3）大中型网络或互联网服务提供商 ISP（Internet Service Provider，ISP）和网络内容服务商（Internet Content Provider，ICP）的服务器群配置

大中型网络应用场合要求系统安全可靠、稳定高效。大型企业网站和 ISP 供应商需要向用户提供多种服务，建设先进的电子商务系统，甚至需要向用户提供免费 E-mail 服务、免费软件下载、免费主页空间等。所以要求网站服务器必须能够满足全方位的需求、功能完备、具有高度的可用性和可扩展性，保证系统连续稳定地运行。如果服务器数量过多则会为管理和运行带来沉重负担，导致环境恶劣（仅机房噪声就令人无法忍受）。为此，建议采用机架式服务器。其 Web、E-mail、FTP 和防火墙等应用均采用负载均衡集群系统，以提高系统的 I/O 能力和可用性；数据库及应用服务器系统采用双机容错高的可用性（High Available，HA）系统，以提高系统的可用性。专业的数据库系统为用户方提供了强大的数据底层支持，专业 E-mail 系统可提供大规模邮件服务，防火墙系统可以保证用户方网络和数据的安全。

2.5.3 工程实例

1. 网络需求分析

（1）工程项目概况

某公司为了加快信息化建设，将建设一个以办公自动化、电子商务、业务综合管理、多媒体视频会议、远程通信、信息发布及查询为核心，以现代网络技术为依托，技术先进、扩展性强，将公司的各种办公室、多媒体会议室、PC 终端设备、应用系统通过网络连接起来，实现内、外沟通的现代化计算机网络系统。

具体要求：

1）WWW 服务。

2）E-mail、FTP 服务。

3）网上多媒体教学，能提供视频点播服务。

4）公司内行政管理。

5）上网服务。

（2）信息点分布

主要信息点集中在生产部、财务部、网络中心、职工宿舍等部门。具体分布如表 2-1 所示。

主要信息点分布　　　　　　　　　　　　　　　　　　　　　　表 2-1

地点	信息点	备注
网络中心	40	需保证速度、流量和可靠性
生产部	150	需保证速度、流量和可靠性
账务部	120	需保证速度、流量和安全性
职工宿舍	1000	需保证速度和流量
销售部	100	需要保证速度和可靠性
综合设计	30	需保证速度和流量

（3）需求分析

为适应信息化的发展，满足日益增长的通信需求和网络的稳定运行，大型企业网建设比传统企业网络建设提出更高的要求，主要表现在如下几个方面：

1）应具有更高的带宽，支持 10GE 或将来平滑过渡到 10GE，更强大的性能，以满足用户日益增长的通信需求。

2）应具有更全面的可靠性设计，以实现网络通信的实时畅通，保障企业生产运营的正常进行。

3）需要提供完善的端到端 QoS 保障，以满足企业网多业务承载的需求。

4）应提供更完善的网络安全解决方案，以阻击病毒和黑客的攻击，减少企业的经济损失。

5）应具备更智能的网络管理解决方案，以适应网络规模日益扩大，维护工作更加复杂的需要。

2. 网络方案设计

（1）网络拓扑结构介绍

该公司大型企业网的设计中，采用层次化模型来设计网络拓扑结构。所谓"层次化"模型，就是将复杂的网络设计分成几个层次，每个层次着重于某些特定的功能，这样就能够使一个复杂的大问题变成许多简单的小问题。层次模型既能够应用于局域网的设计，也能够应用于广域网的设计。

（2）网络拓扑图

网络拓扑图如图 2-21 所示。

（3）网络设计

1）骨干核心层网络设计

大型企业生产办公网络的核心网主要完成整个企业内部不同地域企业之间的高速数据路由转发，以及维护全网路由的计算。鉴于大型企业的用户数量众多、业务复杂、QoS 要求较高的特点，在本方案中采用某品牌 S7706 高密度多业务核心路由交换机组建高性能的核心网络平台。

智能建筑信息设施系统

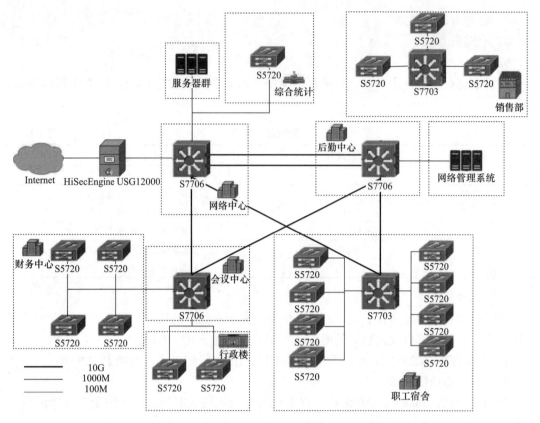

图 2-21 网络拓扑图

在骨干核心层网络设计中，采用三台 S7706 高密度多业务核心路由交换机组成一个环形多机热备份的核心交换机系统解决方案。为提高核心网络的健壮性，实现链路的安全保障，本方案骨干核心层环网中可以采用虚拟路由器冗余协议（Virtual Router Redundancy Protocol，VRRP）。对于各个业务虚拟局域网（Virtual Local Area Network，VLAN）可以指向这个虚拟的 IP 地址作为网关，因此应用 VRRP 技术为核心交换机提供一个可靠的网关地址，以实现在核心层核心交换机之间进行设备的硬件冗余，一主两备，共用一个虚拟的 IP 地址和 MAC 地址，通过内部的协议传输机制可以自动进行工作角色的切换。进而双引擎、双电源的设计为网络高效处理大集中数据提供了可靠的保障。

2）核心层网络设计

大型企业生产办公网络的核心层网络设计主要完成园区内各汇聚层设备之间的数据交换和与骨干核心层网络之间的路由转发。本方案骨干层网络设备采用 S7703 核心路由交换机作为大型企业生产办公网络的园区核心路由交换设备，产品基于智能多层交换的技术理念，在提供稳定、可靠、安全的高性能第二层和第三层交换服务基础上，进一步提供多协议标签交换虚拟专用网（Multi-Protocol Label Switching Virtual Local Area Network，MPLS VPN）、业务流分析、完善的 QoS 策略、可控组播、资源负载均衡、一体化安全等智能业务优化手段，同时可对无线、话音、视频和数据融合网络进行控制，帮助企业构建交换路由一体化的端到端融合网络。

3) 汇聚层网络设计

汇聚层网络设计主要完成企业各园区内办公楼和相关单位的内接入交换机的汇聚及数据交换和 VLAN 终结,在本方案中采用某品牌 S5720 交换机多层交换机作为汇聚层面的交换机。S5720 交换机在提供高密度千兆端口接入的同时还能够满足汇聚层智能高速处理的需要,并能够加灵活地部署在网络边缘的各个位置。能够同时提供多个高速专用堆叠端口和百兆、千兆光口/电口。这些交换机都具备较强的多业务提供能力。

4) 接入层网络设计

传统企业接入层网络的建设中并不关注安全控制和 QoS 提供能力,而将网络的安全防御措施和 QoS 保障依赖于网络的汇聚层或骨干层设备,这给汇聚层和骨干层设备带来了巨大的压力,往往内网病毒泛滥成灾后导致骨干层设备瘫痪,使网络没有 QoS 服务质量保障。

S5720 为千兆以太网第三层交换机。主要参数如下:

a) 传输速率:10Mbps/100Mbps/1000Mbps;

b) 交换方式:存储-转发;

c) 背板带宽:336Gbps/3.024Tbps;

d) 包转发率:96Mpps;

e) MAC 地址表:16K;

f) 端口结构:非模块化;

g) 端口数量:28 个;

h) 端口描述:24 个 10/100/1000Base-T,4 个千兆 SFP 传输模式全双工/半双工自适应。

5) 广域网互联设计

针对大型企业需要良好的出口网关设备,本工程选用 HiSec Engine USG12000 系列防火墙(以下简称 USG12000 系列)。该系列产品包括 USG12004 和 USG12008 两款产品,整机最大 2.4Tbps 防火墙吞吐量。所有部件均采用全冗余技术。接口模块和业务处理模块采用相同的接口插槽,可通过不同接口模块和业务处理模块的组合,匹配用户网络对接口和性能的组合需求,量身定制安全防护方案。可以支持 GE 接口、10GE 接口、40GE 接口和 100GE 接口,可灵活适应大接口容量或高接口密度等不同的应用场景需求。

6) 冗余/负载均衡设计

冗余设计是网络设计的重要部分,是保证网络整体可靠性能的重要手段。冗余设计贯穿整个层次化结构,每个冗余设计都有针对性,可以选择其中一部分或几部分应用到网络中以针对重要的应用。万一网络中某条路径失效时,冗余链路可以提供另一条物理路径。可采用 GEC 链路聚合(IEEE802.3a)实现端口级冗余,以克服某个端口或线路引起的故障。也可采用生成树协议(IEEE802.1)提供设备级的冗余连接。此外,在设计中提供不同物理方向的双归属、双路由保护。

7) 线路冗余

在企业网骨干核心层,企业网络边界拓扑结构由于采用了环形多机热备份的核心交换机系统解决方案,所以在线路冗余方面的要求较高,对于线路的冗余要求,采用 10GE 线路对三台企业网骨干核心层设备进行环形双向备份,并使用业界领先的 VRRP(虚拟路由器冗余协议）来对其作为冗余线路的协议保障。以 GEC 作为 N*1000M 主干链路，通过这个链路连接骨干网交换机，具备万兆扩展能力；接入交换机采用 10M/100M 自适应端口连接桌面系统，多千兆链路连接到汇聚层。

从性能与成本及拓展性等方面的综合考虑出发，决定采用 GEC 骨干核心网络 10GE 拓展的方式作为其链路选择及备份选择。

8）网络设备冗余/负载均衡设计

负载均衡建立在现有网络结构之上，它提供了一种廉价有效的方法扩展服务器带宽和增加吞吐量，加强网络数据处理能力，提高网络的灵活性和可用性。它主要完成以下任务：解决网络拥塞问题，服务就近提供，实现地理位置无关性；为用户提供更好的访问质量；提高服务器响应速度；提高服务器及其他资源的利用效率；避免了网络关键部位出现单点失效。

在此方案中，对网络的每个关键节点，在设计时都做到了对其有效的冗余备份和负载均衡。在网络的骨干核心层上，采用了三台锐捷网络的 RG-S8610 高密度多业务 IPv6 核心路由交换机组建高性能的核心网络平台，在对骨干核心层提供足够的网络接点和接入需求的同时最大限度地为网络提供了有效的冗余保障和负载均衡。在核心层的每个区块，都采用了两台锐捷网络的 RG-S8606 高密度多业务 IPv6 核心路由交换机做到冗余与负载均衡。在汇聚层的每个区块，采用了两台锐捷网络的 RG-S5750 交换机多层交换机做到冗余与负载均衡。

在本方案的设计中，出现了两个以上的交换区块和需要提供冗余连接的时候，采用了双核心配置。如图 2-22 所示，给出了从接入层到汇聚层再到核心层的双核心拓扑结构。

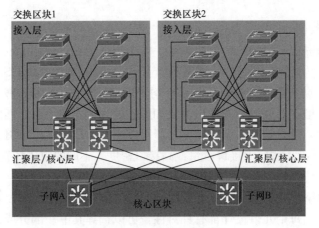

图 2-22 双核心拓扑结构

双核心拓扑结构提供两条等代价路径和双倍的带宽。每个核心交换机连接着数目相同的子网到第三层汇聚设备上。每个交换区块都有冗余地连接到核心交换机上，因此形成两条不同的，但是等代价的连接。如果一条核心设备发生故障，还是能够收敛，因为汇聚层设备的路由选择表中还有另一条到核心设备的路由。第 3 层路由选择协议在核心中起链路选择的作用，VRRP 提供快速错误恢复。核心层不需要 STP，因为在核心交换机间没有冗余的第 2 层连接。

9)服务器冗余设计

企业网中服务器、大型机,如网络存储服务器,SQL Server 服务器,其存储的数据对于企业来说至关重要,为此采用了双机热备技术,能够有效地满足核心服务器高效、稳定的高要求。

具体技术实现:每个核心服务器均具有两个以太网接口(可以通过安装双网卡实现),在此基础上,以图 2-23 为例,DB 服务器 A 与 DB 服务器 B 先分别利用自己的一个以太网接口实现两个服务器之间的直连,每个服务器另外的一个接口则与服务器区的网络实现互联,以达到双机热备的目的。

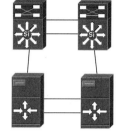

图 2-23 服务器双机热备技术

10)IP 地址规划原则

IP 地址构成了整个 Internet 的基础,IP 地址资源是整个 Internet 的基本核心资源。

此次方案的设计决定采用一个内部私有 A 类地址(10.0.0.0)对企业园区的网络设备编址。由于从方案本身的网络拓扑图采用了典型的层次化设计,所以对 IP 地址的编址设计也应采取层次化的设计来完成,并采用 VLSM 来拓展有限的 IP 地址列表(表 2-2)。

IP 地址列表   表 2-2

网段描述	所需的 IP 地址数
骨干核心层链路	5(2 个用于拓展备份)
公司总部	1000
生产部	500
客户部	500
机械厂	1000
大型机/服务器群	500
企业 VOIP 语音系统	2000

VLSM 是可变长子网掩码的英文缩写,它提供了一个主类(A 类、B 类、C 类)网络内包含多个子网掩码的能力,可以对一个子网再进行子网划分。

采用一个 A 类网址对园区网主体结构进行编址。在语音电话系统中,每一个 IP 电话需要一个 IP 地址以及诸如子网掩码、默认网关等的相关信息。使用私有编址的 IP 电话作为语音电话编址方案。

IP 电话+PC 在同一交换机端口上,如图 2-24 所示。

图 2-24 IP 电话+PC 在同一交换机端口上

最后经过计算，将各部门 IP 地址分配表见表 2-3。

IP 地址分配表　　　　　　　　　　　　　　　表 2-3

部门	IP 地址网段	VLAN 编号	默认网关
财务部	192.168.10.0/24	10	192.168.0.254/24
生产部	192.168.20.0/24	20	192.168.0.254/24
销售部	192.168.30.0/24	30	192.168.0.254/24
行政部	192.168.40.0/24	40	192.168.0.254/24

用户地址与 VLAN 划分：

Web 服务器 IP 地址：192.168.100.1/24；

FTP 服务器 IP 地址：192.168.100.2/24；

路由器出口 IP 地址：222.18.44.3/24。

3. 网络安全及管理机制

（1）完善的安全机制

企业楼宇交换机通过内在的多种安全机制可有效防止和控制病毒传播和网络流量攻击，控制非法用户使用网络，保证合法用户合理使用网络，如端口安全、端口隔离、访问控制列表（Access Control List，ACL）、端口地址解析协议（Address Resolution Protocol，ARP）、报文合法性检查、基于数据流的带宽限速、六元素绑定等，满足企业网加强对访问者进行控制、限制非授权用户通信的需求；在汇聚、核心交换设备设置由硬件实现ACL，对病毒进行过滤，选用汇聚、核心交换设备都支持同步式硬件处理（Synchronization Process Over Hardware，SPOH），所以在使用 ACL 时将不会影响整个交换机的性能。

（2）解决安全威胁

现代企业网络必须要有一整套从用户接入控制、病毒报文识别到主动抑制的一系列安全控制手段，才能有效地保证企业网络稳定运行。

1）防冲击波病毒

随着蠕虫病毒等的攻击手段呈多元化发展，单一的防护措施已经无能为力保卫校园网络安全。入侵检测系统（Intrusion detection systems，IDS）只能根据预先定义的策略进行检测，对新的攻击方式无能为力，或者当 IDS 侦测到某终端用户感染病毒后，只能将相关信息形成报告通知网管人员，等待处理。然而，此时受感染的用户可能已经通过网络散播到了校园网络的各个角落。

2）来自网络内部的恶意或误操作攻击

相关数字显示，目前网络遭受的恶意攻击 90% 以上是来自内部，诸如窃取他人密码等重要信息、盗打 IP 电话、校园一卡通金额被盗等。对此，如果仅仅依靠被动的监测方式，就给事后追查"嫌疑人"的网管人员制造了难以逾越的瓶颈。

（3）虚拟专用网（VPN）

虚拟专用网（virtual private network，VPN）是一种在公用网络上通过创建隧道，封装数据模拟的一种私有专用链路。隧道提供逻辑上点对点连接的作用，从隧道的一端到另外一端支持数据身份验证和加密。由于数据本身也要进行加密，所以即使通过公共网络，它仍然是安全的，因为即便数据包在通过网络节点时被拦截（如经过服务器时），但只要拦截者没有密钥，就无法查看包的内容。

4. 网络设备选型

校园网网络系统从结构上分为核心层、汇聚层和接入层。核心层主要是实现骨干网络之间的优化传输，骨干网络设计的重点是冗余能力、可靠性和高速的传输。因为学校存在大量的语音和视频传输。据此，考虑汇聚层对 QoS 有良好的支持并且能提供大的带宽，接入层设备是最终用户的最直接上联的设备，它应该具备即插即用特性以及易于维护的特点。在接入层面，通过定义相应的访问策略，实现访问控制，内外隔离。

5. 方案的扩展性考虑

本方案中所采取的技术与产品充分考虑到网络未来的升级与发展，无论从企业网的扩展到广域网的建设都做了周密的部署。同时，由于系统选择的是最成熟与标准的快速以太网技术，该网络已构筑了高速和坚固的信息高速公路，面对未来的发展将处于非常有利的位置。

本 章 小 结

在信息化社会里信息网络系统扮演了重要的角色，能够实现数据通信和资源共享，是实现建筑智能化系统集成的支撑平台，各个智能化系统通过信息网络有机地结合在一起，形成一个相互关联、协调统一的集成系统。本章主要介绍了信息网络系统的概念、基本功能、网络拓扑结构、网络体系结构、OSI 七层参考模型、TCP/IP 四层参考模型、局域网和广域网、网络设备，最后介绍了信息网络系统的设计方法及工程案例。通过学习，掌握信息网络系统的基本概念和工程设计方法。

思考题与习题

1. 信息网络的概念，包括哪几个要素？
2. 常见拓扑结构有哪些？
3. 请描述计算机网络七层结构，并分别说明各层功能。
4. 请解释 OSI 参考模型和 TCP/IP 参考模型之间的对应关系。
5. 常见局域网有哪些？
6. 请说明无线局域网的工作原理。
7. 请详细解释交换机和路由器之间的区别。
8. 中继器的主要作用是什么？
9. 交换机常见网络应用有哪些？
10. 信息网络系统设计原则有哪些？
11. 试通过信息网络系统的工程设计标准，设计所在宿舍的网络方案。

第 3 章　信息基础设施系统

通信网络及信息基础设施系统包括信息网络系统、F5G 全光网络、综合布线系统、信息接入系统、移动通信室内信号覆盖系统、5G 网络技术和卫星通信系统，是智能建筑进行信息化应用的基础设施。其中信息网络系统在第 2 章详细介绍，F5G 全光网络在第 4 章详细介绍，综合布线系统在第 5 章详细介绍，本章介绍其他 4 个信息通信基础设施，分别是信息接入系统、移动通信室内信号覆盖系统、5G 网络技术和卫星通信系统。

3.1　信息接入系统

信息接入系统是智能建筑信息设施系统中的重要内容，其作用是将建筑物外部的公用通信网或专用通信网的接入系统，引入建筑物，满足建筑物内用户各类信息通信业务的需求。

3.1.1　接入网概述

信息接入网（Access Network，AN）是 20 世纪后期提出的一种网络概念，并由国际电信联盟标准做了定义和功能界定。按电信行业的定义，一个通信网的体系结构由三部分组成，即核心网、接入网和用户网，如图 3-1 所示。核心网包括中继网（本市内）和长途网（城市间）以及各种业务节点机（如局用数字程控交换机、核心路由器、专业服务器等）。核心网和接入网通常归属电信运营商管理和维护，用户网则归用户所有。因此，接入网是连接核心网和用户网的纽带，通过它实现把核心网的业务提供给最终用户。

图 3-1　电信网络的基本构成

接入网技术是电信市场化的产物，是满足用户环路网激烈的市场竞争而产生的新技术。接入网在电信网中具有极其重要的地位。它是电信网中最大的部分，它的建设费用占建网总费用的 60% 以上。接入网直接面对广大的用户和各种应用系统，它的服务质量直接影响网络的发展。它是完成语音、数据、图像等综合业务的最主要的部分。目前，在传输网和交换网构成的核心网技术不断进步和完善的同时，广大客户对各种电信业务，特别是对多媒体业务和数据业务的需求日益增加，因而采用集语音、数据和图像传输于一体的综合业务，接入网技术已成为人们关注的热点。

接入网的一端通过业务节点接口（Service Node Interface，SNI）与核心网中的业务节点相接，另一端通过用户网络接口（User Network Interface，UNI）与用户终端设备相连，并可经由Q3接口服从电信网管系统的统一配置和管理。接入网在电信网中的位置和功能如图3-2所示。

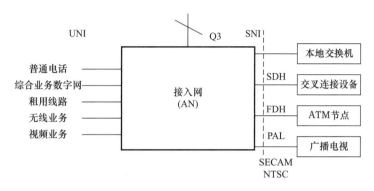

图3-2 接入网在电信网中的位置和功能

接入网业务节点是提供业务的实体，可提供规定业务的业务节点，例如本地交换机、租用线业务节点或特定配置的点播电视和广播电视业务节点等。SNI是接入网和业务节点之间的接口，可分为支持单一接入的SNI和综合接入的SNI。支持单一接入的标准化接口主要有提供ISDN基本速率的V1接口和一次群速率的V3接口，支持综合业务接入的接口目前有V5接口。接入网与用户间的UNI能够支持目前网络所提供的各种接入类型和业务，接入网的发展不应限制现有的业务和接入类型。

接入网环境下的基本网络拓扑结构有四种类型，即星形结构、环形结构、树形结构和总线型结构。

3.1.2 接入网分类

根据传输介质的不同，接入网可以分为有线接入网和无线接入网。有线接入网通常又可分为光纤接入网、双绞线接入网和光纤同轴混合接入网三种方式。无线接入网可分为微波接入网、卫星接入网、蜂窝接入网等。

1. 有线接入

传统的有线接入网主要以铜缆的形式为用户提供一般的语音业务和少量的数据业务。随着社会经济的发展，人们对各种新业务特别是宽带综合业务的需求日益增加，一系列有线接入网新技术应运而生，其中包括应用较广泛的以现有对绞线为基础的铜缆技术、混合光纤/同轴（Fybrid Fiber Coaxial，HFC）组网技术和混合光纤/无线接入技术、以太网到户技术。

（1）双绞线接入

对绞线为基础的铜缆技术主要是由多个对绞线构成的铜缆组成，采用先进的数字处理技术来提高对绞线的传输容量，向用户提供各种业务的技术，主要有数字线对增益（Digital Pair Gain，DPG）、高比特率数字用户线（High Speed Digital Subscriber Line，HDSL）、不对称数字用户线（Asymmetric Digital Subscriber Line，ADSL）、单线对双向对称传输数字用户环路（Single-wire Digital Subscriber Line，SDSL）、甚高速数字用户环路（Very High Speed Digital Subscriber Line，VDSL）等技术。

ADSL是一种利用现有的传统电话线路高速传输数字信息的技术。该技术大部分带宽用来传输下行信号（即用户从网上下载信息），而只使用一小部分带宽来传输上行信号（即接收用户上传的信息），这样就出现了所谓不对称的传输模式。ADSL 系统结构如图 3-3 所示，它是在一对普通铜线两端各加装一台 ADSL 局域设备和远端设备而构成的。它除了向用户提供普通电话业务外，还能向用户提供一个中速双工数据通信通道和一个高速单工下行数据传送通道。

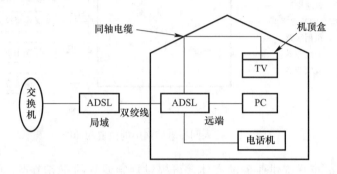

图 3-3　ADSL 系统结构

ADSL 采用了一种离散多音频（Discrete Multi Tone，DMT）调制技术。电话电缆的频带共 1104kHz，分成 256 个独立的信道，每个信道的带宽为 4kHz，各信道中心频率之间间隔为 4312.5Hz。0 号信道用于普通模拟电话通信，1～5 号信道未被使用，以便将模拟电话信号与数据信号隔离，避免相互干扰。剩下的 250 个信道中，一小部分用于上行数据的传输，大部分用于下行数据传输，多少信道用于上行、下行由提供该项业务的运营商确定。

ADSL 采用先进的数字信号处理技术、编码调制技术，使得在双绞线上可以支持高达每秒百万比特的速率。但是由于双绞线自身的特性，包括线路上的背景噪声、脉冲噪声、线路的插入损耗、线路间的串扰、线路的桥接抽头、线路接头和线路绝缘等因素将影响线缆的传输距离。

（2）光纤接入技术

随着社会经济发展和技术进步，用户对互联网接入和企业内部网络的带宽要求及服务质量要求越来越高，传统的接入方式由于存在接入带宽有限、传输距离短、传输质量差等问题，已越来越不能满足用户的需求。因此，带宽高、扩展性好、运维成本低的光纤接入技术正成为电信领域的热点，受到国内外运营商的广泛关注，成为用户接入的重要手段。

光纤接入网或称光接入网（Optical Access Network，OAN）是采用光传输技术的接入网，指局端与用户之间完全以光纤作为传输媒介。光纤通信不同于有线通信，后者是利用金属媒介传输信号，光纤通信则是利用透明的光纤传输光波。虽然光和电都是电磁波，但频率范围相差很大。由于光纤接入网使用的传输媒介是光纤，因此根据光纤深入用户群的程度，可将光纤接入网分为光纤到路边（Fiber To The Curb，FTTC）、光纤到小区（Fiber To The Zone，FTTZ）、光纤到大楼（Fiber To The Building，FTTB）、光纤到办公室（Fiber To The Office，FTTO）和光纤到户（Fiber To The Home，FTTH），它们统称为 FTTx。它为用户提供了可靠性很高的宽带保证，可平滑升级实现百兆到家庭而不用重新布线，完全实现多媒体通信和交互式视像等业务。光纤接入网的基本结构如图 3-4

所示，在光纤接入网中传输的是光信号。如果网络侧和用户侧的设备接口是电接口，则信号在光纤接入网中传输时需要进行光/电、电/光转换；如果设备接口是光接口，则设备可直接与光接入网相连。

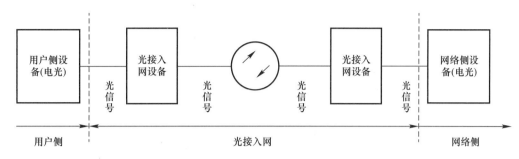

图3-4 光纤接入网的基本结构

光纤接入网具有以下特点：

1）带宽高：由于光纤接入网本身的特点，可以提供高速接入因特网、ATM以及电信宽带IP网的各种应用系统，从而可享宽带网提供的各种宽带业务。

2）网络的可升级性能好：光纤网易于通过技术升级成倍扩大带宽，因此，光纤接入网可以满足近期各种成熟的应用系统，并拥有分布最广的享用窄带交换业务的用户群。

3）双向传输：电信网本身的特点决定了这种组网方式的交互性能好这一优点，特别是在向用户提供双向实时业务方面具有明显的优势。

4）接入简单、费用少：用户端很容易高速接入因特网，完成局域网到桌面的接入。

光纤接入网从技术上可分为两大类：有源光网络（Active Optical Network，AON）和无源光网络（Passive Optical Network，PON）。有源光网络又可分为基于同步数字系列（Synchronous Digital Hierarchy，SDH）的AON和基于准同步数字系列（Plesiochronous Digital Hierarchy，PDH）的AON；无源光网络又可分为窄带PON和宽带PON。

AON从局端设备到用户分配单元之间均用有源光纤传输设备，即光电转换设备、有源光电器件以及光纤等。AON实际上就是以SDH或PDH光纤传输系统为传输平台的光纤数字环路载波（Digital Loop Carrier，DLC）系统。AON由DLC局端机、DLC远端机以及光传输系统、光线路终端（Optical Line Terminal，OLT）组成。

有源光纤网络的局端设备（Customer Equipment，CE）和远端设备（Remote Equipment，RE）通过有源光传输设备相连，传输技术是骨干网中已大量采用的SDH和PDH技术，但以SDH技术为主。远端设备主要完成业务的收集、接口适配、复用和传输功能。局端设备主要完成接口适配、复用和传输功能。此外，局端设备还向网元管理系统提供网管接口。在实际接入网建设中，有源光网络拓扑结构通常是环形，如图3-5所示。

环形结构是指所有节点共用一条光纤环链路，光纤链路首尾相连接自成封闭回路的网络结构，属于点对多点配置，这种闭合的总线结构改进了网络的可靠性。环形结构的突出优点是可实现自愈功能，缺点是连接性能差，因为也是共享传输介质，所以通常应用于较少用户的接入中，而且故障率较高，故障影响面广，只要光纤一断，整个网络就中断了。

星形有源接入网结构中，如图3-6所示。用户终端通过一个位于中央节点（设在端局内）具有控制和交换功能的星形耦合器进行信息交换。

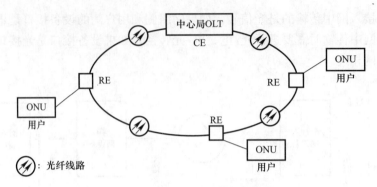

图 3-5　环形有源光网络拓扑结构

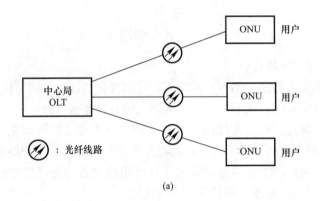

(a)

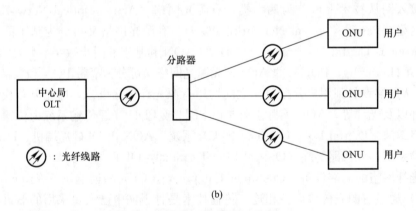

(b)

图 3-6　星形有源接入网结构
（a）单星形有源接入网结构；(b) 双星形有源接入网结构

有源光网络具有以下技术特点：

1）传输容量大，目前用在接入网的 SDH 传输设备一般提供 155Mbps 或 622Mbps 的接口，有的甚至提供 2.5Gbps 的接口。将来只要有足够业务量需求，传输带宽还可以增加，光纤的传输带宽潜力相对接入网的需求而言几乎是无限的。

2）传输距离远，在不加中继设备的情况下，传输距离可达 70～80km。

3）用户信息隔离度好，有源光网络的网络拓扑结构无论是星形还是环形，从逻辑上看，用户信息的传输方式都是点到点的方式。

第3章 信息基础设施系统

4) 技术成熟，无论是 SDH 还是 PDH 设备，均已在电信网中大量使用。

5) 由于 SDH/PDH 技术在骨干传输网中大量使用，有源光接入设备的成本已大大下降，但接入网与其他接入技术相比，成本还是比较高。

无源光网络（Passive Optical Network，PON）是光纤接入网中的一种，它基于一点到多点的拓扑结构，可传送双向交互式业务，并可根据需要灵活地进行升级。如图 3-7 所示，这种光纤接入网就是无源光网络，图中 OLT 为光线路终端，ODN（Optical Distribution Network）为光配线网，ONU（Optical Network Unit）为光网络单元。OLT 为 ODN 提供网络接口并连接一个或多个 ODN，ODN 为 OLT 和 ONU 提供传输手段。PON 技术采用了点到多点拓扑结构，OLT 发出的下行光信号通过一根光纤经由无源光分路器广播给各 ONU/ONT。不同的数据链路层技术和物理层 PON 技术结合形成了不同的 PON 技术，例如 ATM+PON 形成了 APON，Ethernet+PON 形成了 EPON，ATM/GEM+PON 则形成了 GPON（Gigabit Capable PON）。

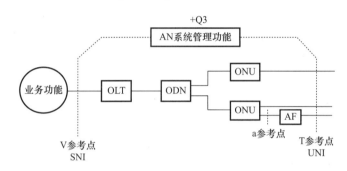

图 3-7 无源光网络（×-PON）

无源光网络是一种纯介质网络，在 OLT（光线路终端）和 ONU（光网络单元）之间的光分配网络（ODN）没有任何有源电子设备，避免了外部设备的电磁干扰和雷电影响，减少了线路和外部设备的故障率，提高了系统可靠性，同时节省了维护成本，是电信维护部门长期期待的技术。

几种主要 PON 技术标准及特性比较见表 3-1。

几种主要 PON 技术标准及特性比较　　　　表 3-1

技术标准		APON	EPON	GPON
标准名称		ITU-T G.983	IEEE802.3ah	ITU-T G.984
传输速率	下行	622Mbps 或 155Mbps	1.25Gbps	1.25Gbps 或 2.5Gbps
	上行	155Mbps	1.25Gbps	155Mbps、622Mbps、1.25Gbps 或 2.5Gbps
最大传输距离		10～20km	10～20km	10～60km
协议及封装格式		ATM	以太网	ATM 或 GFP
光分路比		32～64	16～32	64～128
业务支持		TDM、ATM	Ethernet、TDM	Ethernet、TDM、ATM

APON 技术和网络因 ATM 网络已被淘汰而鲜有应用。

EPON 技术因基于以太网技术，可以传输可变长度的数据包，并且与以太网同宗同族，因而一经推出便获得了广泛应用。EPON 特别适用于 Internet 业务。但对实时性要求高的业务支持能力相对较弱,且在安全性、可靠性等方面存在不足。

GPON 是在 APON 和 EPON 基础上发展起来的,引入了通用帧协议(Generic Framing Procedure, GFP),既可以支持数据业务,也可以支持实时性高的语音、图像及流媒体等业务,而且传输速率更高,随着系统造价的不断降低,因而获得了越来越广泛的应用。

(3) 光纤同轴电缆混合接入技术

1) HFC 概述

光纤同轴电缆混合(Hybrid Fiber Coax,HFC)组网是一种基于频分复用技术的宽带接入网,它的主干网使用光纤,采用频分复用方式传输多种信息,分配网则采用树状拓扑和同轴电缆系统,用于传输和分配用户信息。HFC 是将光纤逐渐推向用户的一种新的经济的演进策略,可实现多媒体通信和交互式视像业务。

HFC 通常由光纤干线、同轴电缆支线和用户配线网络三部分组成,从有线电视台出来的节目信号先变成光信号在干线上传输,到用户区域后把光信号转换成电信号,经分配器分配后通过同轴电缆送到用户。它与早期有线电视(Cable Television,CATV)同轴电缆网络的不同之处主要在于,在干线上用光纤传输光信号,在前端需完成电-光转换,进入用户区后要完成光-电转换。

HFC 的主要特点:传输容量大,易实现双向传输,从理论上讲,一对光纤可同时传送 150 万路电话或 2000 套电视节目;频率特性好,在有线电视传输带宽内无需均衡;传输损耗小,可延长有线电视的传输距离,25km 内无需中继放大;光纤间不会有串音现象,不怕电磁干扰,能确保信号的传输质量。同传统的 CATV 网络相比,其网络拓扑结构也有些不同:光纤干线采用星形或环状结构;支线和配线网络的同轴电缆部分采用树状或总线式结构;整个网络按照光节点划分成一个服务区,这种网络结构可满足为用户提供多种业务服务的要求。随着数字通信技术的发展,特别是高速宽带通信时代的到来,HFC 已成为现在和未来一段时期内宽带接入的最佳选择,因而 HFC 又被赋予新的含义,特指利用混合光纤同轴线缆来进行双向宽带通信的 CATV 网络。

2) HFC 的拓扑结构

与传统 CATV 网相比,HFC 网络结构无论从理论上还是逻辑拓扑上都有重大变化。现代 HFC 网基本上是星形总线结构,如图 3-8 所示为 HFC 拓扑结构,由三部分组成,即馈线网、配线网和用户引入线,其结构很像电话网中的数字环路载波(Digital Loop Carrier,DLC),其服务区类似于电话网中的配线区,区别在于 HFC 网服务区内仍基本保留着传统 CATV 网的树形-分支型同轴电缆网(总线式),而不是星形的对绞线铜缆网。

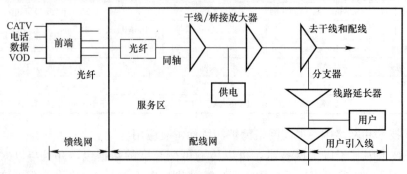

图 3-8 HFC 拓扑结构

① 馈线网：HFC 的馈线网指前端至服务区（Service Area，SA）的光纤节点之间的部分，对应 CATV 网的干线段，区别在于从前端至每一服务区的光纤节点，都有一专有的直接的无源光连接，即用一根单模光纤代替了传统的粗大干线电缆和一连串几十个有源干线放大器。

② 配线网：配线网指服务区光纤节点与分支点之间的部分，相当于电话网中远端节点与分线盒之间的部分。在 HFC 网中，配线网部分采用与传统 CATV 网基本相同的同轴电缆网，很多情况是简单的总线结构，但其覆盖范围则大大扩展，因此仍需保留几个干线或桥接放大器。这一部分的好坏往往决定了整个 HFC 网的业务量和业务类型。采用服务区的概念可灵活地构成与电话网类似的拓扑，从而降低双向业务成本。

③ 用户引入线：用户引入线是指分支点到用户之间的线路，与传统 CATV 网完全相同。

3）HFC 网络系统

HFC 网络系统是介于全光纤网络和早期 CATV 同轴电缆网络之间的一个系统，它具有频带宽、用户多、传输速率高、灵活性和扩展性强及经济实用的特点，为实现宽带综合信息双向传输提供了可能。对有些电信服务供应商来说，采用 HFC 技术向居民住宅和小型商务机构提供融合了数据和视频业务的综合服务具有相当大的诱惑力。HFC 接入网的主要业务有以下几种：

① 传统业务，如模拟广播电视、视频广播等；

② 高速数据业务，如基于 IP 的宽带接入、中小型用户局域网连接 Internet 等；

③ IP 语音/IP 视频业务；

④ 其他增值业务，如远程教学、远程医疗、虚拟专网、视频点播、电视会议、远程办公、数字电视，提供校区内综合信息资源的共享通道、闭路电视监控系统图像的传输、访客对讲系统联网信息的传输、防盗报警信息的传输、公共设备信息的传输、车辆管理信息传递等。

2. 无线接入技术

无线接入技术是指在终端用户和局端间的接入网部分全部或部分采用无线传输技术、利用卫星、微波等传输手段，在端局和用户之间建立连接，为用户提供固定或移动接入服务的技术。无线接入网主要应用于地偏人稀的农村及通信不发达地区、有线基建已饱和的繁华市区以及业务要求骤增而有线设施建设滞后的新建区域等。无线接入网按接入设备类型可分为微波技术（包括点对点、一点对多点、卫星 VAST）、无线直放站、射频拉远技术、无绳电话等。

（1）微波技术

微波技术是电磁波频谱中无线电波的一个分支，如图 3-9 所示为微波接力通信。它是频率很高或波长很短的一个无线电波段，通常是指频率在 300MHz～300GHz 之间或波长在 1mm～1m 之间的无线电波。微波通信具有的特点：微波频段的频带很宽，可以容纳更多的无线电通信设备同时工作；能够进行链路的中继；微波通信设备工作频率高；传输质量高、通信稳定可靠、数字化；天线增益高、方向性好；安装灵活方便、成本较低。

对于微波通信中，由于传输距离太长或传输链路中有阻挡而无法开通通信时，可在两端站之间设置中继站。中继站可分为有源中继站和无源中继站两种。

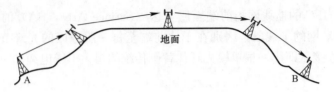

图 3-9　微波接力通信

（2）无线直放站

无线直放站（中继器）属于同频放大设备，是指在无线通信传输过程中起到信号增强的一种无线电发射中转设备。直放站作为一种实现无线接入的辅助技术手段，常用来解决基站难以覆盖的盲区或将基站信号进行延伸。选用无线直放站时，应按照的原则：光纤直放站适用于在基站与拟建直放站区有障碍，两站之间不能视通，或两者相距甚远，同时基站和覆盖区之间没有引光缆的可能。

（3）无线本地回路系统

"本地回路"是在电话通信系统中的一个术语，即接入电话业务的传输线。无线本地回路（Wireless Local Loop，WLL）系统就是采用无线传输技术提供接入服务。与蜂窝移动通信系统不同的是，在 WLL 系统中，接入的终端设备是固定的，只是传输线路是无线的，所以 WLL 有时又被称为固定无线接入系统（Fixed Wireless Access，FWA）。WLL 不仅可以提供语音业务。还可以提供 Internet、电视广播和 VOD 等业务。WLL 的典型结构如图 3-10 所示。运营商在高塔上安放定向或全向天线，可以覆盖指定区域或塔周围半径数千米的范围。用户只需在屋顶或庭院中架设一个小型抛物面天线便可接收高塔天线发出的信号。

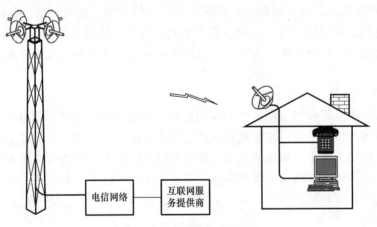

图 3-10　WLL 的典型结构图

WLL 系统具有建设周期短、工程造价低、提供业务灵活等特点，特别适用于偏远地区或有线网络难以覆盖的地区。WLL 技术发展迅速，制式繁多，所采用的频带差异也很大。在此重点介绍应用较为广泛的多信道多点分配业务系统（Multichannel Multipoint Distribution Service，MMDS）和本地多点分配业务系统（Local Multipoint Distribution Service，LMDS）。

1）MMDS

MMDS 是一种基于微波传输技术以视距传输为基础的综合业务传输与分配系统，工作频率在 2～3GHz 范围内，可以覆盖半径数十千米的范围。MMDS 系统结构如图 3-11 所示。在许多国家，这项接入服务利用的主要是原来分配给开路的教育电视频道使用的频率，因此它的接入带宽受到一定的限制。

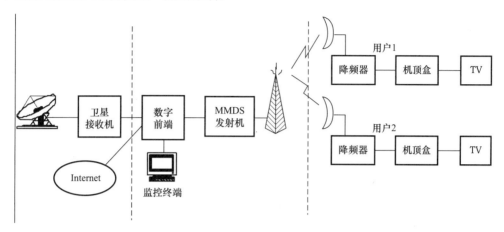

图 3-11　MMDS 系统结构

MMDS 技术具有为用户提供多种类型业务的功能，包括点对点面向连接的数据业务，点对点无连接业务和点对多点业务。MMDS 作为一种无线接入手段，具有以下特点：

① 可以利用现有的电视广播设施，覆盖范围大，基站数量少，系统的建设费用相对较低。

② 发射和接收技术成熟。

③ 通过采用加/解扰技术，可以实现 QoS 和寻址收费管理。

④ 采用数字压缩和传输技术可以提高传输容量和信号传输质量。

⑤ 共享型信道，频带有限，接入用户的数量受限制。

2）LMDS

LMDS 可以看作是 MMDS 的孪生兄弟，二者的结构几乎完全一致。但是 LMDS 的工作频段比 MMDS 要高出很多，通常在 24～38GHz 范围内。每个基站的覆盖范围在 5km 左右。LMDS 系统结构如图 3-12 所示。

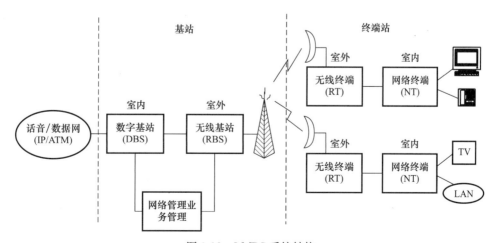

图 3-12　LMDS 系统结构

与 MMDS 相比，LMDS 的优势体现在以下几个方面：

① 工作频带宽，可提供宽带接入。LMDS 具有超过 1GHz 的带宽，支持的用户接入速率可高达 155Mbps。

② 提供多种类业务。LMDS 可以提供包括语言、数据、图像、视频等各种业务，特别是可以提供远程医疗、视频会议、远程教育和 VOD 等数字视频业务。与 ADSL 相似，LMDS 还可以提供非对称带宽业务，下行速率高于上行速率。

③ 频率复用度高，系统容量大。由于工作频率高，信号传播损耗大，一个基站的覆盖范围相对较小，因此可以对频率进行复用，所以 LMDS 可以是一个"范围受限"系统，而非"容量受限"系统，LMDS 特别适用于在高密度用户地区使用。

LMDS 的主要问题一是覆盖范围小，系统造价较高；二是雨衰严重，受天气影响较大。此外，它的绕射能力比 MMDS 弱得多，传输通道绝对不能受到遮挡，甚至树叶都会对其信号的传输产生影响。

(4) WiMAX 无线城域网

WLL 技术尽管有许多优点，可以实现无线宽带接入，但是并没有在世界各地大范围推广，最主要的原因是缺乏统一的标准。为了提出一个宽带无线接入标准，IEEE 建立了名为 802.16 的委员会，于 2002 年发布了一个无线宽带接入标准。标准的全称是"固定宽带无线接入系统的空中接口（Air Interface for Fixed Broadband Wireless Access Systems）"，标准代号便是 IEEE802.16。一些生产厂家和研究机构围绕该标准成立了一个论坛，取名为全球微波接入互操作性（Word Interoperability for Microwave Access，WiMAX）。有些人把它看作是一个无线城域网（WMAN）标准。因此，可以把 IEEE802.16、WMAN 和 WiMAX 等术语同等对待，就像将 IEEE802.11、WLAN 和 Wi-Fi 都看作是一件事情一样。

IEEE802.16 分为两个标准：IEEE802.16d 和 IEEE802.16e。IEEE802.16d 规范了固定接入下用户终端同基站系统之间的空中接口，主要定义了空中接口的物理层和 MAC 层。IEEE802.16e 规定了可同时支持固定和移动宽带接入无线系统。IEEE802.16e 的最大特点是对移动终端的支持。

WiMAX 的工作频段可从 2~66GHz，信道带宽可在 1.5~20MHz 范围内灵活调整。WiMAX 采用宏小区方式，最大覆盖范围达 50km。可以采用多扇区提高系统容量，一个扇区可同时支持 60 多个 E1 或 T1 的企业用户或数百个家庭用户的接入。与其他无线接入技术相比，WiMAX 具有以下技术特点：

1) 标准化程度高，系统兼容性好。
2) 数据传输速率高，最高可达 75Mbps。
3) 传输距离远，可以非视距传输。
4) 用户接入带宽灵活，可在 1.5~20MHz 动态选择。
5) 支持多种业务，如语音、数据、视频和 Internet 等。
6) 具有 QoS 功能。
7) 保密性好。支持安全传输，并提供鉴权、数字加密等功能。

(5) 射频拉远技术

射频拉远（Remote Radio Unit，RRU）技术是将基站信号转成光信号传送，在远端的射频系统进行放大，即把基站的基带单元和射频单元进行分离，两者之间传送的是基带信号，基带信号在远端进行转换并射频放大后进行覆盖。它与直放站的区别是，射频拉远只放大有用信号，而直放站在传输过程中传送的是射频信号，直放站在放大有用信号的同时把噪声也放大了。

一个基站的信源由基带单元（Base Band Unit，BBU）和 RRU 两部分组成。与传统基站相比，射频拉远是将基站的基带部分和射频部分分开，射频部分根据需要放置在远端不同地方，基带池（即若干 BBU 在一起）集中放置，光纤连接基带池与分布于建筑物中的射频拉远单元（RRU）。

与常规基站 BTS 相比较，采用 RRU 与 BBU 分开的方式具有以下特点：

RRU 具有和宏基站相同的接收灵敏度；

RRU 具有系列化的发射输出功率，可以根据应用环境进行配置；

安装灵活，维护简单，可以近端也可以远端维护，稳定性高；

可 4 级级联至 100km，组成带状网络；

适用于数据业务需求量较大、业务质量要求较高的场所；

可以提高话务量，很直观地看到在安装 RRU 后对话务量的提升。

（6）无绳电话是全双工无线电台与有线市话系统及逻辑控制电路的有机组合，它能在有效的场强空间内通过无线电波媒介，实现副机与座机之间的"无绳"联系。无绳电话机就是将电话机的机身与手柄分离成为主机（母机）与副机（子机）两部分，主机与市话网用户电话线连接，副机通过无线电信道与主机保持通信，不受传统电话机手柄话绳的限制。

3.1.3 三网融合

三网融合是指电信网、计算机网和有线电视网三大网络通过技术改造，能够提供包括语音、数据、图像等综合多媒体的通信业务，如图 3-13 所示。三网融合是一种广义的、社会化的说法，在现阶段它并不意味着电信网、计算机网和有线电视网三大网络的物理合一，而主要是指高层业务应用的融合，其表现为技术上趋向一致，网络层上可以实现互联互通形成无缝覆盖，业务层上互相渗透和交叉，应用层上趋向使用统一的 IP 协议，在经营上互相竞争、互相合作，朝着向人类提供多样化、多媒体化、个性化服务的同一目标逐渐交汇在一起，行业管制和政策方面也逐渐趋向统一。

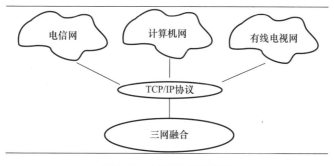

图 3-13 三网融合示意图

智能建筑的三网融合更多是指在同一个网络上实现音频、数据和视频的传送，通俗地来说就是客户端用户可以在单一的网络中实现打电话、办公业务数据交流和视频的浏览。智能建筑三网融合的基本含义，即表现为三网在技术上趋向一致，网络层上可以实现互联互通，业务层上相互渗透和交叉，应用层上趋向统一。三网融合不仅使语音、数据和图像这三大基本业务的界限逐渐消失，也使网络层和业务层的界面变得模糊，各种业务层和网络层正走向功能乃至物理上的融合，整个网络正在向下一代的融合网络演进。

1. 三网融合技术

实现三网融合技术，依托的主要技术有三项，即数字处理技术、光纤通信技术和 IP 传输技术。

（1）数字处理技术

语音、图像等信息源都是模拟量，只有对这类模拟信号进行数字化处理，才有可能充分利用计算机科学与技术的所有成果，完成信息的发送、传输、接收、再现和存储。一台数字电视机，与其叫它电视机，不如叫它计算机，因为它的功能更大程度上是一台计算机，具有信息处理能力。

（2）光纤通信技术

光纤作为传输介质，具有高带宽、低损耗、抗电磁干扰的特点。只有基于光纤的通信网络才能满足"三网融合"不断增长的带宽需求。

（3）IP 传输技术

IP 传输技术即分组交换或包交换技术，使信息网络的互联性、可靠性、坚固性比传统电路交换技术更优，同时使传输成本更低。基于 IP 的网络，能充分利用因特网已经取得的技术成就，构造和实现多对多的、极为简便的信息通信网。

2. 三网融合的先导——IPTV

交互式网络电视（Internet Protocol TV，IPTV），是一种利用宽带有线电视网，集互联网、多媒体、通信等多种技术于一体，向家庭用户提供包括数字电视在内的多种交互式服务的新技术。它能够很好地适应当今网络飞速发展的趋势，充分有效地利用网络资源。IPTV 既不同于传统的模拟式有线电视，也不同于传统的数字电视。因为，传统的模拟电视和经典的数字电视都具有频分制、定时、单向广播等特点。尽管传统的数字电视相对于模拟电视有许多技术革新，但只是信号形式的改变，而没有触及媒体内容的传播方式。

IPTV 是利用计算机或机顶盒与电视一起完成接收视频点播节目、视频广播及 WWW 浏览等功能。它采用高效的视频压缩技术，使视频流传输带宽在 800kbps 时可以有接近数字多功能光盘（Digital Versatile Disc，DVD）的收视效果，对今后开展视频类业务如因特网上视频直播、远距离真视频点播（Real VOD）、节目源制作等来讲，有很强的优势，是一个全新的技术概念。IPTV 的系统结构主要包括流媒体服务、节目采编、存储及认证计费等子系统，主要存储及传送的内容是以 MPEG-4 为编码核心的流媒体文件。基于 IP 网络传输，通常要在网络的边缘设置内容分配服务节点，配置流媒体服务及存储设备。IPTV 还具有很灵活的交互性，用户可自由点播视频节目。另外，基于 IP 网的其他业务如电子邮件、网络游戏等也可以展开。

3. 三网融合解决方案及其特点

要想真正实现三网融合，则是运营商的网络到用户的最后一千米接入问题。这不仅是先前电信运营商开展业务重点考虑、不可缺少的基础设施，而且是当前广电网络双向改造必须面临的问题，即骨干网光纤到用户这一段究竟要采用何种技术适合进户的问题。

下面就如何实现三网融合，介绍几种当前比较行之有效的方案。

(1) 基于 DSL 技术的电话网络解决方案

数字用户线路（Digital Subscriber Line，DSL）技术是基于普通电话线的宽带接入技术，其特点是以普通的铜质电话线为传输介质，在同一铜线上分别传送数据和语音信号，数据信号并不通过电话交换机设备，减轻了电话交换机的负载；不需要拨号，一直在线，属于专线上网方式。在现有的电话双绞线上，DSL 可提供高达 8Mbps 的高速下行速率，及 1Mbps 的上行速率，有效传输距离可达 3~5km。无需重新布线，为用户提供高速宽带服务，极大地降低服务成本。DSL 技术对线路质量要求低、安装调试简便。然而这种接入方式在传输的速率、距离上还是受到一定的限制。

(2) 基于 HFC 技术的有线电视网络解决方案

有线电视 CATV 技术，即利用有线电视网实现上网和电话业务的一种技术。传输介质采用同轴电缆。常用的同轴电缆有两类：特性阻抗为 50Ω 和 75Ω 的同轴电缆。75Ω 同轴电缆常用于传输电视信号，故称为 CATV 电缆，优质的 75Ω 同轴电缆传输带宽可达 1GHz，目前常用 CATV 电缆的传输带宽为 860MHz。50Ω 同轴电缆主要用于基带信号传输。具有双向传输功能的有线电视网是高效、廉价的综合网络，它具有频带宽、容量大、多功能、成本低、抗干扰能力强、支持多种业务连接千家万户的优势。

HFC 是光纤和同轴电缆相结合的混合网络。HFC 宽带网解决了用户高速接入的最后一千米问题。与传统的 CATV 网络相比，HFC 网络拓扑结构有所不同：第一，光纤干线采用星形或环状结构；第二，支线和配线网络的同轴电缆部分采用树状或总线式结构；第三，整个网络按照光节点划分成一个服务区。

HFC 既是一种灵活的接入系统，也是一种优良的传输系统，HFC 把铜缆和光缆搭配起来，同时提供两种物理媒质所具有的优秀特性。HFC 在向新兴宽带应用提供带宽需求的同时却比 FTTC 或者交换式数字视频（Switch Digital Video，SDV）等解决方案便宜多了，HFC 可同时支持模拟和数字传输，在大多数情况下，HFC 可以同现有的设备和设施合并。HFC 支持现有的、新兴的全部传输技术，其中包括 SDH、同步光纤网络（Synchronous Optical Network，SONET）和交换式多兆位数据服务（Switched Multimegabit Data Service，SMDS）。一旦 HFC 部署到位，它可以很方便地被运营商扩展以满足日益增长的服务需求以及支持新型服务。总之，在目前和可预见的未来，HFC 都是一种理想的、全方位的、信号分派类型的服务媒质。由于 HFC 结构和现有有线电视网络结构相似，所以有线电视网络公司对 HFC 特别青睐，他们非常希望这一利器可以帮助他们在未来多种服务竞争局面下获得现有的电信服务供应商似的地位。

(3) 基于 FTTH 技术的方案

FTTH 顾名思义，就是光纤直接到家庭。骨干网局端与用户之间以光纤作为传输媒介。FTTH 的显著技术特点是采用光纤作为传输媒质，优势主要表现在：

1) 它是无源网络，从局端到用户，中间基本上可以做到无源；
2) 它的带宽很宽，传输距离长，抗电磁干扰，正好符合运营商的大规模运营方式；
3) 由于它采用光波传输技术，支持的协议比较灵活，增强了传输数据的可靠性；
4) 随着技术的发展，适于引入各种新业务，是理想的业务透明网络，是接入网较为合适的发展方式。

光纤到户的魅力在于它具有极大的带宽，是解决从互联网主干网到用户桌面的"最后一千米"瓶颈现象的最佳方案。随着PON技术的不断发展，系统的成熟度和实用性大大提高，一些制造商近来推出了POL（Passive Optical LAN）解决方案，将用户联网需要的交换机和路由器与PON网络中的ONU集成在一起，不仅提高了传输带宽，而且减少了铜缆的敷设，节省大量的布线空间和劳务成本。

FTTH是时代发展的方向。随着Internet技术及多媒体应用的发展，用户对传输带宽的需求呈爆炸式增长。目前骨干网通过密集波分复用（Dense Wavelength Division Multiplexing，DWDM）技术和高速TDM技术，已经能够解决用户对传输带宽的需求。在接入部分，如果引入波分复用技术，可给用户带来端到端可管理的光通道，困扰Internet使用者的服务质量问题将不再存在。使用者可以在自己的专用通道上改变带宽或管理业务，以满足特定的时延和抖动要求，而不会影响同一光纤上其他波长的用户。因此，未来的光纤接入网可能采用"DWDM+PON"技术，最终实现光纤到户的目标。

3.2 移动通信室内信号覆盖系统

1. 移动通信系统概述

随着科学技术的发展和人们对于通信质量要求的不断提高，移动通信系统经过迅猛的发展，从最初的单向通信系统，无线寻呼系统到双向通信系统，即模拟通信系统，第一代移动通信系统，模拟通信的缺点使得人们追求更好的通信技术，从模拟化向数字化发展，第二代移动通信系统应运而生。由于Internet的发展，为浏览网页、电子商务和电话会议等服务提供了极大的便利，从而使得人们对于移动通信提出了更高的要求。第三代移动通信（3rd Generation，3G）在20世纪80年代末提出时倍受关注，目前3G系统已不能满足用户对移动通信系统的速率要求，不能充分满足移动流媒体通信（视频）的完全需求，没有达成全球统一的标准等。第四代移动通信（4th Generation，4G）技术称为宽带接入和分布网络，具有非对称的超过2Mbps的数据传输能力。它包括宽带无线固定接入、宽带无线局域网、移动宽带系统和交互式广播网络。

第五代移动电话行动通信标准，也称第五代移动通信5G技术，由于物联网产业的快速发展，其对网络速度有着更高的要求，这无疑成为推动5G网络发展的重要因素，全球各地均在大力推进5G网络。

移动通信系统具有以下特点：

1）无线电波传播环境复杂：电磁波在传播时不仅有直射波信号，还有经地面、建筑群等产生的反射、折射、绕射传播，从而产生多径传播引起的快衰落、阴影效应引起的慢衰落。移动台在移动时既受到环境噪声的干扰，又有系统干扰。

2）用户的移动性：用户的移动性和移动的不可预知性，要求系统有完善的管理技术对用户的位置进行登记、跟踪，不因位置改变中断通信。

3）频率资源有限：国际电信联盟（International Telecommunications Union，ITU）对无线频率的划分有严格规定，要设法提高系统的频率利用率。

2. 室内移动通信覆盖系统

室内移动通信覆盖系统将基站的信号通过有线的方式直接引入到室内的每一个区域，再通过小型天线将基站信号发送出去，同时也将接收到的室内信号放大后送到基站，如

图3-14所示，从而消除室内覆盖盲区，保证室内区域拥有理想的信号覆盖，为楼内的移动通信用户提供稳定、可靠的室内信号，整体提高移动网络的服务水平。

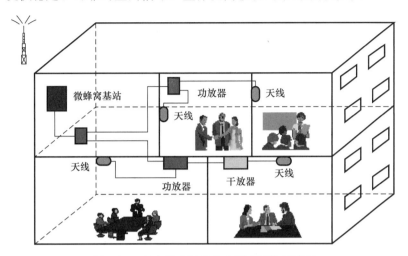

图3-14　室内移动通信室内覆盖系统示意图

（1）需要设置移动通信室内覆盖系统的场所

1）室内盲区：新建大型建筑、停车场、办公楼、宾馆和公寓等。

2）话务量高的大型室内场所：车站、机场、商场、体育馆、购物中心等，增加微蜂窝建立分层结构。

3）发生频繁切换的室内场所：高层建筑的顶部，收到多个基站的功率近似的信号。

（2）室内覆盖系统的组成

室内覆盖系统主要由信号源和信号分布系统两部分组成。室内覆盖系统的实现方式根据信号源可分为微蜂窝接入方式、宏蜂窝接入方式、直放站接入方式三种。

微蜂窝接入方式的通话质量比宏蜂窝接入方式要好许多，将它安置在宏蜂窝的"热点"上，具有增加网络容量与质量的效果。5G时代由于通信使用的频率越来越高，信号穿墙时的损耗明显，导致室内接收室外信号更加困难，此时5G室内网络覆盖更加重要。

宏蜂窝接入方式的主要优势在于成本低、工程施工方便，并且占地面积小，其弱点是对宏蜂窝无线指标尤其是掉话率的影响比较明显。在室外站存在富余容量的情况下，通过直放站将室外信号引入室内的覆盖盲区。

直放站接入方式以其灵活简易的特点成为解决简单问题的重要方式。直放站接入方式不需要基站设备和传输设备，安装简便灵活，如图3-15所示是直放站接入方式。

信号分布系统可分为无源天馈分布方式、

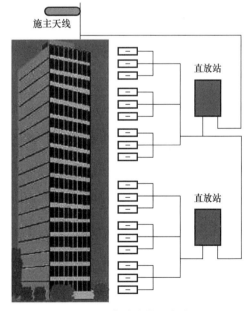

图3-15　直放站接入方式

有源天馈分布方式、光纤分布方式、泄漏电缆分布方式。

无源天馈分布方式：通过无源器件和天线、馈线把信号均匀地分布到室内所需环境，以得到良好的信号覆盖，如图 3-16 所示。无源器件包括功分器、耦合器、合路器等。合路器用于综合覆盖系统中，能够将不同运营商的业务或同一运营商的不同制式的业务合并到一起，共用一个分布系统；功分器进行功率等分，而耦合器能等分功率，通过不同型号的耦合器，能在覆盖区域内对信号功率进行合理分配。

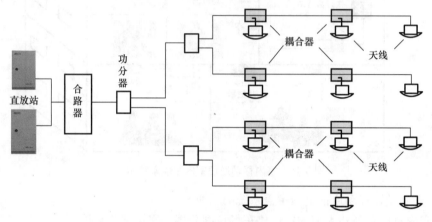

图 3-16　无源天馈分布方式

有源天馈分布方式：通过有源器件（放大器、功率分配器、天线等）和天馈线进行信号放大和分配。如图 3-17 所示。与无源天馈分布方式相比，有源天馈分布方式在合路器和功率分配器之间增加了有源放大设备，其他仍采用无源器件及天馈线分配信号。

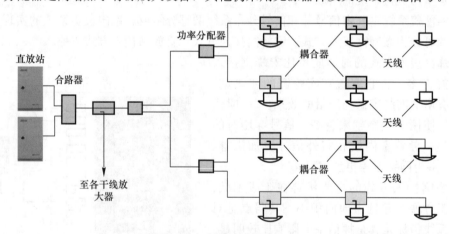

图 3-17　有源天馈分布方式

光纤分布方式：主要利用光纤来进行信号分布，适合于大型和分散型室内环境的主路信号的传输，如图 3-18 所示。近端单元主要完成与基站信号的电平适配、下行 RF 信号的光调制、分路输出和上行光信号的光电转换以及报警等功能。主机单元带有许多光收发模块（接口单元）、可支持单双模光纤传输。光纤用于信号传输，一般使用单模光纤。远端单元承担对上行的手机信号以及主机单元发来的光信号进行电光/光电转换和功率放大等功能。

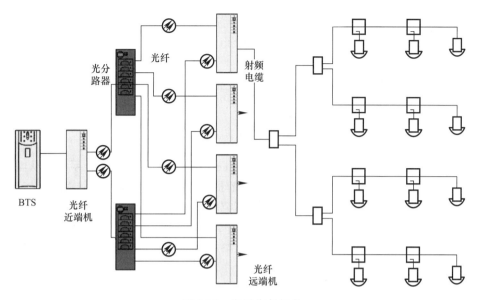

图 3-18 光纤分布方式

泄漏电缆分布方式：信号源通过泄漏电缆传输信号，并通过电缆外导体的一系列开口，在外导体上产生表面电流，从而在电缆开口处横截面上形成电磁场，这些开口就相当于一系列的天线起到信号的发射和接收作用，如图 3-19 所示。它适用于隧道、地铁、长廊等地形。

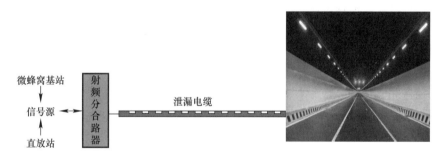

图 3-19 泄漏电缆分布方式

在进行室内分布系统设计时，应针对不同的覆盖区域类型，选择不同的信号源、分布系统建设方式。

3.3 5G 网络技术

5G 与过去的 2G/3G/4G 不同的是，5G 第一次将移动通信从人的沟通，延展到万物互联，将成为第四次工业革命——人工智能革命的基础设施。5G 致力于构建信息与通信技术的生态系统，是无线产业发展的创新前沿。5G 最核心的问题就是要解决如何只用同一个空口满足各类应用场景下的差异化性能要求，实现真正的"万物互联"。

3.3.1 回顾 1G 到 4G

1G 就是曾经的"大哥大"，是模拟通信系统，具有终端体积大、系统容量低、业务功能单一的特点，仅能实现打电话的功能，主要解决语音通信的问题。

2G就是经常说的GSM，可支持窄带的分组数据通信，是第一代数字化的通信系统，仅能支持语音和慢速的数据业务如短消息。

3G在中国移动使用的就是时分同步码分多址（Time Division-Synchronous Code Division Multiple Access，TD-SCDMA）系统。从3G开始，移动通信进入了分组交换的时代。3G在2G的基础上发展了诸如图像、音乐、视频流的高带宽多媒体通信，并提高了语音通话安全性。

4G就是现在广泛使用的长期演进（Long Term Evolution，LTE）系统，从网速、容量、稳定性上相比之前的技术都有了跳跃性的提升，传输速度可达100Mbps甚至更高，让我们迎来了移动互联网时代。手机上层出不穷的新业务也极大地改变了我们的生活。

而5G将给我们的生活带来更加巨大的变化，5G的设计初衷已不再局限于如何为人提供更好的无线上网业务体验，而是希望设计一个无线网络，其能够将社会上所有的有数字化需求的物体进行连接，进而成为一个为数字化社会服务的基础网络。

5G在4G的基础上，在吞吐率、时延、连接数量、能耗等方面进一步提升系统性能。5G既不是单一的技术演进，也不是几个全新的无线接入技术，而是整合了新型无线接入技术和现有无线接入技术（WLAN、4G、3G、2G等）。5G通过融合多种技术来满足不同的需求，是一个真正意义上的融合网络。

3.3.2 5G的频率范围

3GPP 38101-2为NR主要定义了两个频率范围：FR1和FR2。FR1是我们通常称为Sub 6G，FR2通常称为毫米波（mmWave）。

FR1：450～6000MHz Sub 6G频段，也就是我们说的低频频段，是5G的主用频段；其中3GHz以下的频率我们称之为sub3G，其余频段称为C-band。FR1的优点是频率低，绕射能力强，覆盖效果好，是当前5G的主用频谱。

FR2：24250～52600MHz毫米波，也就是我们说的高频频段，为5G的扩展频段，频谱资源丰富。

目前5G的建设工作主要由运营商承担，三家运营商分配到的频段如表3-2所示。

三家运营商的频段分配　　　　　　　　表3-2

运营商	5G频段	带宽	5G频段号
中国移动	2515～2675MHz	160MHz	n41
	4800～4900MHz	100MHz	n79
中国电信	3400～3500MHz	100MHz	n78
中国联通	3500～3600MHz	100MHz	n78

5G标准分为非独立组网（Non-Standalone，NSA）和独立组网（Standalone，SA）两种模式。从网络架构的角度看，NSA是指无线侧4G基站和5G基站并存，核心网采用4G核心网或5G核心网的组网架构。SA是指无线侧采用5G基站，核心网采用5G核心网的组网架构，该架构是5G网络演进的终极目标。

5G网络的系统架构如图3-20所示，无线终端的数据首先发送到无线基站侧，然后由无线基站发送给核心网设备，最终发送到目的接收端。

第 3 章 信息基础设施系统

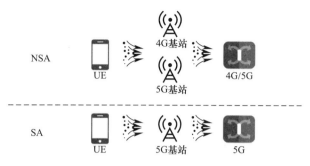

图 3-20　5G 网络的系统架构

3.3.3　5G 的设备形态

5G 基站按照设备物理形态和功能，可以分为宏基站设备和微站设备两大类。宏基站主要用于室外广覆盖场景，一般设备容量大，发射功率高；微站设备主要用于室内场景、室外覆盖盲区或室外热点等区域，设备容量较小，发射功率相对较低。

1. 室外设备

宏基站以业界华为某一款设备为例，如图 3-21 所示，将射频与天线一体化后的宏基站，其设备外形尺寸及重量：重 40kg，尺寸 795mm×395mm×220mm。

射频拉远功能（Remote Radio Unit，RRU）出现在 3G 时代。早在 2G 时代，基站还被称为基站收发台（Base Transceiver Station，BTS），2G 的网络结构主要由终端、基站子系统、承载网、核心网组成。其中的基站子系统包括 BTS 和基站控制器（Base Transceiver Controller，BSC）组成。

5G 之中，将 RRU 和原本的无源天线集成为一体，形成了最新的有源天线处理单元（Active Antenna Unit，AAU），是 5G 网络框架引入的新型设备。和 RRU 相比，AAU 多了天线的功能以及部分基带处理单元（Building Base band Unite，BBU）的功能，如图 3-22 所示。和 RRU 相比，AAU 体积更大，面积更大，重量更重，耗电也会更大，价格也要贵一些。

图 3-21　华为宏基站设备

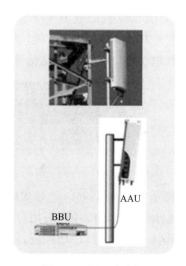

图 3-22　BBU+AAU

AAU设备指标包括工作频段、工作带宽、最大发射功率、设备通道数、天线阵子数、峰值速率等基本指标,还包括接收机、发射机等射频指标以及方向图等天线指标。AAU设备通道处的天线阵子数等指标主要影响AAU设备的外观尺寸和重量,而其他指标对设备性能影响较大。

2. 室内设备

室内小型化基站-小功率射频拉远单元(pico Remote Radio Unit,pRRU)如图3-23所示,发射功率低,可就近安装在室内顶棚等位置,用于室内高容量场景的小功率基站,一般用于体育场、交通枢纽、工厂等高容量场景,是室内网络建设的主力。5G时代因为信号频率高,墙体对室外宏站信号阻挡强,所以室内网络建设越来越受到重视。如图3-24所示为室内小型化基站暗装在顶棚的实际情况。设备实际尺寸(高×宽×深)200mm×200mm×63mm,重2.5kg左右。

图 3-23　室内小型化基站 pRRU 外形　　　　图 3-24　pRRU 暗装在顶棚内

通常,室外场景以宏基站为主,室内场景以小基站为主。

大容量的室内场景,比如商场,一般来说需要100～200个pRRU,如果按照BBU+RRU的架构,就需要很多个BBU提供端口。有了基于室内可视化平台(Remote Radio Unit Hub,RHUB),一个RHUB最多汇聚8个pRRU,RHUB之间还可以支持4级级联,这样就可以大大减少BBU的消耗,节省投资资源。如图3-25所示为RHUB设备,RHUB面板包含电源接口,BBU对接的光口和与pRRU对接的光电接口。

图 3-25　RHUB 设备

如图3-26所示为BBU设备,主要实现5G基带信号的调制和解调功能。BBU包含电源、风扇、业务处理单板等模块,采用可插拔的方式按需求配置相应单板。BBU具有模块化设计、体积小、集成度高、功耗低、易于部署的优点。BBU设备指标包括最大小区数、载波带宽、用户面处理能力、信令处理能力、前传带宽及接口数量、回传带宽及接口数量等指标。BBU用户面处理能力主要包括数据处理能力、最大数据流数、激活用户数、并发调度用户数等核心指标。数据处理能力包括单小区峰值速率和多小区最大峰值速率。

3.3.4 室内 5G 基站架构

如图 3-27 所示为目前主流的室内 5G 网络架构方式。5G 室内数字化室分基站，因为发射功率小，一般就近安装在顶棚内，也可以吊顶安装或者安装在其他便于安装的室内位置。因为 pRRU 采用 RUHB 供电，所以安装位置

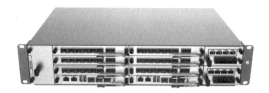

图 3-26 BBU 设备

受限小，他的安装位置和覆盖要求主要考虑覆盖区域内的信息流需求情况。室内数字化基站因为需要－48V 直流供电，不能接市电，需要 RHUB 通过光电混合缆供电，同时进行信号回传。每个室内基站通过光电混合线缆连接到汇聚的单元 RHUB 设备。RHUB 设备一般就近安装在每个楼层的弱电井内或者其他合适的位置，通过普通的 220V 市电即可使用，同时 RHUB 也负责给下挂的室内基站提供－48V 供电。RHUB 通过光纤连接到附近的 BBU 单元，完成信号的处理。

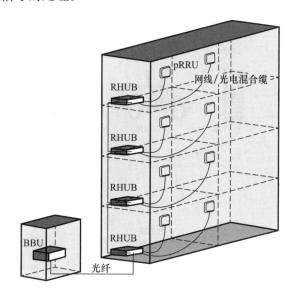

图 3-27 室内 5G 网络架构方式

BBU-RHUB-pRRU 通过树形结构的架构一起完成整个大楼的覆盖。因为 BBU 设备比较重要，一般需要专门的多路电源供电保障和传输线路保障，所以一般需要安装在专门的机房内实现。一般一栋大楼只有一个 BBU 机房，下接的多个 RHUB 一般可以分层部署，每个 RHUB 负责接入附近楼层的 pRRU，而 pRRU 则是按照区域定点部署，像电灯一样安装在顶棚上。

3.4 卫星通信系统

卫星通信系统实际上也是一种微波通信系统，它以卫星作为中继站转发微波信号，在多个地面站之间通信。卫星通信的主要目的是实现对地面的覆盖，由于卫星工作于几百、几千甚至上万公里的轨道上，因此覆盖范围远大于一般的移动通信系统。

3.4.1 卫星通信的组成

卫星通信系统由卫星端、地面端、用户端三部分组成,如图3-28所示。卫星端在空中起中继站的作用,即把地面站发上来的电磁波放大后再传送回另一地面站。卫星星体又包括两大子系统:星载设备和卫星母体。地面站则是卫星系统与地面公众网的接口,地面用户也可以通过地面站出入卫星系统形成链路。地面站还包括地面卫星控制中心及其跟踪、遥测和指令站,用户端即是各种用户终端。

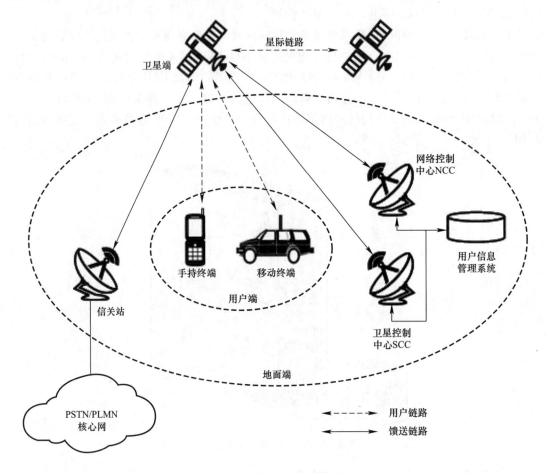

图3-28 卫星通信系统

3.4.2 卫星通信系统的分类

按照工作轨道区分,卫星通信系统一般分为低轨道卫星通信系统、中轨道卫星通信系统、高轨道卫星通信系统。

1. 低轨道卫星通信系统

距地面500~2000km,传输时延和功耗都比较小,但每颗星的覆盖范围也比较小,典型系统有Motorola的铱星系统。低轨道卫星通信系统由于卫星轨道低,信号传播时延短,所以可支持多跳通信;其链路损耗小,可以降低对卫星和用户终端的要求,可以采用微型/小型卫星和手持用户终端。但是低轨道卫星通信系统也为这些优势付出了较大的代价:由于轨道低,每颗卫星所能覆盖的范围比较小,要构成全球系统需要数十颗卫星,如铱星系统有 66 颗卫星、Globalstar 有 48 颗卫星、Teledisc 有 288 颗卫星。同时，由于低轨道卫星的运动速度快，对于单一用户来说，卫星从地平线升起到再次落到地平线以下的时间较短，所以卫星间或载波间切换频繁。因此，低轨系统的系统构成和控制复杂，技术风险大，建设成本也相对较高。

2. 中轨道卫星通信系统

距地面 2000~20000km，传输时延要大于低轨道卫星，但覆盖范围也更大，典型系统是国际海事卫星系统。中轨道卫星通信系统可以说是同步卫星系统和低轨道卫星通信系统的折中，中轨道卫星通信系统兼有这两种方案的优点，同时又在一定程度上克服了这两种方案的不足之处。中轨道卫星通信系统的链路损耗和传播时延都比较小，仍然可采用简单的小型卫星。如果中轨道卫星通信系统和低轨道卫星通信系统均采用星际链路，当用户进行远距离通信时，中轨道卫星通信系统信息通过卫星星际链路子网的时延将比低轨道系统低。而且，由于其轨道比低轨道卫星通信系统高许多，每颗卫星所能覆盖的范围比低轨道卫星通信系统大得多，当轨道高度为 10000km 时，每颗卫星可以覆盖地球表面的 23.5%，因而只要几颗卫星就可以覆盖全球。若有十几颗卫星就可以提供对全球大部分地区的双重覆盖，这样可以利用分集接收来提高系统的可靠性，同时中轨道卫星通信系统投资要低于低轨道卫星通信系统。因此，从一定意义上说，中轨道卫星通信系统可能是建立全球或区域性卫星移动通信系统较为优越的方案。

3. 高轨道卫星通信系统

距地面 35800km，即同步静止轨道。理论上，用 3 颗高轨道卫星即可以实现全球覆盖。传统的同步轨道卫星通信系统的技术最为成熟，自从同步卫星被用于通信业务以来，用同步卫星来建立全球卫星通信系统已经成为建立卫星通信系统的传统模式。但是，同步卫星有一个不可克服的障碍，就是较长的传播时延和较大的链路损耗，严重影响到它在某些通信领域的应用，特别是在卫星移动通信方面的应用。目前，同步轨道卫星通信系统主要用于甚小口径终端（Very Small Aperture Terminal，VSAT）系统、电视信号转发等，较少用于个人通信。

3.4.3 卫星通信的特点

卫星通信是在地面微波通信和空间技术的基础上发展起来的。与电缆通信、微波中继通信、光纤通信、移动通信等通信方式相比，卫星通信具有下列特点：

1. 卫星通信覆盖区域大，通信距离远

利用静止卫星最大通信距离可达 18000km，且建站费用和运行费用不因通信站之间的距离远近及两站之间地面上的自然地理条件的不同而变化。卫星通信链路的成本与传输距离无关，这使得卫星通信比地面微波中继、电缆、光缆、短波通信等其他通信方式更具优势。

2. 卫星覆盖面积很大，可进行多址通信

卫星覆盖面积很大，一颗地球静止卫星覆盖地球总面积的 40%，3 颗地球静止卫星就可以基本实现全球的覆盖（两极地区除外）。目前卫星通信仍然是远距离越洋通信的主要手段，在国内或区域通信中，卫星通信也是边远城市、农村和交通、经济不发达的地区有效的现代通信手段。卫星通信与其他类型的通信手段只能实现点对点通信不同，它可进行多址通信，即在卫星天线波束覆盖的整个区域内的任何一点都可设置地球站，而且这些地球站可共用一颗通信卫星来实现双边或多边通信。

3. 通信频带宽、传输容量大

由于卫星通信使用微波频段，信号所用带宽和传输容量比其他频段大得多。目前，卫星带宽可达 500～100MHz 以上。一颗卫星的容量可达数千路以至上万路，可以传输高分辨率的照片和其他信息，适于多种业务传输。

4. 通信线路稳定可靠，传输质量好

卫星通信的电波主要在大气层以外的宇宙空间传输。宇宙空间接近真空状态，可看作是均匀介质，电波传播比较稳定。同时它不受地形、地物等自然条件影响，且不易受自然或人为干扰以及通信距离变化的影响。卫星通信的电波主要在自由空间传播，噪声小，通信质量好，卫星通信的正常运转率达 99.8% 以上。

5. 卫星通信机动灵活

地球站的建立不受地理条件的限制，可建在边远地区、岛屿、汽车、飞机和舰艇上。

由于卫星通信具有上述优点，其应用范围日益广泛，不仅用于传输语音、电报、数据等，而且也特别适用于广播电视节目的传送。

3.4.4　VAST 系统

VSAT 系统是指具有甚小口径（小于 2.5m）天线的智能化小型地球站，这类地球站安装使用方便。在智能建筑中应用卫星通信，就是在大楼上配备由小口径天线、室外单元（Outdoor Device Unit，ODU）和室内单元（Indoor Device Unit，IDU）组成的小型地球站。

VSAT 系统由同步通信卫星、枢纽站（主站）和若干个智能化小型地球站组成，其系统如图 3-29 所示。VSAT 卫星通信系统的空间部分就是卫星，一般使用地球静止轨道通信卫星，卫星可以工作在不同的频段。星上转发器的发射功率应尽量大，以使 VSAT 地面终端的天线尺寸尽量小。VSAT 卫星通信系统的地面部分由中枢站、远端站和网络控制单元组成，其中中枢站的作用是汇集卫星来的数据然后向各个远端站分发数据，远端站是卫星通信网络的主体，VSAT 卫星通信网就是由许多远端站组成的，这些站越多每个站分摊的费用就越低。一般远端站直接安装于用户处，与用户的终端设备连接。

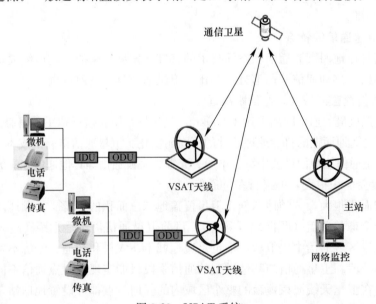

图 3-29　VSAT 系统

VSAT 的应用：VSAT 站能很方便地组成不同规模、不同速率、不同用途的灵活而经济的网络系统。一个 VSAT 网一般能容纳 200～500 个站，有广播式、点对点式向交互式、收集式等应用形式。它既可以应用于发达国家，也适用于技术不发达和经济落后的国家，尤其适用于那些地形复杂、不便架线和人烟稀少的边远地区。因为它可以直接装备到个人，所以在军事上也有重要的意义。

本 章 小 结

通信网络及信息基础设施系统是保障智能建筑中各信息设施子系统运行和健康发展的物质基础。按接入传输媒介的不同，分为有线接入和无线接入两种方式。有线接入方式根据采用的传输介质可以分为双绞线接入、光纤接入和混合接入。为了解决现代高楼对蜂窝移动通信基站信号的遮挡，广泛采用室内覆盖系统的解决方案，可以采用直放站、基站射频拉远和微蜂窝等多种方式建设。三网融合是指电信网、计算机网和有线电视网三大网络通过技术改造，能够提供包括语音、数据、图像等综合多媒体的通信业务。第五代移动通信技术 5G，具有更高的速率、更宽的带宽、更高的可靠性、更低的时延等特征，能够满足未来虚拟现实、超高清视频、智能制造、自动驾驶等用户和行业的应用需求。卫星通信系统使大楼内的通信系统更完善、更全面，满足建筑的使用业务对语音、数据、图像和多媒体等信息通信要求。

思考题与习题

1. 接入网的作用是什么？接入网有哪些接入类型？试举出目前应用的几种接入技术。
2. 简述光纤接入网的分类及基本组成。
3. 无源光网络与有源光网络有何不同？各自有何特点？
4. 简述 HFC 接入网的特点和系统结构。
5. 无线接入技术的优势是什么？常用的无线接入技术有哪些？
6. 什么是 MMDS？MMDS 的工作频段是多少？MMDS 有哪些特点？
7. 三网融合依托的主要技术有哪些？
8. 试比较几种主要 PON 技术的标准及特性。
9. 简述三网融合的解决方案。
10. 室内无线覆盖系统的原理和作用是什么？
11. 什么叫 VSAT 系统？它有哪几种组网方式？星形网为何会得到广泛应用？
12. 简述室内 5G 网络的架构方式。
13. AAU、BBU 和 RRU 各适用于什么场所？它们的技术指标各有哪些？
14. 简述室内 5G 基站的基本架构。
15. 简述卫星通信系统的组成及特点。
16. 简述卫星通信地球站的组成几个部分的功能。
17. 简述 VSAT 通信系统的构成及工作原理。

第 4 章 F5G 全光网络

F5G 全光网络凭借超宽的终端连接能力和网络承载能力，构建全场景、全域、全生命周期的智能化网络，实现了通信基础网络质的飞跃。F5G 作为新基建的重要组成部分，为信息通信业带来前所未有的前景和机遇。F5G 全光网络是基于无源光网络 PON 技术的局域网组网方式，该组网方式采用无源光通信技术为用户提供融合的数据、语音、视频及其他智能化系统业务。本章将介绍 F5G 全光网络的相关知识。

4.1 F5G 全光网络概述

F5G 指第五代固定网络，是一个以 10G 无源光网络 PON（Passive Optical Network，PON）、Wi-Fi 6、200G/400G 等技术为表征的千兆超宽带网络。

F5G 全光网络采用的是基于 F5G 的无源光局域网技术（Passive Optical LAN，POL），POL 是在成熟的无源光纤网络（Passive Optical Network，PON）技术上，针对企业园区场景在安全性和可靠性进行增强，同时简化运维配置的网络。F5G 全光网络主要包括光线路终端 OLT、无源光配线网络 ODN、光网络单元 ONU 等，能够统一承载数据、语音、视频等多种业务，具备简架构、易演进、智运维和高可靠等特性。

4.1.1 F5G 的发展

网络发展如表 4-1 所示。F5G 由中国提出，欧洲电信标准协会（ETSI）接纳，业界广泛参与。2019 年 6 月，中国信息通信研究院在上海移动大会上，首次提出 F5G。2019 年底 ETSI F5G 立项通过，定义固定网络代际。F5G 有诸多成员机构，包括运营商（中国电信、中国联通、意大利电信、法国电信等），设备商（华为、烽火、康普等），研究机构（中国信息通信研究院、英国标准研究所等）。

网络发展 表 4-1

	F1G	F2G	F3G	F4G	F5G
有线通信	窄带时代传输速度：64kbps	ADSL 技术为代表的宽带时代传输速度：10Mbps	VDSL 技术为代表的超宽带传输速度：30～200Mbps	GPON/EPON 技术为代表的超百兆时代传输速度：100～500Mbps	10G PON 和 Wi-Fi6 技术为代表的千兆超宽传输速度：1～5Gbps
	1G	2G	3G	4G	5G
无线通信	模拟技术为基础的蜂窝无线电话系统 AMPS	数字蜂窝移动通信系统 GSM/CDMA 实际传输速度：150kbps	无线通信/互联网等多媒体通信结合的通信系统 WCDMA/CDMA2000/TD-SCDMA 实际传输速度：约 1～10Mbps	基于 IP 协议的高速蜂窝移动网 LTE TDD/LTE FDD 实际传输速度：约 10～150Mbps	最新一代通信技术 5G NSA/SA 实际传输速度：约 500Mbps～1Gbps

第4章 F5G全光网络

据预测,到2025年,全球连接数量将达到1000亿户,千兆家庭宽带的普及率将达到30%,5G网络的覆盖率将达到58%;虚拟现实(Virtual Reality,VR)/增强现实(Augmented Reality,AR)个人用户数将达到3.37亿人,企业VR/AR的普及率将达到10%;100%的企业将采用云服务,85%的企业应用将部署在云端,全球年新增数据量将达到180ZB。网络连接正在成为无处不在的自然存在,为数字经济发展注入源源不断的动力,每个人、每个家庭、每个组织将能有极致业务体验。

4.1.2 PON技术简介

PON技术属于光纤通信技术的一种,PON网络是一种点到多点结构的无源光网络,PON技术可以提供更远的传输距离,更高的带宽,更加灵活的全业务解决方案。PON由光线路终端(OLT)、无源光分配网(ODN)、光网络单元(ONU)组成,该技术已经在FTTH场景中成熟应用超过十年。当前主流的PON技术主要包括GPON、10G GPON、50G GPON、10G EPON。

光纤通信有以下三种不同的实现方式:

1. 以太点到点(Point-to-Point,P2P)组网

如图4-1所示,从中心机房(Central Office,CO)到每个用户家中,每个用户均是单独一根光纤,进行点对点的连接。

优点:每个用户都是光纤专用接入,每个用户独占带宽,不受其他用户的影响,在物理光纤上进行隔离。

缺点:每个用户单独占用一根光纤,占用的光纤数量太多,对光纤芯数和安装空间的要求都比较高,导致光纤的物料成本和工程安装成本大幅增加。

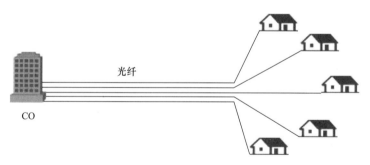

图4-1 P2P组网方式

2. 以太有源汇聚组网

如图4-2所示,采用光纤的点对点组网需要消耗大量的光纤,为了降低光纤的物料成本和工程安装成本,可采用远端有源汇聚的组网方式。具体实现是在用户侧放置一台有源交换机,将多根光纤汇聚成单根或两根光纤后上行到CO端,从而减少主干光纤的数量。

优点:减少主干光纤数量,降低光纤物料成本和工程安装成本。

缺点:由于在光纤中间增加了一个有源设备,需要额外增加远端机房、供电设备、散热设备等,加大了管理维护的工作量,增加了出现网络故障的概率。

3. PON一点到多点(P2MP)组网

如图4-3所示,远端有源汇聚的组网方式需要额外增加远端机房等设施,建网成本和维护成本急剧增加,所以业界针对上述的组网方案进行了创新,采用PON技术,将原来

远端的有源设备简化为无源分光器，实现远端的无源汇聚。

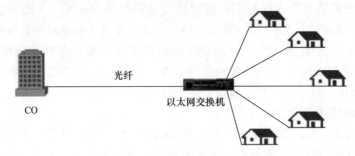

图 4-2　远端有源汇聚组网方式

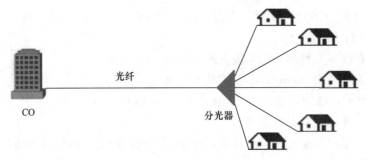

图 4-3　PON P2MP 组网方式

采用 PON 技术的远端无源汇聚点对多点组网方式，减少远端机房，且不需要给有源设备供电。局端的配线少，便于安装和维护。有源到无源的简化，降低了雷击和电磁干扰影响，减少了线路和外部设备的故障率，大幅降低了运维成本。

PON 远端无源汇聚的点对多点的组网方式兼顾了以太有源汇聚减少光纤的优势，又规避了以太网远端有源的劣势。PON 组网支持后续的长期演进。

4.2　F5G 全光网络（无源光局域网）的系统架构及主要部件

4.2.1　无源光局域网（POL）系统架构

无源光局域网 POL 系统组成如图 4-4 所示，包括出口设备、交换设备、网络管理设备、OLT、ODN 和 ONU 等部分，采用点到多点的网络结构。ODN 由光纤和光分路器、光连接器等无源光器件组成，为 OLT 和 ONU 之间的物理连接提供光传输媒质。

4.2.2　无源光局域网的技术原理

在 POL 组网中传统 LAN 中的有源汇聚交换机被无源分光器（或称为光分路器）替代；水平铜缆被光纤替代；接入交换机下沉并被 ONU 替代；ONU 提供二/三层功能，通过有线或者无线（Wi-Fi）接入用户的数据、语音及视频等业务。

PON 网络上行原理图如图 4-5 所示；OLT 是集中管理节点，统一管理所带的 ONU；OLT 控制单个时间点内只能有一个 ONU 发送信息，OLT 可以控制给每个 ONU 分配独立的时隙和带宽；每个 PON 口下的具体带宽可以分配给不同的 ONU 独享，也可以分配给多个 ONU 分享。

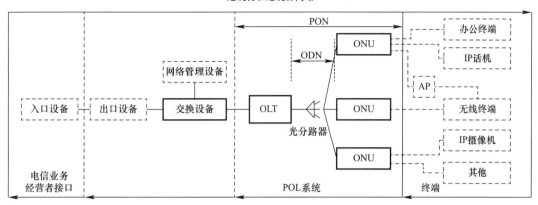

图 4-4　POL 系统组成图

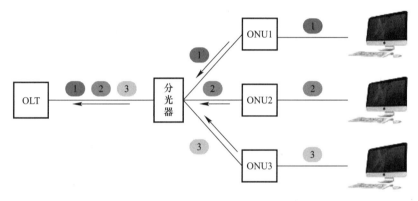

图 4-5　PON 网络上行原理图

PON 网络下行原理图如图 4-6 所示，采用广播方式：通过无源分光器后送到不同的 ONU 上，不同 ONU 的数据报文带有不同 ONU 的标识，每个 ONU 只接收带有自己标识的数据，丢弃其他数据；在用户的以太网侧只有发送给该用户的报文；OLT 可以给每个 ONU 分配带宽。

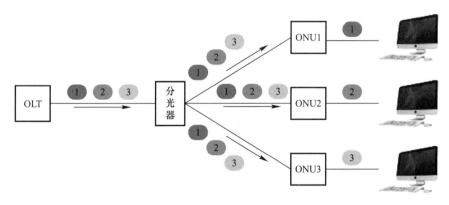

图 4-6　PON 网络下行原理图

GPON 网络采用单根光纤将 OLT、分光器和 ONU 连接起来，上下行采用不同的波长进行数据承载。系统采用波分复用的原理通过上下行不同波长在同一个 ODN 网络上进行数据传输，上行采用1290～1330nm范围的波长，下行采用1480～1500nm范围的波长。GPON下行通过广播的方式发送数据，而上行通过TDMA的方式，按照时隙进行数据上传。

4.2.3 PON系统主要部件

1. 光线路终端（OLT）

光线路终端（Optical line terminal，OLT）是光接入网的核心部件，是一个多业务提供平台。一般放置在局端，提供面向用户的无源光纤网络的光纤接口。它主要实现的功能是：

上联上层网络，完成PON网络的上行接入。通过ODN网络（由光纤和无源分光器组成）下连用户端设备ONU。实现对用户端设备ONU的控制、管理和测距等功能。

《接入网技术要求 吉比特的无源光网络（GPON）》GB/T 33845—2017中定义了OLT的功能模块如图4-7所示。

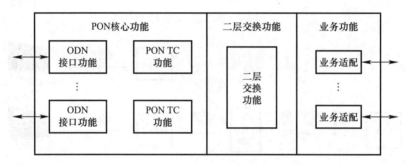

图4-7 OLT功能模块

（1）PON核心功能模块：由ODN接口功能和PON传输汇聚功能两部分组成，PON传输汇聚功能包括成帧、媒质接入控制、操作管理维护、动态带宽分配，为二层交换功能提供协议数据单元定界和ONU管理；

（2）二层交换功能模块：提供PON核心功能模块和业务功能模块之间的通信通道，具体技术由业务及OLT内部结构确定；

（3）业务功能模块：提供业务接口和PON TC帧接口直接转换。

OLT的业务上行流程：OLT通过PON端口控制所连接ONU的发送时隙（也控制分配各个ONU的上行带宽），确保不同ONU发送的数据能无冲突地到达OLT。OLT的每个PON端口接收到PON信号后，转换为相应的以太网信号，通过OLT的上行接口发送到上层网络设备；OLT的下行流程：OLT将接收的以太网信号进行汇聚处理，判断应送达的PON端口，PON端口通过ODN网络发送至ONU设备。

同时，OLT具备对其所连接的ONU进行管理，在GPON和10GPON系统中，OLT通过ONU管理和控制接口协议OMCI对ONU进行统一管理，支持对ONU的业务配置、告警管理、软件升级等操作。

2. 光分配网（ODN）

光分配网（ODN）是由OLT和ONU之间的所有光缆、光缆接头、光纤交接设备、光分路器、光纤连接器等无源光器件组成的无源光网络。其作用是为OLT和ONU之间提供光传输通道。从功能上分，ODN从局端到用户端可分为馈线光缆子系统，配线光缆子系统，入户线光缆子系统和光纤终端子系统四个部分。

光分路器位于光线路终端OLT和光网络终端ONT之间，用来将光线路终端OLT的光信号分配给多个终端用户。现在市场上的光分路器有多种封装和分光比可选,根据制造工艺不同,光分路器主要分为熔融拉锥(Fused Biconical Taper,FBT)型和平面光波电路(Planar Lightwave Circuits,PLC)型两种。

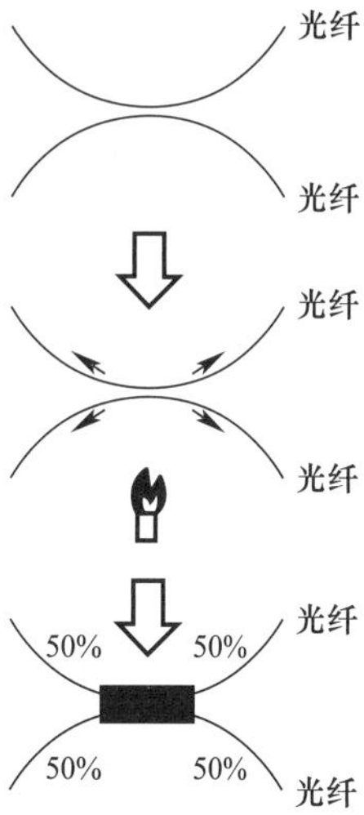

FBT 光分路器是将两根或多根光纤捆在一起,然后在拉锥机上熔融拉伸,并实时监控分光比的变化,分光比达到要求后结束熔融拉伸,其中一端保留一根光纤(其余剪掉)作为输入端,另一端则作多路输出端,如图 4-8 所示为熔融拉锥(FBT)型光分路器的熔融拉锥技术。

成熟拉锥工艺一次只能拉 1×4 以下。1×4 以上器件,则用多个 1×2 连接在一起,再整体封装在分路器盒中。

FBT 光分路器优点是工艺成熟、开发经费低廉、材料充足易获得,分光比可以根据需要实时监控,可制作不等分分路器。

图 4-8 熔融拉锥(FBT)型光分路器的熔融拉锥技术

主要缺点是损耗对光波长敏感,多业务应用中往往存在多种波长信号,这在多业务应用中是致命的缺陷;均分光的分路器各输出端的插入损耗变化量均匀性较差,大分光比的光分路器难以确保均匀分光,对整体传输距离造成不确定性;插入损耗随温度变化的变化量较大;并且多路分路器体积较大。

平面光波电路(PLC)型光分路器原理如图 4-9 所示,PLC 平面光波导是基于光学集成技术,利用半导体工艺制作光波导分支器件,分路的功能在无源光芯片上完成,然后在无源光芯片两端分别耦合封装输入端和输出端多通道光纤阵列。

PLC 光分路器主要优点:损耗对传输光波长不敏感,可以满足不同波长的传输需要,分光均匀,结构紧凑,单只器件分路通道可以达到 32 路,多路成本低。

主要缺点:器件制作工艺复杂,技术门槛较高,目前芯片被国外几家公司垄断,国内能够大批量封装生产的企业也只有很少几家,相对于熔融拉锥型光分路器成本较高,在低通道光分路器方面更处于劣势。

光分路器依据功率分配的不同,又可以分为等比分光和不等比分光两种不同类型。等比分光组网示意图如图 4-10 所示,其输出端的各接口的光功率是相等的,按照分光器输入端的光功率为 100% 计算,若采用 1∶2 分光器,分光器两个输出端光功率分配分别为 50%,若采用 1∶4 分光器,分光器 4 个输出端光功率分配分别为 25%。

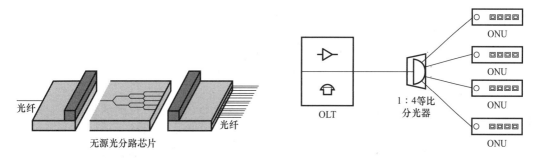

图 4-9 PLC 型光分路器原理　　　　图 4-10 等比分光组网示意图

不等比分光组网示意图如图 4-11 所示,其输出端的各接口的光功率是不同的,按照分光器输入端的光功率为100%计算,若采用90:10分光器,分光器两个输出端光功率分配分别为90%、10%。不等比分光主要用于长距离、链形组网的情况,如用在较长的隧道监控、公路视频监控等场合。

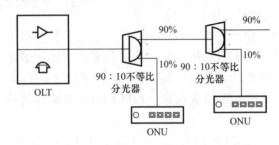

图 4-11 不等比分光组网示意图

光分路器的技术指标主要包括分光比、插入损耗、附加损耗、工作波长、工作温度等,如表 4-2 所示为 PLC 分光器的光学特性。分光比定义为光分路器各输出端口的输出功率比值,在系统应用中,分光比是根据实际系统光节点所需的光功率的多少,确定合适的分光比(平均分配的除外),光分路器的分光比与传输光的波长有关。

PLC 分光器的光学特性　　　　　　　表 4-2

光分路器规格	PLC 器件插入损耗(dB)	工作波长(nm)	工作温度(℃)
1:2	≤3.8	1260~1650	-40~85
1:4	≤7.4		
1:8	≤10.5		
1:16	≤13.5		
1:32	≤16.8		
1:64	≤20.5		
2:2	≤4.0		
2:4	≤7.6		
2:8	≤10.8		
2:16	≤13.8		
2:32	≤17.1		
2:64	≤20.8		

注:插入损耗的测试波长为1310nm、1490nm和1550nm,如果是1260~1300nm和1600~1650nm波长区间的插入损耗,在表中对应数值的基础上增加0.3dB。

插入损耗是指每一路输出相对于输入光损失的 dB 数,其数学表达式为:$A_i = -10\lg Pout_i/Pin$,其中 A_i 是指第 i 个输出口的插入损耗;$Pout_i$ 是第 i 个输出端口的光功率;Pin 是输入端的光功率值。附加损耗定义为所有输出端口的光功率总和相对于输入光功率损失的 dB 数。

对于光纤耦合器,附加损耗是体现器件制造工艺质量的指标,反映的是器件制作过程的固有损耗,这个损耗越小越好,是制作质量优劣的考核指标。而插入损耗仅表示各个输出端口的输出功率状况,不仅有固有损耗的因素,更考虑了分光比的影响。

3. 光网络单元(ONU/ONT)

光网络单元 ONU,是终结光分配网络的分布式端点,实现 PON 协议,并将 PON 适

第4章 F5G全光网络

配到用户业务接口的设备。ONU 负责用户终端业务的接入和转发。在上行方向将来自各种不同用户终端设备的业务报文编码组成统一的信号格式，按照 OLT 分配的上行发送时隙及业务优先级，经 ODN 发送至 OLT 中；在下行方向上 ONU 对接收来自 OLT 的业务报文进行复核，判断是否是发给本 ONU 的报文，若是，通过解密后，转换为相应的业务报文，发送到对应的用户侧端口到达用户终端，若不是发给本 ONU 的报文，则在 PON 层直接丢弃，不会转换为以太网报文。

光网络终端 ONT，是 xPON 网络接入方案中的产品。通常来说，ONT 是 ONU 中的一种形式，是一种用于用户端的光网络终端。严格地说，ONT 应该属于 ONU 的一部分。

ONT 和 ONU 的区别在于 ONT 是光网终端，直接位于用户端，一般在家庭场景使用，一个 ONT 服务一个家庭，而 ONU 是光网单元，一般在企业园区等场景使用，一个 ONU 服务多个企业园区用户。

4.2.4 无源光网络技术保护方法

无源光网络技术（PON）保护方法的提出是为了提高网络设备的可靠性，一般情况下 PON 保护方法都是基于 *Gigabit-capable passive optical networks*（GPON）：*General characteristics*（千兆能力被动光网络）G.984.1 标准定义的。定义中将其分为 4 种 PON 保护方式，包括 Type A、Type B、Type C、Type D 共 4 种类型。

1. Type A：主干光纤保护

Type A 保护示意图如图 4-12 所示，OLT 的两个光模块使用同一个 PON 芯片，其中采用一个 1∶2 的电开关将它们进行连接。光分路器使用的是 2∶N 的，两路主干光纤分别与两个光模块相连接。这样就能实现对主干光纤部分的保护。当两端光纤都相连时，OLT 的备用光模块应处于激光器关闭状态。OLT 进行 PON 口和光纤状态的检测，一旦出现故障即进行倒换。

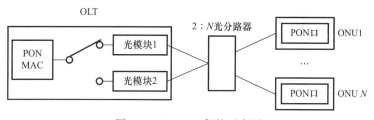

图 4-12　Type A 保护示意图

2. Type B：OLT PON 口与主干光纤保护

对 OLT 和光分器之间的 PON 口和主干光纤进行保护，OLT 的每个 PON 口由一个光模块和一个 PON MAC 芯片构成，这是目前最通用的 PON 口结构。而 2∶N 的光分器的两根主干光纤分别连接两个 PON 口的光模块，最终形成整个 PON 口到主干光纤的保护。这里 OLT 的两个 PON 口分布情况可以为板内或者板间，甚至位于两台不同的 OLT 内。OLT 的备用光模块应处于激光器关闭状态。但在倒换前，需要保证主用 PON 口的业务配置信息能同步到备用 PON 口，这是为了保证倒换后业务的正确性。OLT 对 PON 口和光纤状态进行检测，一旦出现故障立刻进行倒换。

根据组网方式，可以将 PON 保护方案分为单归属和双归属方式。单归属 PON 保护：一台 OLT 内构建保护组；双归属 PON 保护：两台 OLT 间构建保护组。

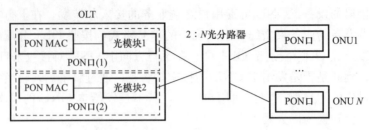

图 4-13　Type B 单归属组网示意图

Type B 单归属组网中，单 PON 口 ONU 通过一个 2∶N 光分连接到一个 OLT 的两个 PON 口，其中只有一个 PON 口处于 ACTIVE（激活）状态，另一 PON 口处于 STAND-BY（备用）状态，当 OLT 检测到工作 PON 口主干光链路断开时，自动将业务倒换到备用 PON 口，形成主干光纤链路保护，如图 4-13 所示。

Type B 双归属组网中，单 PON 口 ONU 通过一个 2∶N 光分连接到两个 OLT 的两个 PON 口，仍然是其中只有一个 PON 口处于 ACTIVE（激活）状态，另一 PON 口处于 STANDBY（备用）状态，当 OLT 检测到工作 PON 口主干光链路断开时，自动将业务倒换到备用 PON 口，形成主干光纤链路保护，如图 4-14 所示。

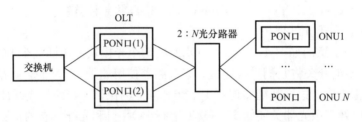

图 4-14　Type B 双归属组网示意图

3. Type C：全光路保护

Type C 全光路保护示意图如图 4-15 所示，对 OLT 的 PON 口、主干光纤、分光器、分支光纤和 ONU 光模块进行保护。OLT 的每个 PON 口由一个光模块和一个 PON MAC 芯片构成，ONU 端的 PON 口也是由一个光模块和一个 PON MAC 芯片构成。在 Type C 组网中，OLT 的 PON 口是两个、1∶N 的光分是两个、ONU 的 PON 口也是两个，从而实现了全光路保护。OLT 侧的两个 PON 口可以分布在同一板内或者不同板间，甚至位于两台不同的 OLT 内。在 OLT 侧，倒换前要保证主用 PON 口的业务配置信息能同步到备用 PON 口，保持一致。而在 ONU 侧由于有两个芯片控制两个 PON 口，所以也要保证主用 PON 口的业务配置信息能同步到备用 PON 口。OLT 的两个 PON 口的光模块激光器同时处于开光状态。所以在两个 PON 上，ONU 是可以分别进行注册和激活，且都同时存在的。所以在 Type C 的保护倒换时，节约了备用 PON 口进行 ONU 业务配置下发的时间，但是需要进行消息同步。ONU 和 OLT 都对 PON 口和光纤状态进行检测，一旦出现故障立刻进行倒换。

同样 Type C 保护组网方案也分为单归属和双归属方式。

Type C 单归属保护组网：2 个光分路器的上行光纤（主干光缆）连接到同一台 OLT 不同 PON 端口，每个光分路器通过独立的光纤路由（配线光缆）连接到不同 ONU 提供的不同 PON 端口；Type C 单归属组网可实现对配线光缆、主干光缆、OLT PON 端口和 ONU PON 端口的保护。

第 4 章 F5G 全光网络

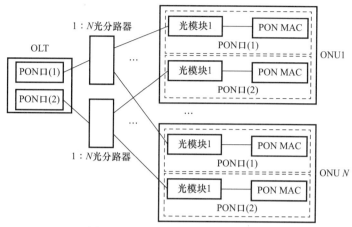

图 4-15 Type C 全光路保护示意图

Type C 双归属保护组网：2 个光分路器的上行光纤（主干光缆）连接到两台 OLT 的 PON 端口，每个光分路器通过独立的光纤路由（配线光缆）连接到不同 ONU 提供的不同 PON 端口；Type C 双归属保护组网可实现对主干光缆、配线光缆、OLT 设备（包括 PON 端口）、OLT 设备上行链路、ONU PON 端口的保护。

4．Type D：混合式保护

Type D 混合式保护示意图如图 4-16 所示，Type D 介于 Type B 和 Type C 之间，是将两种情况在一个组网里实现。确定对 OLT 的 PON 口、主干光纤进行保护，分路器、分支光纤和 ONU PON 口可根据需求来选择是否进行保护。它使用了两个 1∶2 的光分器、两个 2∶N 的光分器。ONU 可以选择普通的只有一个 PON 口的 ONU，进行 Type B 类型的保护，如图 4-14 中的 ONU N；也可以选择双 PON 口的 ONU，可以形成 Type C 类型的保护，如图 4-15 中的 ONU1。在 OLT 侧，倒换前要保证主用 PON 口的业务配置信息能同步到备用 PON 口，而 ONU 侧要根据 ONU 的类型，双 PON 口的也需要进行主用 PON 口的业务配置信息同步到备用 PON 口的过程。

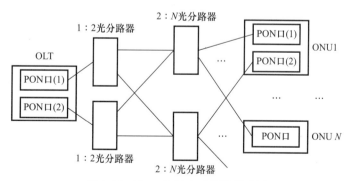

图 4-16 Type D 混合式保护示意图

4.2.5 无源光局域网的组网

1．OLT 和核心交换机组网

无源光局域网中，核心交换机和 OLT 带的信息点数量很多（通常情况下，一个园区只配置了少数几台核心交换机或者 OLT），支撑数百上千，甚至数千个信息点。OLT 和核心交换机之间采用光纤全连接的方式组网，每台 OLT 到每台核心交换机之间都有光纤链路互通；每台 OLT 到核心交换机之间的带宽和 OLT 的类型（大型、中型和小型）相关，一般每台 OLT 的上行带宽为 20~80Gbps（需要考虑预留光纤），如图 4-17 所示为 OLT 和核心交换机组网。

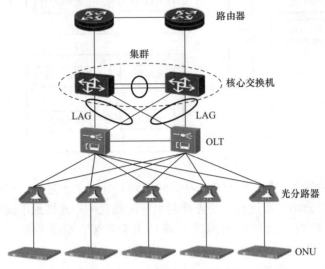

图 4-17　OLT 和核心交换机组网

2. OLT 和 ONU 间的组网

根据 4.2.4 节，无源光局域网 POL 的保护方式为 Type B 单归属保护组网、Type B 双归属保护组网、Type C 单归属保护组网和 Type C 双归属保护组网 4 种。根据不同的可靠性要求，选择不同的网络类型。

（1）Type B 单归属组网

光分路器（分光器）采用 2：N 的光分路器；每个 ONU 提供一根光纤接到光分路器上；光分路器上的 2 根光纤分别接到同一台 OLT 的 2 个不同的 PON 端口上，2 个 PON 端口分别工作在主用和备用状态；如果主用光纤出现故障，OLT 会自动控制将业务切换到备用光纤上，保证业务正常；如果主用 PON 端口出现故障，OLT 会自动控制将业务切换到备用 PON 端口上，保证业务正常。如图 4-18 所示为 OLT 和 ONU 组网（Type B 单归属保护）。

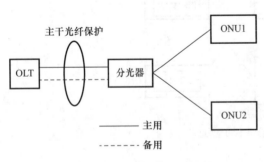

图 4-18　OLT 和 ONU 组网
（Type B 单归属保护）

（2）Type B 双归属组网

光分路器（分光器）采用 2：N 的光分路器；每个 ONU 提供一根光纤接到光分路器上；光分路器上的 2 根光纤分别接到 2 台 OLT 的 2 个不同的 PON 端口上，2 个 PON 端口分别工作在主用和备用状态；如果主用光纤出现故障，OLT 会自动切换到备用光纤上，保证业务正常；如果主用 PON 端口出现故障，OLT 会自动控制将业务切换到备用 PON 端口上，保证业务正常；如果主用 OLT 出现故障或上行口故障，也会自动倒换。如图 4-19 所示为 OLT 和 ONU 组网（Type B 双归属保护）。

(3) Type C 单归属组网

光分路器（分光器）采用 1：N 的光分路器；每个 ONU 提供 2 个 PON 端口，分别提供 2 根光纤接到 2 个不同的光分路器上；2 个光分路器上的 2 根光纤接到同一台 OLT 的 2 个不同的 PON 端口上；如果某个光纤/OLT PON 端口出现故障，ONU 会自动控制将业务切换到另外一根光纤上，保证业务正常。如图 4-20 所示为 OLT 和 ONU 组网（Type C 单归属保护）。

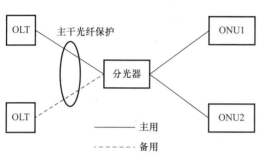

图 4-19　OLT 和 ONU 组网
（Type B 双归属保护）

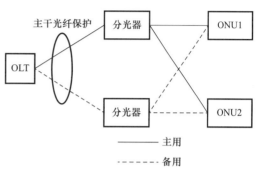

图 4-20　OLT 和 ONU 组网
（Type C 单归属保护）

(4) Type C 双归属组网

光分路器（分光器）采用 1：N 的光分路器；每个 ONU 提供 2 个 PON 端口，通过 2 根光纤分别接到 2 个不同的光分路器上；2 个光分路器上的 2 根光纤分别接到 2 台 OLT 的 2 个不同的 PON 端口上；如果某个光纤/OLT PON 端口出现故障，ONU 会自动控制将业务切换到另外一根光纤/OLT 端口上，保证业务正常；如果 OLT 出现故障或上行口故障，也会自动倒换。如图 4-21 所示为 OLT 和 ONU 组网（Type C 双归属保护）。

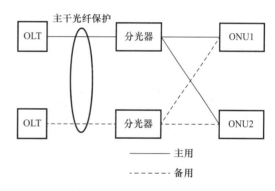

图 4-21　OLT 和 ONU 组网
（Type C 双归属保护）

Type B 单归属保护只有一台 OLT 设备，适用于可靠性要求较低的场景；Type B 双归属保护有两台 OLT 可以互为保护，满足大多数项目可靠性要求；Type C 单归属针对可靠性要求比较高的用户重要业务保护场景；Type C 双归属主要针对一些非常关键的业务或者用户提供完善的保护，如某些交通场景，医疗场景等。

3. ONU 和终端设备之间的组网

ONU 有多种不同的端口类型和端口数量，ONU 和设备的连接如图 4-22 所示。

ONU 的接口可提供语音电话 POTS 接口，普通以太网接口，以太网供电（Power Over Ethernet，POE）接口等连接不同的终端设备。

常见 ONU 设备有光模块式 ONU、面板式 ONU、盒式 ONU、机架式 ONU 及户外一体式 ONU 等，如图 4-23 所示，图 4-23（a）所示的 86 盒面板 ONU 可提供 1 个千兆网口和 1 个 POTS 电话接口；图 4-23（b）所示的 4 口盒式光终端提供 4×GE，可选支持 POE 供电；图 4-23（c）所示的 8 口盒式光终端提供 8×GE，可选支持 POE 供电，图 4-23（d）所示为机架式的 ONU，提供 24GE 接口，图 4-23（e）所示经常用于户外的一体式的 ONU。

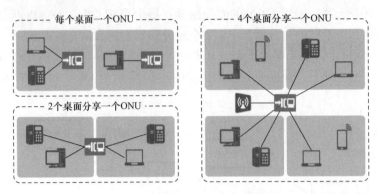

图 4-22　ONU 和设备的连接

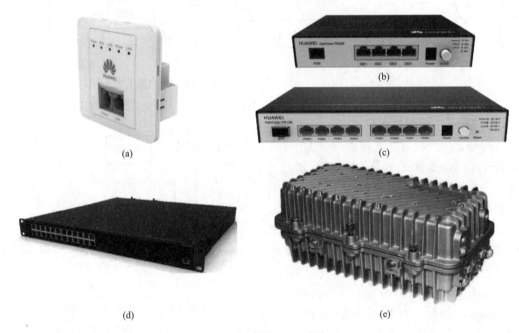

图 4-23　常见 ONU 设备

(a) 86 盒面板 ONU；(b) 4 口盒式光终端；(c) 8 口盒式光终端；(d) 机架式 ONU；(e) 户外一体式 ONU

采用无源光局域网 POL 降低了设计出错的概率，如果客户给出的信息不准，后续也可以通过调整 ONU 的种类来满足不同的要求。

4.3　F5G 全光园区（无源光局域网）系统设计

4.3.1　总体设计要求

1. POL 系统规划设计应满足下列要求

（1）根据建筑物类型和其所在园区的规划布局确定，并应同时满足系统扩容要求，确定采用 POL 系统以及网络总体架构。

（2）应根据各类建筑物和其所在园区的用途以及用户的业务要求，确定 POL 系统支持的业务种类和带宽。

(3) 应根据终端用户数量确定 POL 系统的关键设备和端口数量，以及光分路器的分光比和部署位置。

(4) 应根据建筑物和其所在园区的功能定位、平面布局和工作区终端配置数量确定敷设路由和敷设方式，选择光缆类型。

(5) 按 POL 系统架构方案选择设备，完成设计说明、系统拓扑图、终端配置点数表、平面图、节点详图和总平面图的设计。

(6) POL 系统应支持语音、数据、图像及多媒体业务等数据传输基本业务，网络带宽根据用户需求确定。

(7) POL 系统应根据网络运行的服务质量要求和网络结构配置相应的网络连接设备、管理设备和信息安全设备。

(8) POL 系统支持的终端设备数量应根据用户工位数量或面积指标确定。

2. POL 系统的功能

POL 系统的功能设计和配置应根据不同应用需求和应用场景确定，并遵循经济性、可靠性、实施便利、维护简单、易管理等原则。

4.3.2 业务需求分析

1. 业务需求分析

全光网络承载的业务从大的数据类型可以分为三大类：视频、数据、语音。其相应的具体业务形态如下：

(1) 视频：IPTV、自制节目等。

(2) 数据：计算机接入、AP 数据、安防业务（门禁、车库管理、周界报警等）、建筑设备管理（建筑设备监控系统、建筑能效管理系统）、信息发布系统、IP 广播等。

(3) 语音：IP 电话。

前期根据使用需求，确定网络需要承载的业务需求。

2. 带宽需求分析

首先根据使用需求，及各系统的技术要求，明确各种业务单点的带宽需求，带宽需求分析表如表 4-3 所示，供参考。

带宽需求分析表　　　　　　　　　　　表 4-3

业务类型	上行带宽	下行带宽
PC 接入	1～5Mbps	2～10Mbps
视频监控	2～15Mbps	—
IP 广播	—	100kbps
门禁	1kbps（1～8Mbps）	1Mbps
建筑设备监控	10Mbps	100kbps
建筑能效管理	100kbps	100kbps
信息发布	—	4～8Mbps
IP 电话	200kbps	200kbps
可视对讲	音频 80kbps 视频 2～8Mbps	音频 80kbps 视频 2～8Mbps
视频会议	音频 80kbps 视频 2～8Mbps	音频 80kbps 视频 2～8Mbps

视频监控系统，业务流协议：实时传送协议（Real-time Transport Protocol，RTP）、实时传送控制协议（Real-time Transport Control Protocol，RTCP）、可信服务协议（Trusty Service Protocol，TSP），采用传输控制协议（Transmission Control Protocol，TCP）单播方式，或者用户数据报协议UDP（User Datagram Protocol）组播方式。交互协议：网络视频标准规范（Open Network Video Interface Forum，ONVIF），物理实体安防互操作性联盟（Physical Security Interoperability Alliance，PSIA），《公共安全视频监控联网系统信息传输、交换、控制技术要求》GB/T 28181—2022信令控制协议（Session Initiation Protocol，SIP），私有协议，采用TCP单播方式。其带宽需求根据图像清晰度及视频压缩技术不同而不同，从1~15M不等，实时音视频要求视频延时在200ms内，定码率系统，要求码率波动在10%~30%，变码率系统，要求码率波动超一倍，存在突发场景，并发流量叠加。

公共广播系统，业务流协议：RTP、RTCP、实时串流协议（Real Time Streaming Protocol，RTSP），采用TCP单播方式，或者UDP组播方式。交互协议：私有协议，采用TCP单播方式。其带宽需求每个节目音频占用100kbps（MP3），广播点对点占用100kbps，带宽占用与并发节目数和广播的点数相关。实时音频要求延时在200ms内满意度最高，300ms基本满意，音频流量属于突发场景，并发流量叠加。

门禁及一卡通：业务流协议：私有协议，采用TCP单播方式，或者UDP广播方式。交互协议：私有协议，采用TCP单播方式或者UDP广播方式。其带宽需求每个用户刷卡占用带宽小于1kbps，与视频监控联动，或者指纹识别时，流量在1~8M，和像素相关，批量下载同行名单流量小于1Mbps。与视频或指纹联动时，实时性要求在毫秒级，流量属于突发流量，基本不存在并发。

可视对讲系统，业务流协议：RTP、RTCP、RTSP，采用TCP单播方式。交互协议同可视对讲系统。每路视频带宽需求根据图像清晰度及视频压缩技术不同而不同，从1M~8M不等，每路音频数据带宽大概为80kbps，实时音视频要求视频延时在200ms内，定码率系统，要求码率波动在10%~30%，突发场景，并发流量叠加。

视频会议系统，业务流协议：RTP、RTCP、RTSP，采用TCP单播方式，或者UDP组播方式。交互协议：《公共安全视频监控联网系统信息传输、交换、控制技术要求》GB/T 28181—2022（SIP），私有协议，采用TCP单播方式。其带宽需求根据图像清晰度及视频压缩技术不同而不同，从1~8M不等，每路音频数据带宽大概为80kbps，实时音视频要求视频延时在200ms内，定码率系统，要求码率波动在10%~30%，变码率系统，要求码率波动超一倍，存在突发场景，取决于麦克风和实时显示屏数量，并发流量叠加。

信息发布系统，业务流协议：RTP、RTCP、RTSP，采用TCP单播方式，或者UDP组播方式。交互协议：私有协议，采用TCP单播方式或者UDP广播方式。其带宽需求根据图像清晰度及视频压缩技术不同而不同，从1~8M不等，实时音视频要求视频延时在200ms内，定码率系统，要求码率波动在10%~30%，变码率系统，要求码率波动超一倍，存在突发场景，取决于并发节目数和广播点数，并发流量叠加。

楼宇自控系统，业务流主要包括设备平台交互、控制器协作实时信令流、控制器状态数据流、下发控制器参数信令流，业务流协议：BACNET IP，交互协议：BACNET IP，其每个控制点带宽需求不大于 100kbps，每个网络控制器带宽需求不大于 10Mbps，实时性要求毫秒级，调用状态参数及控制时产生突发数据流。

4.3.3 无源光局域网技术选择和部署方式

1. 无源光局域网 POL 的部署方式推荐

（1）一级分光：当建筑物内终端数量较多且每层终端数量也较多时，宜采用一级分光，光分路器放置于建筑物内楼层弱电间，如图 4-24 所示。

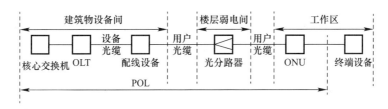

图 4-24　一级分光部署

（2）二级分光：当建筑物内终端数量不多，但每层楼终端数量相对较多时，可采用二级分光，光分路器分别放置在建筑物设备间和楼层弱电间，如图 4-25 所示。

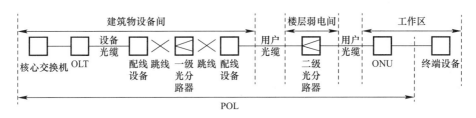

图 4-25　二级分光部署

（3）集中一级分光：当建筑物内终端数量很少，且每层楼终端数量也很少时，可采用一级分光，光分路器放置在建筑物设备间，如图 4-26 所示。

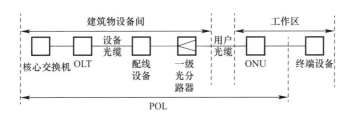

图 4-26　集中一级分光部署

2. 无源光局域网技术选择

无源光局域网系统带宽：建议采用 ITU 的 GPON 和 XG(S)-PON 技术。GPON/XG(S)-PON 产业链最优，约 90% 以上的用户采用 ITU 的 GPON 等系列标准，其他用户也准备往 GPON/XG(S)-PON 演进。GPON/XG(S)-PON 技术更领先，GPON/XG(S)-PON 可以灵活演进至 50G PON，演进性更好，GPON/XG(S)-PON 的标准演进更优。GPON/XG(S)-PON 技术参数如表 4-4 所示。

GPON/XG(S)-PON 技术参数　　　　　　　　　　表 4-4

类型	GPON	XG(S)-PON	
		非对称	对称
线路速率（Gbps）	上行：1.25 下行：2.50	上行：2.48 下行：9.95	上行：9.95 下行：9.95
波长（mm）	上行：1290～1330 下行：1480～1500	上行：1260～1280 下行：1575～1580	上行：1260～1280 下行：1575～1580
有效带宽 （64 ONU Gbps）	上行：1.05～1.24 下行：2.44～2.50	上行：2.25～2.48 下行：8.60～9.50	上行：8.50～9.40 下行：8.60～9.50
最大光链路损耗（dB）	CLASS B+：28 CLASS C+：32CLASS D：35	N1：29 N2a：31 E1：33	
最小光链路损耗（dB）	CLASS B+：13 CLASS C+：17 CLASS D：20	N1：14 N2a：16 E1：18	

4.3.4 系统设备选型

1. 光网络单元（ONU）选型

（1）ONU 类型选择

根据选用的技术路线，选择对应的 ONU，根据 POL 网络技术类型 GPON 或者 XG(S)-PON 选择对应的 ONU。

根据客户的主要业务类型对用户侧的接口选择 ONU。如接有线办公系统，需要提供标准的以太网端口；接 WLAN/视频监控系统，需要提供 POE 接口；接 POTS 语音系统，需要提供 POTS 接口。

根据系统选用的不同保护方式，选择对应的 ONU，Type B 保护使用单 PON 上行接口 ONU，Type C 保护使用双 PON 上行接口 ONU。

根据环境要求，选择户内型和户外型 ONU。

ONU 种类按需选择，国家标准图集《综合布线系统工程设计与施工》20X101-3 中 ONU 各种安装方式及相关要求参见表 4-5。

ONU 设备设置要求　　　　　　　　　　表 4-5

安装方式	安装位置	适用场景	支持业务类型
信息配线箱内安装 ONU	信息配线箱内	办公建筑群所在园区、居住型接入、公共安全系统接入	数据、视频、语音
86 面板式 ONU	墙体内	办公建筑群所在园区、居住型接入	数据、视频、语音
墙面明装式 ONU	墙面层	办公建筑群所在园区、居住型接入	数据、视频、语音
抱杆安装式 ONU	金属支杆	建筑群所在园区室外系统接入	数据、视频

ONU 设备接口形式和安装方式应根据支持的业务类型和功能要求确定，可参照团体标准《无源光局域网工程技术标准》T/CECA 20002—2019 中的选型，如表 4-6 所示。

（2）ONU 上下行接口类型及数量的确定

ONU 下行接口的类型和数量，取决于用户端需要的业务类型和数量，同时考虑为未来的发展预留适当的裕量。

ONU 选型表　　　　　　　　　　　　　　　　　　　　　　　表 4-6

设备类型	主要功能	接口要求	支撑业务	安装方式
类型 1	数据接入	以太网口	以太网/IP 数据/IP 视频	信息配线箱安装
类型 2	数据、语音接入	以太网口/POTS 口/Wi-Fi	以太网/IP 数据/IP 视频/话音/传真/Wi-Fi	信息配线箱安装
类型 3	数据、IP 语音综合接入	以太网口/Wi-Fi	以太网/IP 数据/IP 视频/话音/传真/Wi-Fi	信息配线箱安装
类型 4	数据接入，POE 供电	以太网口带 POE	以太网/IP 数据/IP 视频/POE	信息配线箱安装考虑设备电源及散热
类型 5	数据、IP 语音综合接入，POE 供电	以太网口带 POE、Wi-Fi	以太网/IP 数据/IP 视频/话音/传真/Wi-Fi/POE	信息配线箱安装考虑设备电源及散热
类型 6	数据、IP 语音综合接入，POE 供电	以太网口带 POE	以太网/IP 数据/IP 视频/话音/传真/POE	嵌墙电源盒或者桌面电源盒（标准 86 盒）安装，信息配线箱安装考虑设备电源及散热
类型 7	数据接入，POE 供电	以太网口带 POE	以太网/IP 数据/IP 视频/POE	室外一体化设计采用抱杆或挂墙安装，信息配线箱安装考虑设备电源及散热

在项目设计过程中，通过对项目中不同的使用场景所需要的业务类型及数量，来确定 ONU 下行接口的类型和数量。表 4-7 所示为典型的办公场景业务接口类型及数量。

典型的办公场景业务接口类型及数量　　　　　　　　　　表 4-7

场景	电脑	语音	摄像头	AP	门禁	能源管理	信息发布
小办公室	2	2	—	1	—	—	—
大办公室	6	6	—	1	—	—	—
会议室	2	—	1	1	—	—	—
报告厅	2	—	2	2	—	—	—
公共走廊	—	—	—	3	2	1	2

如表 4-7 所示，应用在小办公室设置的 ONU 下行端口，应不少于 3 个数据口，两个语音口，应用在大办公室的 ONU 下行端口，应不少于 7 个数据口，6 个语音口。在实际项目应用中，为了便于维护，采用的 ONU 的种类越少越好，这就要求将项目应用场景尽量归纳精简，同时采用适当的 ONU 组合，AP 往往采用 POE 供电，为了简化办公，会议场所 ONU 类型，可将需要 POE 供电的类型，如 AP，门禁控制器等单独在走廊区域集中设置带 POE 功能的 ONU。

ONU 的上行接口类型，取决于其下行端口所连接的所有业务的并发带宽需求，带宽需求小的可以采用较大的分光比，带宽需求大的就可以采用 1∶4 或 1∶8 等较小的分光比，还无法满足要求时，采用 XG(S)-PON，或者 50G PON 等更高带宽的 PON 技术类型的 ONU。ONU 上行端口数量，取决于系统采用的保护方式，Type B 保护使用单 PON 上行接口 ONU，Type C 保护使用双 PON 上行接口 ONU。

2. 光分路器设计及选型

POL 系统中，可按照需要的带宽来计算分光比，并用光路衰减来核验。2×N PLC 均光分路器光学特性如表 4-8 所示。

2×N PLC 均光分路器光学特性   表 4-8

光分路器规格	2×2	2×4	2×8	2×16	2×32	2×64	2×128
工作带宽	1260～1650nm						
PLC 器件插入损耗（dB）	≤4.0	≤7.6	≤10.8	≤13.8	≤17.1	≤20.8	≤24.3
偏振相关损耗（dB）	≤0.3						
PLC 器件回波损耗（dB）	≥55						
方向性（dB）	≥55						
工作温度范围（℃）	−40～+85℃						

注：2×N 中的 2 为光分路器输入端口数，N 为光分路器输出端口数。

分光比的计算：

光分路器分光比的设计应依据信息设备业务平均带宽需求，结合设计中选定的 PON 技术带宽和 ONU 设备的使用端口数，计算出光分路器的所选用分光比参数，可按下列公式计算：

分光比参数＝OLT 的 PON 口带宽÷ONU 用户端口处数÷信息设备业务平均带宽需求

式中，分光比参数按照 2、4、8、16、32、64、128 进行选择，如果位于两个数字中间，需往下取值；如计算得到 20，需向下取值为 16。

OLT 的 PON 口带宽，按照所采用的 PON 技术的带宽，见表 4-4。

ONU 用户端数为所采用的用户侧端口数量，如 2 个 GE 接口。

考虑到无源光局域网未来的带宽扩展，一般情况下推荐每个 GPON 口下的分光比不超过 1∶16。

例如：已确定选择 GPON 技术建设网络，根据 ONU 应用场景和覆盖范围选择 4 个 GE 接口的 ONU，信息设备业务平均带宽为 60Mbps（下行）。

分光比参数＝2.5×100÷4÷60＝10.4

根据分光比参数向下取值的要求，选择分光比为 8 的光分路器。

信息设备业务平均带宽需求即所支持的业务平均带宽需求，也可参照本书 4.3.2 节的业务带宽需求，计算出每个 ONU 的上行带宽，来计算分光比：

分光比参数＝OLT 的 PON 口带宽÷ONU 上行带宽需求。

3. 光线路终端（OLT）设计及选型

（1）OLT 选型原则

OLT 类型，由所选用的 PON 技术确定，例如选用的 GPON 则对应选择支持 GPON 的 OLT，选用的 10GPON，则对应选择支持 10GPON 的 OLT。

根据网络所需要的 PON 端口数，选择相应的 OLT，端口极少的选择单板式的 OLT，端口需求少的可选择小型 OLT，端口需求量大的，选择中大规格 OLT。

根据网络可靠性要求选择 OLT，网络可靠性要求高的场所，是否要求双主控，是否需要双电源热备等。

复核主控单板自带的上行接口是否满足带宽需要，若不满足，则需要另外配置以太网接口单板作为上行单板。同时在 OLT 选型时，需要考虑未来扩容所需要的 PON 端口、单板槽位及数据转发能力的预留。

OLT 配置的光模块具有多种类型，不同类型的光模块类型，支持不同的光功率预算，如表 4-9 所示，OLT 可根据不同的光功率需求，配置不同的光模块，OLT 规格参数示例如表 4-10 所示。

各种光模块的光功率预算参数 表 4-9

光模块类型	光功率预算（dB）
GPON Class B+	13～28
GPON Class C+	17～32
GPON Class D	20～35
XGS-PON N1	14～29
XGS-PON N2	16～31
XGS-PON E1	18～33
XGS-PON Combo Class B+	13～28
XGS-PON Combo Class C+	17～32
XGS-PON Combo Class D	20～35

注：XGS-PON Combo 指的是在同一个 PON 端口下，既可以支持 XGS-PON 类型的 ONU，又可以支持 GPON 类型的 ONU。

OLT 规格参数示例 表 4-10

产品指标	EA5800-X17 11U 高，21 英寸 （533.4mm）宽	EA5800-X15 11U 高，19 英寸 （482.6mm）宽	EA5800-X7 6U 高，21 英寸 （533.4mm）宽	EA5800-X2 2U 高，21 英寸 （533.4mm）宽
主控板交换容量	3.6Tbps			480Gbps
业务板每槽位最大带宽	100Gbps			80Gbps
4K 视频用户并发数	16000	8000		2000
供电方式	直流供电（双路备份）			① 直流供电（双路备份）； ② 交流供电＋蓄电池备电
额定电压	－48V/－60V			① 直流供电：－48V/－60V ② 交流供电：110V/220V
工作环境温度	－40～＋65℃ *（正常工作），最低启动温度为－25℃。* 65℃指业务框进风口的温度			
GPON 端口数	16×17=272	16×15=240	16×7=112	16×2=32
10GE/GE 端口数	8×17=136	8×15=120	8×7=56	8×2=16
10GE/GE 上行端口数（主控板上行）	4×2=8	4×2=8	4×2=8	4×2=8

国际标注设计图集《综合布线系统工程设计与施工》20X101-3 中，总结上述选型原则的 OLT 选型表如表 4-11 所示，规格 1、规格 2、规格 3 为插卡式，规格 4 为单机版。

（2）OLT 的 PON 端口数量计算

POL 系统中，OLT 的 PON 端口数量计算及选择应根据 ONU 的总数量，结合选定的光分路器分光比，计算出 OLT 的 PON 端口数量，计算公式如下：

OLT 选型表　　　　　　　　　　　表 4-11

分担负荷模式	插卡式			单机版
规格类型	规格 1	规格 2	规格 3	规格 4
双主控板、双电源设备	支持	支持	支持	—
单台设备支持 xPON 端口数量（个）	≥200	≥96	≥32	≤16
单台设备支持 10G PON 端口数量（个）	≥100	≥48	≥16	≤16
单台设备接入 xPON ONU 端口数量（台）	≥6000	≥3000	≥1000	≤512
单台设备支持 10G PON ONU 端口数量（台）	≥6000	≥3000	≥1000	≤1024

注：单台设备接入 ONU 数量，xPON 按照 32 分光比，10G PON 按照 64 分光比计算。

$$PON 端口数量 = ONU 的总数量 \div 分光比参数$$

式中，PON 端口数量为一个 OLT 的 PON 所需端口数量，若为双归属保护，则总 PON 端口数需要按照两倍计算。ONU 的总数量为整个 POL 项目中所采用的 ONU 总数，分光比根据信息设备业务带宽需求选择的分光比参数。

计算示例：一栋办公楼总的 ONU 数量为 560 个，计算采用的分光比为 1∶8，则本栋办公楼 OLT 所需 PON 端口数量：560÷8＝70 个。

结合本栋楼业务带宽需求量并不大，采用 GPON 技术，结合网络可靠性，需要配备双主控板，则对应表 4-11 选型应为规格 2 可满足要求。

4. 光缆的选型

光纤类型具体介绍详见综合布线章节，单模光纤有 G652、G653、G654、G655、G656、G657；多模光纤有 G651，其对应的特点详见表 4-12。

光纤类型及特点　　　　　　　　　　　表 4-12

光纤类型	名称	特点	应用
G651	多模渐变型折射率光纤	适用于波长为 850nm/1310nm	主要应用于局域网，不适用于长距离传输
G652	色散非位移单模光纤	零色散波长约为 1310nm，但是也可以在 1550nm 波长范围内使用	应用最广泛的光纤
G653	色散位移光纤	在 1550nm 波长左右的色散降至最低，从而使光损耗降至最低	非常适合于长距离单信道光通信系统
G654	截止波长位移光纤	1550nm 衰耗系数最低（比 G652、G653、G655 光纤约低 15%），因此称为低衰耗光纤，色散系数与 G652 相同	主要应用于海底或地面长距离传输
G655	非零色散位移光纤	1550nm 的色散接近零，但不是零	G655 早期用于 WDM 和长距离光缆
G656	低斜率非零色散位移光纤	衰减在 1460～1625nm 处较低，但是当波长小于 1530nm 时，对于 WDM 系统来说色散太低	确保了 DWDM 系统中更大波长范围内的传输性能
G657	耐弯光纤	弯曲损耗不敏感光纤，弯曲半径最小可达 5～10mm	是 FTTH 入户最常用的光缆

(1) 光缆类型选择

PON 选用的光纤为单模光纤。

第 4 章 F5G 全光网络

光缆的种类很多，光缆的选择要根据光缆的使用环境，如室内、室外来选择光缆的结构和外护套，一般室内光缆对于阻燃、防火、防鼠、耐酸等参数要求高于室外光纤，光缆弯曲半径、光缆芯数及防火性能是室内光缆的重要参数，室外光缆需经受室外环境考验，具有耐压、抗弯折、抗拉、高低温等机械和环境特性。根据光缆不同敷设方式，如管道、直埋、架空等选用不同的光缆。室外光缆中光纤宜采用 G652D 型单模光纤，室内光缆宜采用模场直径与 G652 光纤相匹配的 G657 类单模光纤。

在 POL 网络结构图中，一般可以将光缆分为三段来选择：室外主干线、室内垂直干线、配线光缆，如图 4-27 所示。

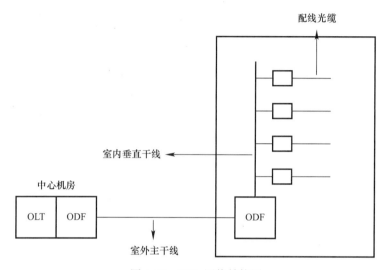

图 4-27 POL 网络结构图

主干及干线光缆规格型号繁多，常用型号规格有：

GYTA：层绞式结构，该光缆具有良好的防水性能，适合于以管道敷设方式为主的场合；

GYTS：其护套为双面镀铬涂塑钢带＋聚乙烯，与 GYTA 光缆相比，GYTS 光缆具有更好的抗侧压性能，适用于对光缆侧压力要求较大的场景，如架空敷设为主的段落。

GYTA53：可理解成在 GYTA 光缆的护套外面经双面镀铬涂塑钢带（PSP）铠装后，最终挤制聚乙烯外护层成缆。GYTA53 光缆具有良好的防水、抗侧压、抗拉伸性能，适合于直埋方式敷设。由于直埋光缆造价高且不能扩容，故新建光线缆路不建议采用直埋方式。

GYTZA：GYTZA 光缆与 GYTA 光缆的结构相同；不同的是，GYTA 光缆的护套是聚乙烯材料，GYTZA 光缆的护套是阻燃材料。

MPC 多用途布线光缆：多用途布线光缆使用多芯子单元非金属中心加强芯，光缆子单元层绞于中心加强芯形成缆芯，最外挤制一层聚氯乙烯（PVC）或低烟无卤材料（LSZH），低烟、无卤、阻燃护套而成。层绞式光缆结构，非金属中心加强芯使光缆可以承受更大的拉力，外护材料耐腐蚀，防水，防紫外，阻燃，适用于室内的综合布线，作为大楼的主干布线光缆，也可用于多芯光纤活动连接跳线。

光电复合缆：集光纤、输电铜线、铜信号线于一体，用于宽带接入、设备用电、应急信号传输。

末端的配线光缆：指从光缆分纤箱到终端 ONU 设备的段落，一般采用普通蝶形引入光缆（GJXH）、自承式蝶形光缆（GJYXFCH）、预成端蝶形引入光缆、隐形蝶缆和预成端隐形光缆。

普通蝶形光缆（GJXH）：将光纤置于中心，两侧放置两根平行钢丝作为加强元件，挤制低烟无卤阻燃护套成缆，如图 4-28 所示。GJXH 光缆的常用芯数为 1 或 2 芯、4 芯，护套短轴和长轴尺寸分别为 2mm 和 3mm，短期允许拉伸力（最小值）为 200N，宜沿墙或穿管布放。

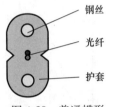

图 4-28 普通蝶形光缆

自承式蝶形光缆（GJYXFCH）：在非金属普通蝶形引入光缆（GJFXH）的外侧再附加一根增强元件（钢丝或钢丝绳），常用芯数为 1 或 2 芯、4 芯，允许拉伸力（最小值）为 600N，可短距离（小于50m）悬空布放，适合于从户外引入到室内。

非自承式蝶形光缆：将光纤（或光纤带）放置在两根平行加强件中间后挤包一层阻燃聚烯烃护套（LSZH），也可以是聚氯乙烯（PVC）护套；光纤芯数可以为 1 芯、2 芯、4 芯。用于 FTTH、室内。

(2) 光缆纤芯的规划

ONU 的接入用户光缆应根据用户分布情况配置，每个 ONU 配置一条 2 芯光缆。对有特殊要求的用户，应按照用户需求设计。建筑物之间和建筑物内布放的干线光缆芯数应预留不少于 10%作为备用。

常用光缆芯数规格见表 4-13。

常用光缆芯数规格　　　　　　　表 4-13

光缆型号	光缆芯数
GYTA	2、4、6、8、10、12～288（以 2 纤递增）
GYTS	2、4、6、8、10、12～288（以 2 纤递增）
GYTA53	2、4、6、8、10、12～216（以 2 纤递增）
GYTZA	2、4、6、8、10、12～216（以 2 纤递增）
MPC 多用途布线光缆	4、6、8、12、24、36、48、72、96、144
普通蝶形光缆	1、2、4
非自承式蝶形光缆	1、2、4
自承式蝶形光缆	1、2、4

(3) 光纤连接器选型

如图 4-29 所示，光纤连接器类型可以分为 SC、LC、FC、ST 四种，具体介绍详见综合布线章节，国内 POL 网中一般采用 SC 型。

4.3.5 光信道参数计算

POL 系统 OLT 至单个 ONU 之间全程光信道衰减指标的设计应根据光纤信道的实际配置、结合设计中选定的各种无源器件的技术性能指标，计算出工程实施后预期指标应满足表 4-14 全程光信道损耗要求，可按式 (4-1) 计算：

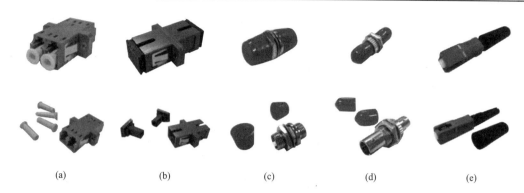

图 4-29 光纤连接器类型

(a) LC 适配器；(b) SC 适配器；(c) FC 适配器；(d) ST 适配器；(e) SC 快接端子

全程光信道损耗要求 表 4-14

类型	GPON Class B+	GPON Class C+	10G GPON N1	10G GPON N2a	EPON PX10	EPON PX20	EPON PX20+
最大光链路损耗 (dB)	28	32	29	31	21	24	28
最小光链路损耗 (dB)	13	17	14	16	5	10	10

$$A = \sum_{i=1}^{n} L_i \times A_f + X \times A_r + N \times A_C + \sum_{i=1}^{m} f_i + \beta + M_C \tag{4-1}$$

式中 A——全程光信道衰减值；

$\sum_{i=1}^{n} L_i$——OLT 至单个 ONU 之间光信道中各段光纤长度的总和，km；

A_f——设计中规定的光纤（不含接头）衰减系数，dB/km；

X——OLT 至单个 ONU 之间光信道中光纤熔接（含光缆接续、尾纤熔接）接头数，个；

A_r——设计中光纤接续（熔接方式）平均衰耗指标，dB；

N——OLT 至单个 ONU 之间光信道中活动接头数量，个；

A_C——设计中规定的活动连接器的损耗指标，0.5dB/个；

$\sum_{i=1}^{m} f_i$——OLT 至单个 ONU 之间光信道中所有光分路器插入损耗的总和（单个光分路器插入损耗值参见表 4-8）；

β——OLT 至单个 ONU 之间光信道中存在模场直径不匹配的光纤连接时引入的附加损耗（dB），例如 G652D 光纤与模场直径不匹配的 G657B 光纤连接时引入附加损耗可取 0.2 dB/连接点；

M_C——线路维护余量，dB。

PLC 器件插入损耗见表 4-8，表中光纤为单模光纤，带连接器 PLC 分路器的插入损耗应加上相应连接器的附加损耗。

规定的光纤（不含接头）衰减系数（A_f）可参照表 4-15。

规定的光纤续接（熔接方式）平均衰耗指标（A_r）可参照表 4-16。

线路维护余量（M_C）可参照表 4-17。

光纤（不含接头）衰减系数（A_f）　　　　表 4-15

光纤类别	G.652	G.657
1310nm 衰减系数最大值（dB/km）	0.35	0.38
1550nm 衰减系数最大值（dB/km）	0.21	0.24
1625nm 衰减系数最大值（dB/km）	0.24	0.28

光纤续接（熔接方式）平均衰耗指标（A_r）　　　　表 4-16

光纤类别	连接衰减				测试波长（nm）
	单芯光纤（dB）		多芯光纤（dB）		
	平均值	最大值	平均值	最大值	
G652	≤0.06	≤0.12	≤0.12	≤0.38	1310/1550
G657	≤0.06	≤0.12	≤0.12	≤0.38	1310/1550

线路维护余量（M_C）　　　　表 4-17

传输距离（km）	线路维护余量取值（dB）
$L \leqslant 5$	$1 \leqslant M_C$
$5 < L \leqslant 10$	$2 \leqslant M_C$
$10 < L$	$3 \leqslant M_C$

4.4 F5G 全光园区（无源光局域网）系统检测、验收

4.4.1 无源光局域网系统功能及性能检测

1. 测试以太网/IP 类业务

测试以太网/IP 类业务的上下行吞吐量、上下行传输时延、丢包率，主要包括以下方面：

（1）GPON 的上行吞吐量不小于 1Gbps（64～1518Byte 之间的任意包长），下行吞吐量不小于 2.2Gbps（任意包长）。

（2）OLT 的 XG(S)-PON 口上行方向的吞吐量不小于 8Gbps（1∶32 分光比下，仅接入 xGS-PON ONU）；当 OLT 的 XG(S)-PON 口仅接入 XG(S)-PON ONU 时，该 PON 口下行方向的吞吐量不小于 8.3Gbps。

（3）在业务流量不超过 PON 系统吞吐量的 90% 的情况下，其上行方向用户网络接口（UNI）到业务节点（SNI）的传输时延小于 1.5ms（传输 64～1518Byte 之间的任意以太网包长）；下行方向（SNI 到 UNI）的传输时延小于 1ms（传输任意以太网包长）。

（4）GPON 系统在上下行业务流量分别为 2.5Gbps 和 1.25Gbps 情况下，上行过载丢包率小于 20%，下行过载丢包率小于 12%。

（5）当 OLT 的 XG(S)-PON 口在上下行业务流量各为 10Gbps 的情况下，该 PON 口上行方向的过载丢包率小于 20%（1∶32 分光比下，仅接入 XG(S)-PON ONU 时），该 PON 口下行方向的过载丢包率小于 17%（仅接入 XG(S)-PON ONU 时）。

性能检测组网环境如图 4-30 所示。

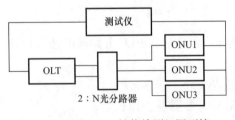

图 4-30　性能检测组网环境

2. 验证系统基本运维能力和支持能力

验证系统基本运维能力和支持能力，并保证下列情况正常：

（1）在网管或者 OLT 上查看 ONU 的基本信息，包括 ONU 的型号、软件版本号、厂商 ID、能力集/LAN 口的状态和协商速率等均正确。

（2）对 ONU 进行远程激活/去激活/远程重启，功能均正常。

（3）对 ONU 进行测距，实际测距结果跟实际距离基本相符。

（4）检测 ONU 掉电时，可以正确在 OLT 或者网管上查看到掉电告警，ONU 上电后告警自动清除。

（5）检测 ONU 断纤（手工拔掉光纤即可）时，可以在 OLT 或者网管上查看到断纤告警信号；光纤恢复正常和 ONU 上线后，告警信号自动解除。

3. 验证系统可靠性

验证系统可靠性，并保证下列情况正常：

（1）OLT 双主控情况下，检测主备倒换（如拔掉主用主控板）时业务正常。

（2）OLT 双电源情况下，检测备份保护（如拔掉一路电源线）时业务正常。

（3）验证业务长时间工作可靠性正常。采用数据测试仪打双向业务量，业务流量为吞吐量的 80%，持续打流 8h 确保零丢包。组网环境同上述性能测试时的组网环境。

（4）环路检测功能正常。链接 ONU 的任意两个端口构造环路，网管或 OLT 上可检测到该环路告警信息，并将对应的端口关闭；如果取消环路，等待一段时间后告警解除，端口恢复可用工作状态。

（5）Type B 单归备用链路保护检测时，将主干光纤断开（包括拔掉光纤，拔出单板等操作），业务中断时间小于 50ms。Type B 单归备用链路保护检测网环境如图 4-31 所示。

（6）Type B 双归备用链路保护检测时，将主干光纤断开（包括拔掉光纤、拔出单板等操作），业务中断时间小于 1s。Type B 双归备用链路保护检测网环境如图 4-32 所示。

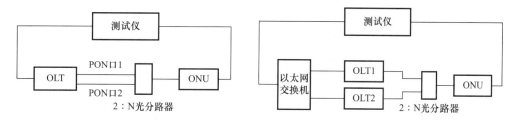

图 4-31　Type B 单归备用链路保护检测网环境　　图 4-32　Type B 双归备用链路保护检测网环境

（7）OLT 应具备对不按照 OLT 带宽分配指示发光的 ONU 的检测功能。

4.4.2　无源光局域网系统工程检测和验收

1. 工程检测要求

（1）POL 工程建设项目应在工程竣工验收前进行自行检测和竣工验收检测。所有 POL 工程均应由有资质的第三方检测单位检测。

（2）POL 工程中光纤信道应对端到端的全程光信道损耗全部进行测试，并满足以下测试要求：

1）光信道衰减测试组网图如图 4-33 所示，应根据不同系统采用相应的波长测试 ODN

的衰减，最大光信道损耗和最小光信道损耗应符合表 4-4 的规定。

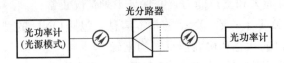

图 4-33　光信道衰减测试组网图

2）同时在网管或 OLT 设备上读取对应的 OLT PON 口和 ONU PON 口的接收/发送实时光功率值，上述实际测量值应和设计计算值基本保持一致。

3）检测时应确保环境温度、湿度都在产品支持的正常范围内。

（3）系统功能及性能检测应验证基本业务的支持度和连通性。

（4）网管功能测试应包括拓扑管理、配置管理、性能管理、故障管理、安全管理等，具体检查项目应遵循合同或设计要求。

（5）设备安装应符合现行国家标准《综合布线系统工程验收规范》GB/T 50312—2016 和现行行业标准的相关规定。

（6）线缆敷设和保护方式检测应符合下列规定：

1）线缆敷设和保护方式检测应符合现行国家标准《综合布线系统工程验收规范》GB/T 50312 的规定。

2）一个技术参数测试不合格，该测试项目应判为不合格。

3）线缆敷设和保护方式检测不应少于 10 处或抽检比例不应低于 10%。

2. 工程验收要求

（1）POL 工程具备验收条件时，建设单位应组织设计、监理、施工等单位对工程进行验收。

（2）隐蔽工程应随工检验，对质量合格的隐蔽工程应有监理或随工代表签署"隐蔽工程检验签证"，隐蔽工程不合格，不应进行下一道工序。

（3）POL 工程的质量评判应符合下列规定：

1）工程质量评判指标应满足设计文件要求以及相关标准规范的要求。

2）OLT、ONU 设备的安装应符合现行国家规范和行业标准的有关规定。

3）通信管道的管孔试通、封堵应符合现行国家标准《通信管道工程施工及验收标准》GB 50374 的有关规定。

4）暗管、桥架等建筑物内配线管网的位置及大小应符合现行国家标准《综合布线系统工程验收规范》GB/T 50312 的有关规定。

5）建筑物外通信光缆的敷设安装及成端接续测试验收应符合现行国家标准《通信线路工程验收规范》GB 51171 的有关规定。

6）建筑物内线缆布放应符合现行国家标准《综合布线系统工程验收规范》GB/T 50312 的有关规定。

7）工程系统性能测试应符合现行国家标准《综合布线系统工程验收规范》GB/T 50312、现行行业标准《宽带光纤接入工程技术规范》YD/T 5206—2023 及中国勘察设计协会团体标准《无源光局域网工程技术标准》T/CECA 20002—2019 的有关规定。

8）验收提出抽检要求时，POL 网络系统、布线系统应按 10% 的比例抽查和测试，满足评判指标要求时,被检项检查结果为合格;被检项的合格率为 100% 时,工程分部分项质量应判为合格。

9)工程被检验项目全部合格时,工程质量判定为合格。

(4) OLT 至配线箱之间的光纤信道应全部检测,测试方法宜采用插入损耗法,衰减指标值应符合设计要求。

(5) 工程项目具备验收条件指 POL 工程施工完毕,自检合格,系统试运行正常,按要求提供竣工资料及验收申请报告。

(6) 光电复合缆应有明显的标识,与传统光纤/光缆以示区分。复合缆光电分离后电缆应有绝缘保护,连接后无触电风险。

(7) 跳纤、尾纤接头类型与 OLT/ONU 光模块、ODN 各连接点适配器类型匹配。光纤配线架(ODF)、光纤交接箱(FDT)、FAT(光纤分纤箱)等 ODN 连接节点光纤连接关系对应表应清晰、完整、有保护不易被污损。

本 章 小 结

F5G 全光网络是一种新型的网络基础设施,带宽基本相同的前提下,在网络架构、绿色节能、安全性、业务承载能力、运维管理等方面有较大优势。本章主要介绍了 F5G 全光网络的发展、技术特点、网络架构、技术原理、主要组成部件、组网方式、系统设计方法及测试验收。通过本章的学习,应掌握 F5G 网络的技术原理、无源光局域网 POL 的架构及组成、PON 系统主要部件功能及选型、无源光局域网系统功能及性能检测等,并能根据实际需求选择合适的技术路线,设计适应需求的 F5G 网络。

思考题与习题

1. 如何对用户的网络规划需求开展分析?
2. 无源光局域网保护方式有哪些,各适用于哪些场所?
3. 无源光局域网中光分路器的作用是什么?如何确定无源光网络中光分路器的分光比?
4. 选择 ONU 的上行端口和业务接口的依据是什么?
5. 简述 OLT 选型原则及如何选择 OLT 设备?
6. 如何计算 POL 网络光信道参数?
7. 无源光局域网称为"无源"的原因?
8. 说一说无源光局域网 POL 和无源光网络 PON 的关系?
9. 简述光纤通信的实现方式及各自的优缺点。
10. 简述无源光局域网的技术原理。
11. 简述无源光局域网 POL 的部署方式。
12. 无源光局域网性能检测的参数有哪些?
13. 如何验证无源光局域网系统的基本运维能力和支持能力?
14. 如何验证系统的可靠性?
15. 无源光局域网系统工程检测和验收的要求分别有哪些?

第 5 章　综合布线系统

5.1　概　　述

建筑物与建筑群综合布线系统（Generic Cabling System，GCS）是建筑物或建筑群内的传输网络，是建筑物内的"信息高速路"。它既使语音和数据通信设备、交换设备和其他信息管理系统彼此相连，又使这些设备与外界通信网络相连接。综合布线系统集成所有电话、数据、图文、图形及多媒体设备于一个系统中。实现了多种信息系统的兼容、共用和互换互调性能。它在建筑和建筑群间传输语音、数据、图形等信息，满足人们在建筑物内的各种信息要求。因此，它也是智能建筑弱电技术主要技术之一。

5.1.1　综合布线系统的概念和发展

1. 综合布线系统的概念

综合布线系统是一种由线缆及相关接续设备组成的信息传输系统，它以一套配线系统综合通信网络、信息网络及控制网络，可以使信号实现互联互通。综合布线系统的主体是建筑群或建筑物内的信息传输介质，使语音设备、数据通信设备、交换设备等彼此相连，并使这些设备与外部通信网络连接。

2. 综合布线系统的发展

综合布线系统的发展与建筑物自动化系统密切相关，由于传统布线是各自独立的，各系统分别由不同的专业设计和安装，采用不同的线缆和不同的终端插座，而且连接这些不同布线的插头、插座及配线架均无法互相兼容，需要更换设备时，就必须更换布线，其改造不仅增加投资和影响日常工作，也影响建筑物整体环境，同时增加了管理和维护的难度。为了彻底解决上述问题，美国朗讯科技公司贝尔实验室于 20 世纪 80 年代末期推出了结构化布线系统（Structured Cabling System，SCS）。结构化布线系统是针对上述缺点而采取的标准化的统一材料、统一设计、统一布线、统一安装施工的布线系统，做到结构清晰，便于集中管理和维护。

随着网络在国民经济及社会生活各个领域的不断扩展，综合布线技术已成为 IT 行业炙手可热的发展方向。随着计算机技术、通信技术的迅速发展，综合布线系统也在发生变化，但总的目标是向集成布线系统、智能大厦、智能小区家居布线系统方向发展。

（1）集成布线系统

美国西蒙公司根据市场的需要，在 1999 年初推出了整体大厦集成布线系统 TBIC（Total Building Integration Cabling）。TBIC 系统扩展了结构化布线系统的应用范围，以双绞线、光缆和同轴电缆为主，传输介质支持语音、数据及所有楼宇自动控制系统弱电信号远传的连接。

（2）智能大厦布线

根据楼宇智能化（5AS）要求，5AS 系统应主要有：通信自动化系统（Communication Automation System，CAS）、办公自动化系统（Office Automation System，OAS）、大厦管理自动化系统（Builing Automation System，BAS）、安全保卫自动化系统（Security Automation System，SAS）及消防自动化系统（Fire Automation System，FAS）等子系统。综合布线系统支持具有 TCP/IP 通信协议的视频安防监控系统、出入口控制系统、停车场管理系统、访客对讲系统、智能卡应用系统、建筑设备管理系统、能耗计量及数据远传系统、公共广播系统、信息导引（标识）及发布系统等弱电系统的信息传输。

（3）智能小区布线

发展家居综合布线系统，由此可以满足智能住宅小区的迅速发展以及人们对家庭信息服务和改善生活环境愿望的增加。家居布线属于多媒体系统，光纤和 7 类双绞线可能为未来家庭布线系统具有竞争力的两种传输介质。

5.1.2 综合布线系统的相关标准

综合布线标准是布线制造商和布线工程行业共同遵循的技术法规，规定了从网络布线产品制造到布线系统设计、安装施工、测试等一系列技术规范。布线标准不仅为元器件和整个布线系统确定了性能要求，同时为线缆、设备、测试仪器等生产商和布线系统实施单位提供了准则。目前综合布线遵循的标准有如下几种：

1. 国际布线标准

国际标准化组织（International organization for standardization，ISO）和国际电工委员会（IEC）颁布了 ISO/IEC 11801 国际标准，名为"普通建筑的基本布线"。ISO/IEC 11801 标准把信道（Channel）定义为包括跳线（除少数设备跳线外）在内的所有水平布线。此外，ISO 还定义了链路（Link），即从配线架到工作区信息插座的所有部件。链路模式通常被定义为最低性能，4 种链路的性能级别被定义为 A、B、C 和 D，其中 D 级具有最高的性能，并且规定带宽要达到 100MHz。

2. 美国综合布线标准

美国 TIA（美国通信工业协会）关于综合布线有两个标准：《商业大楼通信布线标准》ANSI/TIA/EIA-568 和《商业大楼通信通路与空间标准》ANSI/TIA/EIA-569。它们都是商业建筑物电信布线的标准，但它们存在一些区别。

《商业大楼通信布线标准》ANSI/TIA/EIA-568 是关于商业建筑物电信布线的标准，主要规定了建筑物内水平一侧的电缆和配线设备的标准和要求。它包括平衡双绞线传输性能要求，用于水平一侧配线的电缆类型和规格，以及配线设备的要求。而《商业大楼通信通路与空间标准》ANSI/TIA/EIA-569 是关于商业建筑物电信布线的标准，主要规定了建筑物内走线架系统的标准和要求。它规定了走线架系统设计和安装的各项要求，包括走线架的种类和标准尺寸范围、走线架连接件的尺寸和材料、固定螺丝的级别和数量、电缆间距和电缆弯曲半径规定、标签和标识等。

总之，《商业大楼通信布线标准》ANSI/TIA/EIA-568 和《商业大楼通信通路与空间标准》ANSI/TIA/EIA-569 都是商业建筑物电信布线的标准，但《商业大楼通信布线标准》ANSI/TIA/EIA-568 主要关注建筑物内水平一侧的电缆和配线设备的标准和要求，而《商业大楼通信布线标准》ANSI/TIA/EIA-568 则主要关注建筑物内走线架系统的标准和要求。

美国最早在1991年颁布了《商用建筑通信布线标准》ANSI/TIA/EIA-568-A，随后颁布了 ANSI/TIA/EIA-568-B，正式通过了6类布线标准，该标准也被国际标准化组织ISO批准。2008年TIA（美国通信工业协会）发布了TIA568-C.0以及TIA568-C.1标准，将逐步取代ANSI/TIA/EIA-568-B。2009年推出了TIA568-C.2增加了对光纤电缆的支持。2018年颁布了TIA-568.2-D（平衡双绞线布线及组件标准），增加了对光纤布线的支持、改善了跳线测试的要求、允许使用更细的跳线，并引入了MPTL（多配线点终端设备）测试的概念。

《电信通道和空间的商用建筑标准》ANSI/TIA/EIA-569-A主要为所有与电信系统和部件相关的建筑设计提供规范和规则。ANSI/TIA/EIA-569-B规定了六种不同的从电信室到工作区的水平布线方法：地下管道、活动地板、管道、电缆桥架和管道、顶棚路径、周围配线路径。TIA系列布线标准对我国布线行业的标准影响巨大，对我国通信网络基础设施建设产生积极的推动作用。

3. 欧洲综合布线标准

欧洲标准有EN50173、EN55014、EN50167、EN5168、EN50288-5-1等。《信息系统通用布线标准》CELENEC—EN 50173标准与ISO/IEC 11801标准是一致的，但是EN 50173比ISO/IEC 11801更为严格，它更强调电磁兼容性，提出通过线缆屏蔽层，使线缆内部的对绞线在高带宽传输的条件下，具备更强的抗干扰能力和防辐射能力。

4. 我国综合布线标准

我国现有综合布线系统标准大致分为两类，即通信行业标准（如《信息通信综合布线系统 第1部分：总规范》YD/T 926.1—2023）和国家标准（如《综合布线系统工程设计规范》GB 50311—2016和《综合布线系统工程验收规范》GB/T 50312—2016）。

国家标准是指对国家经济、技术和管理发展具有重大意义而且必须在全国范围内统一的标准，而行业标准是指没有国家标准而又需要在全国本行业范围内统一的标准。通用标准往往是国家标准，产品标准往往是行业标准。

国家标准的内容主要倾向于布线系统的指标，规范了布线系统信道及永久链路的指标，并没有规定系统中产品的指标。行业标准的内容主要倾向于布线系统中产品的指标，规范了线缆、连接硬件（配线架及模块）等布线系统产品的指标。

《综合布线系统工程设计规范》GB 50311—2016在2016年被批准为国家规范，旧规范GB 50311—2007作废，新规范于2017年4月1日开始实施。GB 50311—2016规范修订的主要技术内容有：在GB 50311—2007内容基础上，对建筑群与建筑物综合布线系统及通信基础设施工程的设计要求进行了补充与完善；增加了布线系统在弱电系统中的应用相关内容；增加了光纤到用户单元通信设施工程设计要求，并新增有光纤到用户单元通信设施工程建设的强制性条文，丰富了管槽和设备的安装工艺要求，增加了相关附录。

5. 通信行业标准

1997年9月，我国通信行业标准《大楼通信综合布线系统》YD/T 926—1997发布，1998年1月1日起正式实施。2001年10月，信息产业部发布通信行业标准《大楼通信综合布线系统》YD/T 926—2001，于2001年11月1日起正式实施，同时YD/T 926—1997作废。2009年，工业和信息化部发布通信行业标准《大楼通信综合布线系统》YD/T 926—

2009，同时 YD/T 926—2001 作废。2023 年 4 月 21 日，工业和信息化部发布通信行业标准《信息通信综合布线系统》YD/T 926—2023 于 2023 年 8 月 1 日起实施，YD/T 926—2009 作废。相关的现行通信行业标准如下：

(1)《信息通信综合布线系统场景与要求 住宅》YD/T 1384—2023。

(2)《综合布线系统工程施工监理暂行规定》YD 5124—2005。

(3)《通信管道工程施工监理规范》YD/T 5072—2017。

5.2 综合布线系统的结构和组成部件

5.2.1 综合布线系统的模块化结构

综合布线系统又称为结构化布线系统。它采用 7 个模块化结构，整个系统既相互独立，又有机结合，通常称为 7 个子系统。如图 5-1 所示，这 7 个子系统分别是工作区、配线子系统、干线子系统、设备间、进线间、建筑群子系统和管理子系统。

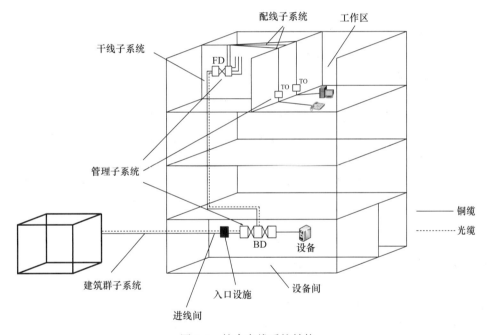

图 5-1 综合布线系统结构

在综合布线系统中，一个独立的、需要设置终端设备的区域称为一个工作区，指办公室、写字间、工作间、机房等需要电话、计算机等终端设施的区域。

配线子系统（水平子系统）应由工作区的信息插座模块、信息插座模块至电信间配线设备（Floor Distributor，FD）的配线电缆和光缆、电信间的配线设备及设备线缆和跳线等组成。

干线子系统由设备间至电信间的主干线缆、安装在设备间的建筑配线设备及线缆和跳线组成。它是智能化建筑综合布线系统的中枢部分，主要确定垂直路由的多少和位置、垂直部分和干线系统的连接方式。

设备间是在每栋建筑物的适当地点进行配线管理、网络管理和信息交换的场地。综合布线系统设备间宜安装建筑物配线设备、建筑群配线设备、以太网交换机、电话交换机、计算机网络设备。入口设施也可安装在设备间。

进线间是建筑物外部通信和信息管线的入口部位,并可作为入口设施和建筑群配线设备的安装场地。进线间主要作为室外电缆、光缆引入建筑物的成端或分支处,也是光缆做盘长的空间位置。

建筑群子系统是指由多幢相邻或不相邻的房屋建筑组成的小区或园区的建筑物间的布线系统。建筑群子系统的配线设备、建筑物之间的干线线缆、设备线缆和跳线等组成。

管理子系统应对工作区、设备间、进线间、布线路径环境中的配线设备、线缆、信息插座模块等设施按一定的模式进行标识、记录和管理,如建筑物名称、建筑物位置、区号、起始点和功能等标志。

拓扑结构是指网络中各个站点相互连接的形式,可分为物理拓扑和逻辑拓扑。常用的基本拓扑结构有总线型结构、星形结构、环形结构、树形结构、混合型结构、网状结构,详细内容见2.1.3节。

5.2.2 传输介质

综合布线系统产品由各个不同系列的器件所构成,包括传输介质、交叉/直接连接设备、介质连接设备、适配器、传输电子设备等器件。

在综合布线系统中所使用的常见传输介质:

(1) 语音通信系统一般使用非屏蔽双绞线电缆。

(2) 计算机网络现在一般采用双绞线电缆、光缆或者二者结合。

(3) 楼宇自动控制系统也采用双绞线电缆。在商用楼和居民楼中都会装上视频系统,通常采用同轴电缆。

(4) 广播系统通常采用18AWG标准的半导体电缆,但在综合布线系统中,也采用双绞线电缆。

1. 对绞线

对绞线(Twisted Pair,TP)是一种综合布线工程中最常用的传输介质。一个线对可以作为一条通信线路,各线对螺旋排列的目的是使各线对发出的电磁波相互抵消,从而使相互之间的电磁干扰最小。双绞线较适合于近距离、环境单纯(远离磁场、潮湿等)的局域网络系统。双绞线可用来传输数字和模拟信号,外形如图5-2所示。

(1) 对绞线的分类

1) 按电气性能划分的话,美国通信工业协会(Telecommunications Industry Association,TIA)制定的标准是EIA/TIA—568 B,对绞线可以分为1类、2类、3类、4类、5类、超5类、6类、超6类、7类共9种类型。其中1类、2类、3类、4类对绞线传输速率较低,除了传统的语音系统仍然使用3类对绞线以外,其他已基本退出市场。网络布线目前采用较多的是超5类或6类非屏蔽对绞线,超6类线和7类线也将逐渐进入应用阶段。

2) 按对绞线包缠是否有金属屏蔽层划分,对绞线可分为屏蔽对绞线(Shielded Twisted Pair,STP)和非屏蔽对绞线(Unshielded Twisted Pair,UTP)两种,如图5-3所示为6类非屏蔽对绞线结构。金属屏蔽对绞线又分为屏蔽对绞电缆、网孔屏蔽对绞线等结构形式。

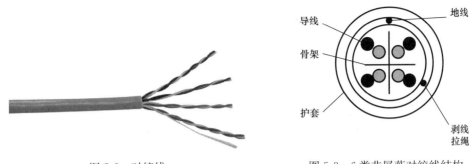

图 5-2 对绞线　　　　　　　图 5-3　6 类非屏蔽对绞线结构

(2) 对绞线的结构

对绞电缆是由两根具有绝缘层的铜导线按一定密度螺旋状互相绞缠在一起构成的线对。非屏蔽对绞线物理结构如图 5-4 所示。

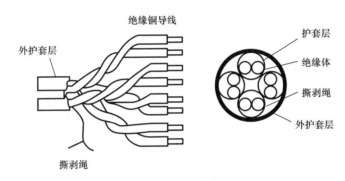

图 5-4　非屏蔽对绞线物理结构

把两根绝缘的铜导线按一定密度互相绞在一起,可降低信号干扰的程度,每一根导线在传输中辐射出来的电波会被另一根线上发出的电波抵消。如果把一对或多对对绞线放在一个绝缘套管中便成了对绞线电缆。一般扭线越密其抗干扰能力就越强。与其他传输介质相比,对绞线在传输距离、信道宽度和数据传输速度等方面均受一定限制,但价格较为低廉。

屏蔽对绞线是在普通非屏蔽布线的外面加上金属屏蔽层,利用金属屏蔽层的反射、吸收及趋肤效应实现防止电磁干扰及电磁辐射的功能。屏蔽对绞线的优点主要体现在它具有的很强的抵抗外界电磁干扰、射频干扰的能力,同时也能够防止内部传输信号向外界的能量辐射,具有很好的系统安全性。

(3) 对绞线的性能

对绞电缆的电气性能指标主要有线对支持的带宽、衰减、特征阻抗、回波损耗、衰减串扰比值、时延、近端串扰、近端串扰功率和、等效远端串扰、等效远端串扰功率和以及偶合衰减等。

对绞电缆的物理特性:护套材料包括屏蔽与非屏蔽、防火阻燃等级及材料,其他物理性能包括重量、直径尺寸(导体、绝缘体、电缆)、弯曲半径、拉力、温度(安装和操作)。除了上述性能还应关注对绞电缆的安全性能,以及对绞电缆的环境保护等。

(4) 大对数电缆

在干线敷设中,由于用缆量较大,经常使用大对数电缆,如图 5-5 所示,大对数电缆由很多一对一对的电缆组成一小捆,再由很多小捆组成一大捆,更大对数的电缆则再由更多大捆组成一根大电缆。

图 5-5 大对数电缆

2. 同轴电缆

同轴电缆(Coaxial Cable)是一种由内、外两个导体组成的通信电缆。它的中心是一根单芯铜导体,铜导体外面是绝缘层(采用满足同轴电缆电气参数要求的绝缘材料),绝缘层的外面有一层导电金属层,最外面还有一层保护用的外部套管,如图 5-6 所示。同轴电缆频率特性比对绞线好,能进行较高速率的传输,且屏蔽性能好,抗干扰能力强,通常多用于基带传输。同轴电缆与对绞线电缆不同之处是只有一个中心导体,具有足够的可柔性,能支持较大的弯曲半径。

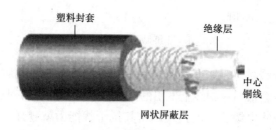

图 5-6 同轴电缆结构

(1)同轴电缆的性能

1)同轴电缆的主要电气性能:特征阻抗、衰减、传播速度和直流回路电阻。

2)同轴电缆的主要物理性能:同轴电缆的可柔性、支持的弯曲半径、中心导体直径、屏蔽层传输阻抗和材料。

(2)同轴电缆的类型及用途

同轴电缆可分为两种基本类型,即基带同轴电缆(粗同轴电缆)和宽带同轴电缆(细同轴电缆),两种同轴电缆的对比表如表 5-1 所示。

两种同轴电缆的对比表　　　　　　　　　　表 5-1

项目	基带同轴电缆	宽带同轴电缆
特征阻抗(Ω)	50	75
传输速率(Mbps)	10	传输模拟信号时,其信号频率可高达 300~400MHz;用于连接计算机网络时,传输数字信号可达 10Mbps

续表

项目	基带同轴电缆	宽带同轴电缆
传输距离（km）	1	用于传输模拟信号时，传输距离可达100km；用于连接计算机网络时，传输距离达到500m

3. 光纤

光纤是一条玻璃或塑胶纤维，也是一种将信息从一端传送到另一端的传输媒介。光纤可以像一般铜缆线，传送语音或数据等资料，不同的是光纤传送的是光信号而非电信号。光纤具有很多独特的优点，如宽频宽、低损耗、屏蔽电磁辐射、重量轻、安全性高、隐秘性好等。

（1）光纤的分类

1）按照制造光纤所用的材料分为石英芯光纤、多组分玻璃光纤、塑料包层石英芯光纤、全塑料光纤和氟化物光纤。目前通信中普遍使用的是石英芯光纤。

2）按折射率分布情况分为阶跃型光纤（Step Index Fiber，SIF）和渐变型光纤（Graded Index Fiber，GIF），两种光纤的结构如图5-7所示。

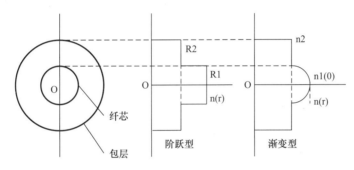

图5-7 阶跃型光纤和渐变型光纤的结构

阶跃型光纤：光纤中心芯到玻璃包层的折射率是突变的，只有一个台阶，所以称为阶跃型折射率多模光纤，简称阶跃光纤，也称突变光纤。这种光纤的模间色散高，传输频带不宽，传输速率不能太高，用于通信不够理想，只适用于短途低速通信。这是研究开发较早的一种光纤，现在已逐渐被淘汰了。但单模光纤由于模间色散很小，所以单模光纤都采用突变型。

渐变型光纤：为了解决阶跃型光纤存在的弊端，人们又研制开发了渐变型折射率多模光纤，简称渐变型光纤。由于高次模和低次模的光分别在不同的折射率层界面上按折射定律产生折射，进入低折射率层中去，因此，光的行进方向与光纤轴方向所形成的角度将逐渐变小，光在渐变光纤中会自觉地进行调整从而最终到达目的地。

3）按光在光纤中的传输模式可分为单模光纤和多模光纤。

单模光纤：中心玻璃芯很细（芯径一般为9μm或10μm），只能传一种模式的光。其模间色散很小，适用于远程通信，但存在着材料色散和波导色散，这样单模光纤对光源的谱宽和稳定性有较高的要求，即谱宽要窄，稳定性要好。在1.31μm波长处，单模光纤的材料色散和波导色散一为正、一为负，大小也正好相等，总色散为零。从光纤的损耗特性来看，1.31μm处正好是光纤的一个低损耗窗口。这样1.31μm波长区就成了光纤通信的一个很理想的工作窗口，也是现在实用光纤通信系统的主要工作波段。

多模光纤：中心玻璃芯较粗（50μm 或 62.5μm），可传多种模式的光。但其模间色散较大，限制了传输数字信号的频率，而且这种情况随距离的增加会更加严重，因此，多模光纤传输的距离较短。

4) 按光纤的工作波长可分为短波长光纤、长波长光纤和超长波长光纤。短波长光纤是指 0.8~0.9μm 的光纤，长波长光纤是指 1.0~1.7μm 的光纤，而超长波长光纤则是指 2μm 以上的光纤。一般情况下，短波光模块使用多模光纤，长波光模块使用单模光纤，以保证数据传输的准确性。

(2) 光纤的结构

光纤的结构是由中心的纤芯和外围的包层同轴组成的圆柱形细丝。一根标准的光纤包括纤芯、包层、涂覆层、缓冲层、加强层和外护套几个部分，如图 5-8 所示。

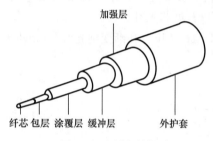

图 5-8 光纤的结构

光纤通常由石英玻璃制成，它质地脆，易断裂，需要外加一层保护层。包层位于纤芯外层，作用是将光波限制在纤芯中。核心部分是纤芯和包层，是光波的主要传输通道。纤芯粗细、纤芯材料和包层材料的折射率，对光纤的特性起决定性影响。在包层之外是涂覆层、缓冲层、加强层、外护套，既保护光纤不受水汽的侵蚀和机械的擦伤，同时又增加光纤的柔韧性，起着延长光纤寿命的作用。

(3) 光纤的性能

1) 光源与光纤的耦合。通常把光源发射的光功率尽可能多地送入传输光纤，称为耦合，常用耦合效率来衡量耦合的程度。

2) 光纤的数值孔径。光纤的数值孔径是衡量光纤接收光功率能力的参数。入射到光纤端面的光并不能全部被光纤所传输，只是在某个角度范围内的入射光才可以。通常把这个角度称为光纤的数值孔径。

3) 光纤的损耗。所谓损耗是指光纤每单位长度上的衰减，单位为 dB/km。光纤损耗的高低直接影响传输距离或中继站间隔距离的远近。光纤的损耗因素主要有吸收损耗、散射损耗和其他损耗。

4) 光纤的模式带宽。通常用光纤传输信号的速率与其传输长度的乘积来描述光纤的带宽特性，用 BL 表示，单位为 GHz·km 或 MHz·km。

5) 光纤的色散。光纤的色散分为模式色散、材料色散和波导色散。3 种色散的大小顺序：模式色散＞材料色散＞波导色散。

模式色散又称模间色散或者多径色散。在多模光纤中，不同的模式传输路径不同，具有不同的轴向速度，因而同时发出的不同模式到达输出端的时间是不相同的，造成模式色散。

材料色散是由光纤材料自身特性造成的。石英玻璃的折射率对不同的传输波长有不同的值。光纤通信实际上用的光源发出的光，并不是只有理想的单一波长，而是有一定的波谱宽度。

波导色散是由光纤中的光波导引起的，由此产生的脉冲展宽现象叫作波导色散。

6）截止波长。截止波长指的是单模光纤通常存在某一波长，当所传输的光波长超过该波长时，光纤只能传播一种模式（基模）的光，而在该波长之下，光纤可传播多种模式（包含高阶模）的光。

7）光纤的其他性能。光纤的其他性能包括材料、光纤直径、光纤类型等。

4. 光缆

光缆是由单芯或多芯光纤构成的线缆，是数据传输中最有效的一种传输介质。光缆中传输的是光束，而光束是不受外界电磁干扰影响的，而且本身也不向外辐射信号，因此光缆在数据传输中有频带较宽，电磁绝缘性能好，衰减小的优点，适用于长距离的信息传输以及要求高度安全的场合。

（1）光缆的分类

按照传输性能、距离和用途的不同，光缆可分为用户光缆、市话光缆、长途光缆和海底光缆；按照光缆内使用光纤的种类不同，光缆可分为单模光缆和多模光缆；按照传输导体、介质状况的不同，光缆可分为无金属光缆、普通光缆、综合光缆（主要用于铁路专用网络通信线路）；按照敷设方式不同，光缆可分为管道光缆、直埋光缆、架空光缆和水底光缆。

（2）光缆的结构

光缆主要是由光导纤维（细如头发的玻璃丝）和塑料保护套管及塑料外皮构成的。光缆的基本结构如图5-9所示，由光纤、中心加强芯、加强件、内护套、总护套等部分组成，另外根据需要还有防水层、缓冲层、绝缘金属导线等构件。

图5-9 光缆的基本结构

（3）光缆的性能

光缆的传输特性取决于涂覆光纤。对光缆机械特性和环境特性的要求由使用条件确定。光缆的主要物理特性参数为拉力、压力、扭转、弯曲、冲击、振动和温度等。

5.2.3 连接部件

连接器件指用于连接电缆线对和光纤的一个器件或一组器件，综合布线连接器件多种多样，不同的综合布线系统、布线方式所使用的连接器件也不一致。按照综合布线所使用的传输介质来分类，主要有对绞线系统连接器件、光纤系统连接器件和同轴电缆连接器件。

1. 对绞线连接器件

双绞线的主要连接器件有配线架、信息插座和接插软线（跳接线）。

（1）RJ-45信息模块

RJ-45信息模块一般用于工作区对绞线的端接，通常与跳线进行有效连接，如图5-10所示。其应用场合主要有：端接到不同的面板（如信息面板出口）、安装到表面安装盒

（如信息插座）、安装到模块化配线架中。屏蔽对绞线和非屏蔽对绞线的端接方式相同，都利用信息模块上的接线块来连接对绞线，RJ-45 信息模块与对绞线端接有 T568A 或 T568B 两种结构。在 T568A 中，与之相连的 8 根线分别定义为：白绿、绿；白橙、蓝；白蓝、橙；白棕、棕；在 T568B 中，与之相连的 8 根线分别定义为：白橙、橙；白绿、蓝；白蓝、绿；白棕、棕。

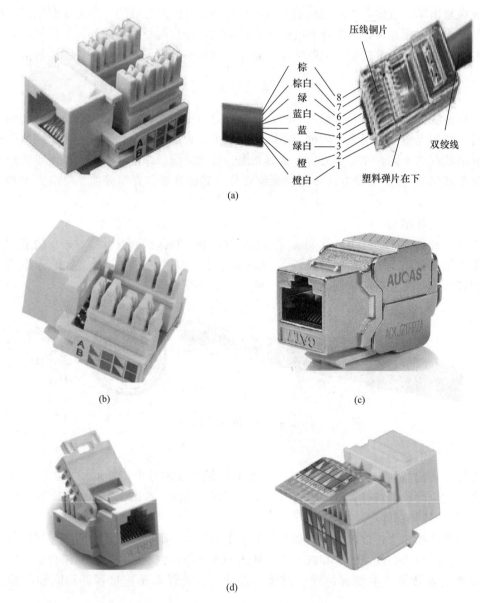

图 5-10　信息模块与跳线连接

(a) RJ-45 信息模块及其连接方式；(b) 非屏蔽信息模块；(c) 屏蔽信息模块；(d) 免工具双绞线信息模块

（2）信息插座

电缆信息插座有墙面型、地面型和桌面型如图 5-11 所示，由信息模块、面板与底盒组成。

 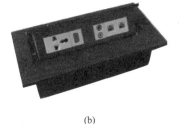

(a) (b) (c)

图 5-11　电缆信息插座
(a) 墙面型；(b) 地面型；(c) 桌面型

信息模块与插面板是嵌套在一起的，埋在墙中的网线是通过信息模块与外部网线进行连接的，墙内部网线与信息模块是通过把网线的 8 条芯线按线序规定卡入信息模块的对应线槽中进行连接的。

（3）对绞线配线架

配线架可划分为模块化配线架、110 配线架和智能配线架，如图 5-12 所示。模块化配线架采用模块化跳线（RJ-45 跳线）进行线路连接，模块化跳线可方便地插拔，而交叉连接跳线则需要专用的压线工具将跳线压入 IDC 连接器的卡线夹中。110 型连接管理系统基本部件是配线架、连接块、跳线和标签。110 配线架是阻燃、注模塑料做的基本器件，布线系统中的电缆线对就端接在其上。

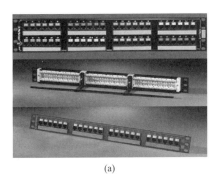 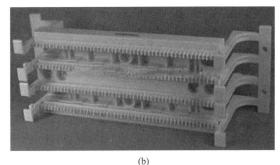

(a) (b)

图 5-12　配线架
(a) 模块化配线架；(b) 110 配线架

为了达到物理层的实时监控，智能布线系统在硬件及所支持软件的设计和应用上与普通综合布线系统有一定的区别。根据软硬件的工作原理不同，智能布线的设计在智能配线架部分可以分为单配线架及双配线架两种模式。

智能配线架与传统配线架不同的是其每个端口上都有 LED 指示灯。LED 指示灯为执行现场操作提供重要的依据，大大提高了现场操作的准确性和高效性。

模块化快速架又称为快接式（插拔式）配线架、机柜式配线架，是一种 19in（482.6mm）的模块式嵌座配线架。它通过背部的卡线连接水平或垂直干线，并通过前面的 RJ-45 水晶头将工作区终端连接到网络设备。

按安装方式，模块式配线架有壁挂式和机架式两种。常用的配线架，通常在 1U 或 2U 的空间可以提供 24 个或 48 个标准的 RJ-45 接口。如图 5-13 所示为 48 口模块化快速配线架。

图 5-13　48 口模块化快速配线架

2. 光纤连接器

在光纤通信（传输）链路中，为了实现不同模块、设备和系统之间灵活连接的需要，必须有一种能在光纤与光纤之间进行可拆卸（活动）连接的器件，使光路能按所需的通道进行传输，以实现和完成预定或期望的目的和要求，能实现这种功能的器件就叫连接器。光纤连接器就是把光纤的两个端面精密对接起来，以使发射光纤输出的光能量能最大限度地耦合到接收光纤中去，并使由于其介入光链路而对系统造成的影响减到最小，这是光纤连接器的基本要求。

光纤连接器是连接两根光纤或光缆使其成为光通路并可以重复拆装的活接头。

(1) 光纤连接器

目前光纤连接器主要有 FC 型（螺纹连接方式）、SC 型（直插式）和 ST 型（卡扣式）等类型，如图 5-14 所示。FC 型连接器主要用于干线子系统；随着光纤局域网的发展，SC 型连接器也将逐步推广使用；ST 型连接器主要作为单光纤连接器，用于光纤接入网。图 5-14（a）所示为光纤纤尾头，图 5-14（b）所示为光纤耦合器，不同的纤尾头对应有不同的光纤耦合器。

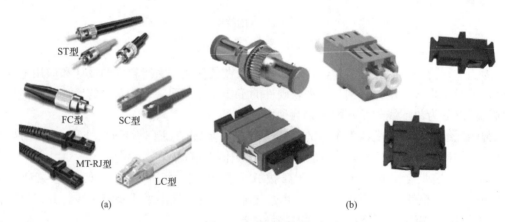

图 5-14　光纤连接器
(a) 光纤纤尾头；(b) 光纤耦合器

(2) 光纤配线箱

适用于光缆与光通信设备的配线连接，通过配线箱内的适配器，用光跳线引出光信号，实现光配线功能。光纤配线箱如图 5-15 所示。

图 5-15　光纤配线箱

(3) 光电转换器（又名光纤收发器）

光电转换器是一种将短距离的对绞线电信号和长距离的光信号进行互换的以太网传输媒体转换单元，如图 5-16 所示。它一般应用在以太网电缆无法覆盖，必须使用光纤来延长传输距离的实际网络环境中，且通常定位于宽带城域网的接入层应用，如监控安全工程的高清视频图像传输；同时在帮助把光纤最后一千米线路连接到城域网和更外层的网络上也发挥了巨大的作用。

图 5-16　光电转换器

(4) 光纤信息插座

光纤到桌面时，需要在工作区安装光纤信息插座。光纤信息插座的作用和基本结构与使用 RJ-45 信息模块的双绞线信息插座一致，是光缆布线在工作区的信息出口，用于光纤到桌面的连接，如图 5-17 所示，实际上就是一个带光纤耦合器的光纤面板。光缆敷设到光纤信息插座的底盒后，光缆与一条光纤尾纤熔接，尾纤的连接器插入光纤面板上的光纤耦合器的一端，光纤耦合器的另一端用光纤跳线连接计算机。

为了满足不同应用场合的要求，光缆信息插座有多种类型。例如，如果配线子系统为多模光纤，则光缆信息插座中应选用多模光纤模块；如果配线子系统为单模光纤，则光缆信息插座中应选用单模光纤模块。另外，还有 SC 信息插座、LC 信息插座、ST 信息插座等。

图 5-17　光纤面板

5.3　综合布线系统的设计

5.3.1　设计原则

综合布线系统采用标准的线缆与连接器件将所有语音、数据、图像及多媒体业务系统设备的布线组合在一套标准的布线系统中。其开放的结构可以作为各种不同工业产品标准的基准，使得配线系统将具有更大的适用性、灵活性、通用性，而且可以以最低的成本随时对设于工作区域的配线设施重新规划。建筑智能化建设中的建筑设备监控系统、安全技术防范系统等设备在具备 TCP/IP 协议接口时，也可使用综合布线系统的线缆与连接器件作为信息的传输介质，以提升布线系统的综合应用能力。同时智能布线系统技术的应用又为建筑智能化系统的集中监测、控制与管理打下了良好的基础。

在确定建筑物或建筑群的功能与需求之后，在进行城区和园区的综合管线基础设施规划时，应考虑满足信息化、智能化发展要求的布线设施和管道，力求资源共享，避免今后重复开挖地面，给人们带来生活的不便和资金的浪费。

综合布线系统作为建筑的通信基础设施，在建设期应考虑一次性投资建设，并能适应各种通信与信息业务服务接入的需求。综合布线系统与建筑智能化同步设计可以避免将来建筑物内管网的重复建设而影响到建筑物的安全与环保。因此在管道与设施安装场地等方面，工程设计中应充分满足资源合理应用的要求。

5.3.2　总体设计

综合布线系统施工是一个较为复杂的系统工程，要达到用户的需求目标就必须在施工前进行认真、细致的设计。设计过程中必须认真分析用户的需求，并充分考虑综合布线系统的可管理性、先进性、可扩充性以及性能价格比等因素。因此综合布线工程的优劣非常关键的第一步就是系统设计。设计人员必须始终以满足用户需求为设计目标，对所设计工程进行深入了解和分析，根据自己的设计经验全面考虑各方面问题，最终做出合理的设计方案。

综合布线系统工程设计应符合下列规定：一个独立的需要设置终端设备（TE）的区域宜划分为一个工作区。工作区应包括信息插座模块（TO）、终端设备处的连接线缆及适配器；配线子系统应由工作区内的信息插座模块、信息插座模块至电信间配线设备（FD）的水平线缆、电信间的配线设备及设备线缆和跳线等组成；干线子系统应由设备间至电信间的主干线缆、安装在设备间的建筑物配线设备（BD）及设备线缆和跳线组成；建筑群子系统应由连接多个建筑物之间的主干线缆、建筑群配线设备（CD）及设备线缆和跳线组成；设备间应为在每栋建筑物的适当地点进行配线管理、网络管理和信息交换的场地。综合布线系统设备间宜安装建筑物配线设备、建筑群配线设备、以太网交换机、电话交换机、计算机网络设备。入口设施也可安装在设备间；进线间应为建筑物外部信息通信网络管线的入口部位，并可作为入口设施的安装场地；管理应对工作区、电信间、设备间、进线间、布线路径环境中的配线设备、线缆、信息插座模块等设施按一定的模式进行标识、记录和管理。

5.3.3 子系统设计

1. 工作区子系统的设计

在综合布线系统中，一个独立的、需要设置终端设备（终端可以是电话、数据终端和计算机等设备）的区域称为一个工作区。工作区是指办公室、写字间、工作间、机房等需要电话和计算机等终端设施的区域。工作区子系统应由配线子系统的信息插座模块（TO）延伸到终端设备处的连接线缆及适配器组成，如图5-18所示。

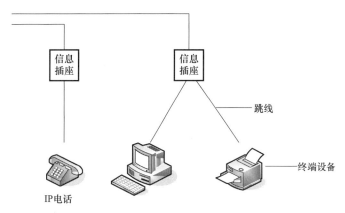

图 5-18 工作区子系统

工作区子系统在设计步骤一般为：首先了解建筑物的用途和用户需求，接下来进行工作区信息的统计，最后确定工作区信息点的位置。

（1）进行用户需求分析和图纸识读分析

需求分析首先从整栋建筑物的用途开始，再到楼层的各个工作区或者房间，逐步明确和确认每层和每个工作区的用途和功能，规划工作区的信息点数量和位置。同时与该用户进行深入沟通交流和技术交底。根据施工图中综合布线系统的系统图和平面图确定弱电路径和电源位置等重要信息。

（2）确定工作区信息点的配置

工作区面积划分可参照表5-2执行。但对于应用场合，如终端设备的安装位置和数量无法确定时或彻底为大客户租用并考虑自行设置计算机网络时，工作区面积可按区域（租用场地）面积确定。每个工作区需要设置一个数据点和电话点，或者按用户需要设置。也有部分工作区需要支持数据终端、电视机及监视器等终端设备。

工作区面积划分表　　　　　　　　　　　　　　　　　表 5-2

建筑物类型及功能	工作区面积（m^2）
网管中心、呼叫中心、信息中心等终端设备较为密集的场地	3～5
办公区	5～10
会议、会展	10～60
商场、生产机房、娱乐场所	20～60
体育场馆、候机室、公共设施区	20～100
工业生产区	60～200

在需求分析和技术交流的基础上，确定每个房间或者区域的信息点位置和数量（表5-3），然后制作和填写点数统计表。点数统计表首先按照楼层，然后按照房间或者区域逐层逐房间的规划和设计网络数据、光纤口、语音信息点数，再把每个房间规划的信息点数量填写到点数统计表对应的位置。

信息点数量配置　　　　　　　　　　　　　　　　　表 5-3

建筑物功能区	信息点数量（每一工作区）			备注
	电话	数据	光纤（双工端口）	
办公室（基本配置）	1个/区	1个/区	—	包括写字楼集中办公
办公区（高配置）	1个/区	2个/区	1个/区	对数据信息有较大的需求，如网管中心、呼叫中心、信息中心
办公区（政务工程）	2～5个/区	2～5个/区	1个或1个以上/区	涉及内、外网络时
小型会议室/商务洽谈室	2个/间	2～4个/间	—	—
大型会议室、多功能厅	2个/间	5～10个/间	—	—
餐厅、商场等服务业	500m^2/个	50m^2/个	—	—
宾馆标准间	1个/间	2个/间	—	—
学生公寓	1个/人	1个/间	—	—
教学楼教室	—	2个/间	—	—
住宅楼	1个/间	1个/间	—	—

（3）确定信息插座数量和位置

工作区的信息插座模块应支持不同的终端设备接入，每一个通用8位插座模块应连接1根4对对绞电缆，对每一个双工或两个单工光纤连接器件及适配器连接1根2芯光缆。每一个工作区信息插座模块（电、光）数量不宜少于2个，并满足各种业务的需求。光纤信息插座模块安装的底盒大小应充分考虑到水平光缆（2芯或4芯）终结处的光缆盘留空间和满足光缆对弯曲半径的要求。信息插座安装方式分为嵌入式和表面安装式两种，用户可根据实际需要选用不同的安装方式以满足不同的需要。

2. 配线子系统设计

配线子系统（水平子系统）应由工作区的信息插座模块、信息插座模块至电信间配线设备（FD）的配线电缆和光缆、电信间的配线设备及设备线缆和跳线等组成。配线子系统的设计涉及网络拓扑结构、布线路由、管槽的设计、线缆类型的选择、线缆长度的确定、线缆布放和设备的配置等内容，它们既相对独立又密切相关，在设计中要考虑相互间的配合。

与用户沟通交流，进行用户需求分析，通过阅读建筑物设计图纸掌握建筑物的电气通道，重点了解在综合布线路径上的电气设备、电源插座、暗埋管线等。在设计施工前正确处理配线子系统布线与电路、水路、气路和电气设备的直接交叉或者路径冲突问题。

（1）配线子系统线缆选择

配线子系统线缆要依据建筑物信息系统的类型、容量、带宽或传输速率来确定。对于计算机网络和电话语音系统，应优先选择 4 对非屏蔽双绞线电缆；对于屏蔽要求较高的场合，可选择 4 对屏蔽双绞线；对于要求传输速率高、保密性要求高或电信间到工作区超过 90m 的场合，可采用室内多模或单模光缆直接布设到桌面的方案。

水平线缆是指从楼层配线架到信息插座间的固定布线，一般采用 100Ω 对绞电缆，水平电缆最大长度为 90m，配线架跳接至交换设备、信息模块跳接至计算机的跳线总长度不超过 10m，通信通道总长度不超过 100m。在信息点比较集中的区域，如一些较大的房间，可以在楼层配线架与信息插座之间设置集合点（CP 最多转接一次），但整个水平电缆最长 90m 的传输特性保持不变，配线子系统线缆长度要符合表 5-4 中的规定。

配线子系统线缆长度　　　　　　　　　　　　　　　　表 5-4

连接模型	最小长度（m）	最大长度（m）
FD-CP	15	85
CP-TO	5	—
FD-TO（无 CP）	15	90
工作区设备线缆	2	5
跳线	2	—
FD 设备线缆	2	5
设备线缆与跳线总长度	—	10

要计算整座楼宇的水平布线用线量，首先要计算出每个楼层的用线量，然后对各楼层用线量进行汇总即可。每个楼层用线量的计算公式如下：

$$C = [0.55(F + N) + 6] \times M \tag{5-1}$$

式中　C——每个楼层用线量，m；

　　　F——最远的信息插座离楼层管理间的距离，m；

　　　N——最近的信息插座离楼层管理间的距离，m；

　　　M——每层楼的信息插座的数量，个；

　　　6——端对容差（主要考虑到施工时线缆的损耗、线缆布设长度误差等因素）。

（2）配线子系统路由设计

配线子系统通常采用星形网络拓扑结构，它以楼层配线架（FD）为主节点，各工作区信息插座为分节点，二者之间采用独立的线路相互连接，形成以 FD 为中心向工作区信息插座辐射的星形网络。根据综合布线工程实施的经验来看，一般可采用三种布线方案，即直接埋管方式，先走吊顶内线槽再走支管到信息出口的方式，地面线槽方式。

3．干线子系统设计

干线子系统由设备间至电信间的主干线缆、安装在设备间的建筑配线设备及线缆和跳线组成，如图 5-19 所示。

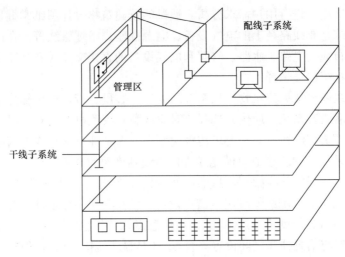

图 5-19 干线子系统

(1) 干线子系统线缆设计

根据建筑物的楼层面积、建筑物的高度、建筑物的用途和信息点数量来选择干线子系统的线缆类型。在干线子系统中可采用对绞电缆、多模光缆、单模光缆。目前干线子系统推荐选择光纤作为传输介质。

主干电缆和光缆所需的容量要求及配置：对于语音业务，大对数主干电缆应按每一个语音信息点（8位模块）配置1对线。当语音信息点（8位模块）通用插座连接ISDN（综合业务数字网络）用户终端设备，并采用S接口（4线接口）时，相应的主干电缆应按2对线配置，并在总需求线对的基础上至少预留10%的备用线对。

对于数据业务，主干线缆配置应符合下列规定：最小量配置，宜按集线器（HUB）或交换机（SW）群（宜按4个HUB或SW组群）设置一个主干端口，每一个主干端口宜考虑一个备份端口。最大量配置，按每个集线器（HUB）或交换机（SW）设置一个主干端口，每4个主干端口宜考虑一个备份端口。当主干端口为电接口时，每个主干端口应按4对线容量配置。当主干端口为光接口时，每个主干端口应按2芯光纤容量配置。

(2) 干线子系统路由设计

干线线缆的布线走向应选择最短、最安全和最经济的路由。路由的选择要根据建筑物的结构以及建筑物内预留的电缆孔、电缆井等通道位置而决定。建筑物内有两大类型的通道：封闭型和开放型。宜选择带门的封闭型通道敷设干线线缆。在大型建筑物内，通常使用的干线子系统通道是由一连串穿过配线间地板且垂直对准的通道组成，穿过弱电间地板的电缆井和电缆孔，如图5-20所示。

4. 设备间

设备间主要为安装配线设备（为机柜、机架、机箱等安装方式）和楼层计算机网络设备的场地，并考虑在该场地设置线缆竖井、等电位接地体、电源插座、UPS配电箱等设施。对综合布线系统工程设计而言，设备间主要安装总配线设备（BD和CD）。当信息通信设施与配线设备分别设置时考虑到设备电缆有长度限制的要求，安装总配线架的设备间与安装电话交换机及计算机主机的设备间之间的距离不宜太远。

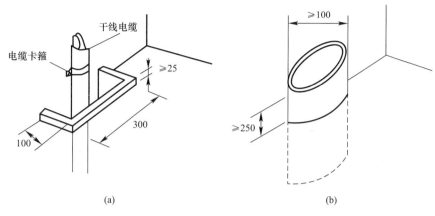

图 5-20 穿过弱电间地板的电缆井和电缆孔
(a) 电缆井；(b) 电缆孔

设备间的位置及大小应根据设备的数量、规模、最佳网络中心、网络构成等因素，综合考虑确定。每栋建筑物内应至少设置 1 个设备间，如果用户电话交换机与计算机网络设备分别安装在不同的场地，或根据安全需要，也可设置 2 个或 2 个以上的设备间，以满足不同业务的设备安装需要。

设备间宜处于干线子系统的中间位置，并考虑主干线缆的传输距离、敷设路由与数量；设备间宜靠近建筑物布放主干线缆的竖井位置；设备间宜设在建筑物的首层或楼上层。当地下室为多层时，也可设在地下一层；设备间应远离供电变压器、发动机和发电机、X 射线设备、无线射频或雷达发射机等设备以及有电磁干扰源存在的场所；设备间应远离粉尘、油烟、有害气体，以及存有腐蚀性、易燃、易爆物品的场所；设备间不应设置在厕所、浴室，或其他潮湿、易积水区域的正下方或毗邻的场所；设备间室内温度应该保持在 10~35℃，相对湿度应保持在 20%~80%之间，应采取满足设备可靠运行要求的对应措施。

5. 进线间

随着信息与通信业务的发展，进线间的作用越来越显得重要，进线间如图 5-21 所示。

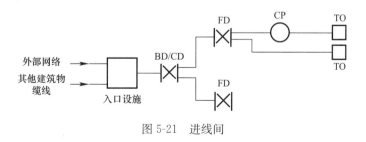

图 5-21 进线间

进线间的设计主要是入口管道和孔洞的预留。在单栋建筑物或由连体的多栋建筑物构成的建筑群体内应设置不少于 1 个进线间。进线间的线缆引入管管道孔数量应满足建筑物之间、外部接入各类信息通信业务、建筑智能化业务及多家电信业务经营者线缆接入的需求，并应留有不少于 4 孔的余量。进线间内应设置管道入口，入口的尺寸应该满足不少于 3 家电信业务经营者通信业务接入及建筑群布线系统和其他弱电子系统的引入管道管孔容量的需求。进线间应满足室外引入线缆的敷设与成端位置及数量、线缆的盘长空间和线缆的弯曲半径等要求,进线间面积不宜小于 10m²。

6. 管理子系统

管理子系统是针对设备间、电信间和工作区的配线设备及线缆等设施,按一定的模式进行标识和记录,内容包括管理方式、标识、色标、连接等。这些内容的实施将给今后维护和管理带来更大的方便,有利于提高管理水平和工作效率。特别是信息点数量较大和系统架构较为复杂的综合布线系统工程,如采用计算机进行管理,其效果将十分明显。

采用色标区分干线线缆、配线线缆或设备端口等综合布线的各种配线设备种类。同时,还应采用标签表明终接区域、物理位置、编号、容量、规格等,以便维护人员在现场一目了然地加以识别。其中电缆标记主要用来标明电缆来源和去处,在电缆连接设备前电缆的起始端和终端都应做好电缆标记。电缆标记由背面为不干胶的白色材料制成,可以直接贴到各种电缆表面上,其规格尺寸和形状根据需要而定。场标记又称为区域标记,一般用于设备间、配线间和二级交接间的管理器件之上,以区别管理器件连接线缆的区域范围。插入标记一般管理器件上,如 110 配线架、BIX 安装架等。插入标记是硬纸片,可以插在 1.27cm×20.32cm 的透明塑料夹里,这些塑料夹可安装在两个 110 接线块或两根 BIX 条之间。

对于管理子系统和设备子系统中配线架的管理,由于建筑类型、用途和规模的不同,可以采用单点管理单系统、单点管理双系统、双点管理双系统的方式。

(1) 单点管理交接方案

单点管理交接方案属于集中管理型,通常线路只在设备间进行跳线管理,其余地方不再进行跳线管理,线缆从设备间的线路管理区引出,直接连到工作区,或直接连至第二个接线交接区,如图 5-22 所示。

(2) 双点管理交接方案

双点管理交接方案属于集中、分散管理型,除在设备间设置一个线路管理点外,在楼层配线间或二级交接间内还设置第二个线路管理点,如图 5-23 所示。这种交接方案比单点管理交接方案提供了更加灵活的线路管

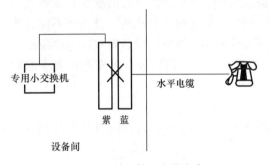

图 5-22 单点管理交接方案

理功能,可以方便地对终端用户设备的变动进行线路调整。

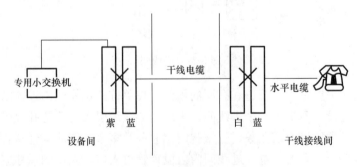

图 5-23 双点管理交接方案

7. 建筑群子系统

建筑群子系统的配线设备、建筑物之间的干线线缆、设备线缆和跳线等组成。建筑群子系统的作用是：连接不同楼宇之间的设备间，实现大面积地区建筑物之间的通信连接，并对电信公用网形成唯一的出、入端口。建筑群子系统主要应用于多栋建筑物组成的建筑群综合布线场合，单栋建筑物的综合布线系统可以不考虑建筑群子系统。建筑群子系统的设计主要考虑布线路由选择、线缆选择、线缆布线方式等内容。

建筑群子系统敷设的线缆类型及数量由综合布线连接应用系统种类及规模来决定。一般来说，计算机网络系统常采用光缆作为建筑群布线线缆，电话系统常采用 3 类大对数电缆作为布线线缆，有线电视系统常采用同轴电缆或光缆作为干线电缆。建筑群子系统的设计步骤如下：

（1）确定敷设现场的特点。确定整个建筑群的大小；建筑地界；建筑物的数量等。
（2）确定电缆系统的一般参数。所需电缆和光缆的规格型号，敷设路径等参数。
（3）确定建筑物的电缆入口。要根据选定的电缆路由去完成电缆系统设计，并标出入口管道的位置；选定入口管道的规格、长度和材料。建筑物电缆入口管道的位置应便于连接共用设备，根据需要在墙上穿过一根或多根管道。
（4）确定明显障碍物的位置。明确在拟定电缆路由中沿线的各个障碍位置。
（5）确定主电缆路由和备用电缆路由。
（6）选择所需电缆类型和规格。
（7）确定每种选择方案所需的劳务成本。
（8）确定每种选择方案所需的材料成本。
（9）选择最经济、最实用的设计方案。

5.3.4 工程实例

某三层办公楼采用光纤布线，用户接入点设于本建筑物一层的网络电话机房内，综合布线系统工程实例如图 5-24 所示。因每层建筑面积较大，每层均设置有 1～2 个电信间，电信间至教室或办公室的距离不超过 70m，水平配线子系统采用 6 类双绞线，敷设方式采用桥架明敷在教学楼走廊的吊顶内。设备间及进线间设置在一楼的总机房内，光纤接入及

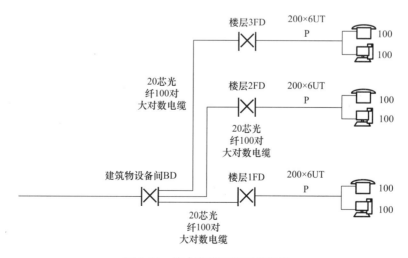

图 5-24 综合布线系统工程实例

光分路器等设备均设置在该机房内。

每层设置了 200 个信息点，电话与计算机网络各占 50%，即各为 100 个信息点。

电话部分：

（1）FD 水平侧配线模块按连接 100 根 4 对的水平电缆设置。

（2）语音主干电缆的总对数按水平电缆总对数的 25% 计，为 100 对线的需求；如考虑 10% 的备份线对，则语音主干电缆总对数需求量为 110 对。

（3）FD 干线侧配线模块可按卡接大对数主干电缆 110 对端子容量配置。

数据部分：

（1）FD 水平侧配线模块按连接 100 根 4 对的水平电缆配置。

（2）数据主干电缆：通常以每 1 个 SW 位 24 个端口计，100 个数据信息点需设置 5 个 SW；以每一台 SW（24 个端口）设置 1 个主干端口，另加上 1 个备份端口，共需设置 10 个主干端口。如主干线缆采用 4 对对绞电缆，每个主干电端口按 1 根 4 对对绞电缆考虑，则共需 10 根 4 对对绞电缆；如主干线缆采用光缆，每个主干光端口按 2 芯光纤考虑，则光纤的需求量为 20 芯。

（3）FD 干线侧配线模块可根据主干 4 对对绞电缆或主干光缆的容量加以配置。

配置数量计算得出以后，再根据电缆、光缆、配线模块的类型、规格加以选用，做出合理配置。上述配置的基本思路，用于计算机网络的主干线缆，可采用光缆；用于电话的主干线缆则采用大对数绞电缆，并考虑适当的备份，以保证网络的安全。由于工程的实际情况比较复杂，设计时还应结合工程的特点和需求加以调整应用。

5.4 系统测试

综合布线系统的测试内容主要包括信息插座到楼层配线架的连通性测试、主干线的连通性测试、跳线测试、电缆通道性能测试、光缆通道性能测试。线缆的测试类型有验证测试、认证测试。

1. 验证测试

验证测试又称随工测试，是边施工边测试，主要检测线缆的质量和安装工艺，及时发现并纠正问题，避免返工。验证测试不需要使用复杂的测试仪，只需要使用能测试接线通断和线缆长度的测试仪（验证测试并不测试电缆的电气指标）。在工程竣工检查中，发现信息链路不通、短路、反接、线对交叉、链路超长等问题占整个工程质量问题的 80%，这些问题应在施工初期通过重新端接、调换线缆、修正布线路由等措施来解决。

2. 认证测试

认证测试又叫验收测试，是通过能够满足特定要求的测试仪器并按照一定的测试方法对线缆传输信道包括布线系统工程的施工、安装操作、线缆及连接硬件质量等方面，按标准所要求的各项参数、指标进行逐项测试和比较判断是否达到某类或某级（如超 5 类、6 类、D 级）和国家或国际标准的要求。

5.4.1 测试标准与模型

常用的测试标准为美国国家标准学会制定的 TSB-67、EIA/TIA568-A 等。TSB-67 包含了验证 EIA/TIA568 标准定义的 UTP 布线中的电缆与连接硬件的规范。EIA（美国的电子工业协会）/TIA（电信工业协会）制定了 EIA568 和 TSB-67 标准，它适用于已安装好的双绞线连接网络，并提供一个用于认证双绞线电缆是否达到 5 类线所要求的标准。光纤测试的标准参考国际标准《光纤通信子系统基础测试程序 第 4-2 部分光缆设备、单模光纤的衰减》IEC 61280-4-2J 及《信息技术用户建筑物布缆的执行与操作 第 3 部分光纤布缆测试》IEC 14763-3 规定的测试方法和要求。

1. 综合布线工程的双绞线测试模型

综合布线工程的双绞线测试模型主要有三个：基本链路测试、永久链路测试、信道模式测试。

（1）基本链路包括三部分：最长为 90m 的在建筑物中固定的水平布线电缆、水平电缆两端的接插件（一端为工作区信息插座，另一端为楼层配线架）和两条与现场测试仪相连的 2m 测试设备跳线。基本链路模型如图 5-25 所示，图中 F 是信息插座至配线架之间的电缆，G、E 是测试设备跳线。F 是综合布线系统施工承包商负责安装的，链路质量由其负责，所以基本链路又称为承包商链路。

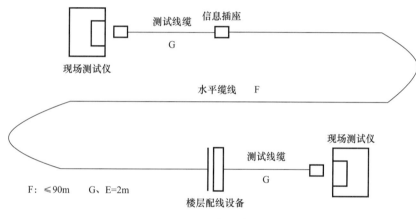

图 5-25 基本链路模型

（2）永久链路测试

永久链路又称固定链路，适用于测试固定链路（水平电缆及相关连接器件）性能，永久链路测试应符合图 5-26 所示。

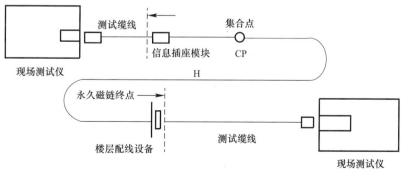

图 5-26 永久链路测试

永久链路连接方式由 90m 水平电缆和链路中相关接头（必要时增加一个可选的转接/

汇接头）组成。与基本链路方式不同的是，永久链路不包括现场测试仪插接线和插头，以及两端2m测试电缆，电缆总长度为90m，而基本链路包括两端的2m测试电缆，电缆总计长度为94m。

（3）信道模式

信道模式是在永久链路连接模型的基础上，包括工作区和电信间的设备电缆和跳线在内的整体信道性能。信道模式如图5-27所示。

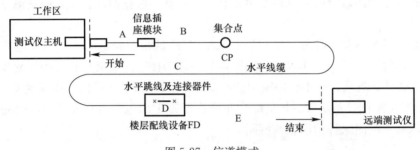

图5-27　信道模式

2. 光纤信道及链路测试

光纤信道和链路测试方法可采用单跳线测试方法、双跳线测试方法和三跳线测试方法。

（1）单跳线测试方法：校准连接方式如图5-28所示，信道测试连接方式如图5-29所示。

图5-28　单跳线测试校准连接方式

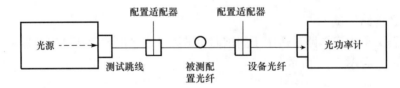

图5-29　单跳线信道测试连接方式

（2）双跳线测试方法：校准连接方式如图5-30所示，信道测试连接方式如图5-31所示。

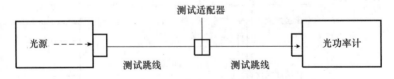

图5-30　双跳线测试校准连接方式

（3）三跳线测试方法：校准连接方式如图5-32所示，链路和信道测试连接方式如图5-33所示。

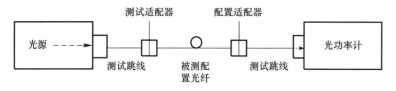

图 5-31 双跳线信道测试连接方式

图 5-32 三跳线测试校准连接方式

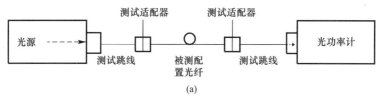

(a)

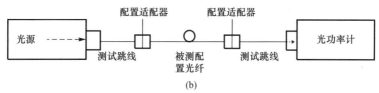

(b)

图 5-33 三跳线链路和信道测试连接方式
(a) 三跳线链路测试连接方式；(b) 三跳线信道测试连接方式

5.4.2 测试方法与参数

1. 测试双绞线布线

测试双绞线布线时根据选择的测试模型，选择好合适的测试仪，按照下述步骤进行测试。

（1）启动测试仪。

在使用测试仪之前，首先需要进行基准设置。基准设置程序可用于设置插入损耗及远端衰减串扰比（Attenuation Crosstalk Ratio-Far，ACR-F）、等电平远端串扰（ELFEXT）测量的基准。如果测试仪已经启动并处于同轴电缆模式，按 Y 切换到双绞线测试模式。

（2）将测试仪和线序适配器或 ID 定位器连至布线中，测试示意图如图 5-34 所示。测试将连续运行，直到更改模式或关闭测试仪。

2. 线缆类型及相关测试参数的设置

在用测试仪测试之前，需要选择测试依据的标准、选择测试链路类型（基本链路、永久链路、信道）、选择线缆类型（3 类、5 类、5e 类、6 类双绞线，或是多模光纤或单模光纤）。同时还需要对测试时的相关参数（如测试极限、NVP、插座配置等）进行设置。其中双绞线测试参数有以下内容：

（1）接线图的测试

接线图的测试（图 5-35）主要测试布线链路有无终接错误的一项基本检查，测试的接线图显示出所测每条 8 芯电缆与配线模块接线端子的连接实际状态。正确的线对组合为：1/2、3/6、4/5、7/8，分为非屏蔽和屏蔽两类，对于非 RJ-45 的连接方式按相关规定要求列出结果。

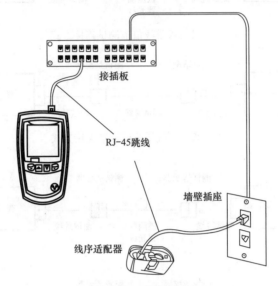

图 5-34　测试示意图

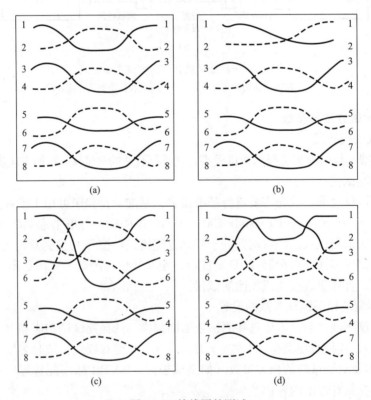

图 5-35　接线图的测试

(a) 正确连接；(b) 反向线对；(c) 交叉线对；(d) 串对

（2）长度。测试链路布设的真实长度，布线链路及信道线缆长度应在测试连接图所要求的极限长度范围之内。

（3）衰减测试，测试信号在被测链路传输过程中的信号衰减程度，单位为dB。

（4）近端串扰NEXT损耗测试，测试传送信号与接收同时进行的时候产生干扰的信号，是对双绞线电缆性能评估的最主要的标准。

超5类、6类双绞线测试在5类双绞线测试的基础上，增加了7项测试项目，具体如下：

① 特性阻抗测试，它是衡量由电缆及相关连接硬件组成的传输通道的主要特性之一。

② 结构回波损耗（Structured Return Loss，SRL）测试，用于衡量通道所用电缆和相关连接硬件阻抗是否匹配。

③ 等效式远端串扰测试，用于衡量两个以上信号朝一个方向传输时的相互干扰情况；

④ 综合远端串扰（Power Sun ELFEXT）测试，用于衡量发送和接收信号时对某根电缆所产生的干扰信号。

⑤ 回波损耗测试，用于确定某一频率范围内反射信号的功率，与特性阻抗有关；

⑥ 衰减串扰比（Attenuation crosstalk ratio，ACR）测试，它是同一频率下近端串扰NEXT和衰减的差值。

⑦ 传输延迟测试，它代表了信号从链路的起点到终点的延迟时间，两个线对间的传输延迟上的差异对于某些高速局域网来说是十分重要的参数。

5.4.3 测试仪器与结果分析

在综合布线工程测试中，经常使用的测试仪器有常见的通断测试仪、Fluke系列等测试仪用来双绞线布线的测试。光纤测试常用的仪器有Fluke DSP-4000系列的线缆测试仪（要安装相应的光纤选配件），AT&T公司生产的938系列光纤测试仪等。

1. 简易布线通断测试仪

如图5-36所示为电缆通断测试仪，包括主机和远端机，测试时，线缆两端分别连接到主机和远端机上，根据显示灯的闪烁次序就能判断双绞线8芯线的通断情况，但不能确定故障点的位置。这种仪器的功能相对简单，通常只用于测试网络的通断情况，可以完成双绞线和同轴电缆的测试。

2. Fluke DTX系列电缆认证分析仪

Fluke DTX系列中文数字式线缆认证分析仪有DTX-LTAP［标准型（350M带宽）］DTX-1200 AP［强型（350M带宽）］DTX-1800AP［强型（900M带宽），7类］几种类型可供选择。如图5-37所示为Fluke DTX-1800AP电缆认证分析仪。这种测试仪可以进行基本的连通性测试，也可以进行比较复杂的电缆性能测试，能够完成指定频率范围内衰减、近端串扰等各种参数的测试，从而确定其是否能够支持高速网络。这种测试仪一般包括两部分：基座部分和远端部分。基座部分可以生成高频信号，这些信号可以模拟高速局域网设备发出的信号。

在综合布线测试过程，会遇到测试项目未通过的情况，要有效地解决测试中出现的各种问题，需要根据测试仪器的结果认真分析测试参数。下面将介绍测试过程中经常出现的问题及相应解决办法：

图 5-36 电缆通断测试仪

图 5-37 Fluke DTX-1800AP 电缆认证分析仪

（1）接线图测试未通过的可能原因有：

双绞线电缆两端的接线线序不对，造成测试接线图出现交叉现象；对于这种情况，可以采取重新端接的方式来解决；

双绞线电缆两端的接头有断路、短路、交叉、破裂的现象；对于这样的现象，首先应根据测试仪显示的接线图判定双绞线电缆的哪一端出现了问题，然后重新端接；

某些网络特意需要发送端和接收端跨接，当测试这些网络链路时，由于设备线路的跨接，测试接线图会出现交叉。对于跨接问题，应确认其是否符合设计要求。

（2）链路长度测试未通过的可能原因有：

测试 NVP 设置不正确：可用已知的电缆确定并重新校准测试仪的 NVP；

实际长度超长，如双绞线电缆信道长度不应超过 100m；对于电缆超长问题，只能重新布设电缆来解决；

双绞线电缆开路或短路。首先要根据测试仪显示的信息，准确地定位电缆开路或短路的位置，然后重新端接电缆。

（3）近端串扰测试未通过的可能原因有：

双绞线电缆端接点接触不良；双绞线电缆远端连接点短路；双绞线电缆线对扭绞不良；存在外部干扰源影响；双绞线电缆和连接硬件性能问题，或不是同一类产品。

本 章 小 结

综合布线系统就如大楼内的神经，为现代建筑的系统集成提供了物理介质。本章主要介绍综合布线的发展、概念与相关标准；综合布线系统的结构、传输介质、连接部件、组成部分；综合布线系统工程设计原则、总体设计及各子系统的设计；系统测试标准与模型、参数及结果分析，并引入工程实例说明。

通过本章学习，应掌握综合布线的基本概念与国内外标准；掌握综合布线的模块化结构的划分，熟悉线管的设计规范；掌握各子系统设计要求与设计方法，布线系统中对各类线缆的长度要求，掌握线缆用量的工程计算方法和基本公式；熟悉综合布线系统测试模型和使用范围，了解基本的检测项目。应具有根据工程实际进行综合布线设计和测试的能力。

思考题与习题

1. 综合布线系统由哪几部分组成?各部分在建筑中处在什么位置?每部分的作用是什么?
2. 综合布线系统是如何划分等级的?各等级分别支持哪些应用?
3. 综合布线系统主要使用哪几种电缆?各有何特点?
4. 在综合布线系统中使用的双绞线如何分类?
5. 试说明 UTP、F/UTP、U/FTP、SF/UTP、S/FTP 代表的含义。
6. 光纤通信的优缺点有哪些?
7. 综合布线中的连接器件都有哪些?说明其用途。
8. 单模光纤和多模光纤有何区别?
9. 垂直布线有哪些介质?各自的特点是什么?
10. 在综合布线系统中使用的铜缆配线架有哪几种?各有何特点?
11. 综合布线系统设计的原则有哪些?
12. 工作区设计的主要内容有哪些?
13. 为什么水平子系统中线缆的长度规定不能超过 90m?
14. 已知某一楼层需要接入 100 个电话语音点,则端接该楼层电话系统的干线电缆的规格和数量是多少?
15. 已知某栋楼需要接入 500 个数据点,则端接该楼的干线选择什么传输介质,相应的规格和数量是多少?
16. 综合布线系统测试的主要参数有哪些?
17. 基本链路和永久链路的区别是什么?
18. 有哪些常用的综合布线测试仪表?
19. 光纤信道和链路测试方法有哪几种?

第6章 语音应用信息设施系统

语音应用信息设施系统包含用户电话交换系统与无线对讲系统,在学习用户电话交换系统过程中首先从用户电话交换系统的发展轨迹引出用户电话交换系统在当今信息时代的重要性,然后介绍了程控交换原理与电话通信网、IP电话和软交换的相关组成结构及工作原理,最后以工程实例介绍了用户电话交换系统相关设计。

6.1 用户电话交换系统

人类社会的一切活动都离不开信息的传递,在当今信息时代,信息传递的方式日新月异,但是在所有的通信方式中,电话通信应用最为广泛。

自1876年美国人贝尔发明电话以来,电话交换技术一直处于飞速的变革和发展之中随着电话数量的增加,电话网络变得越来越庞大。在这庞大的网络中,有一种设备是不可缺少的,那就是用户电话程控交换机。用户电话程控交换机是进行内部电话交换的一种专用交换机,其基本功能是完成单位内部用户的相互通话,也可以通过出入中继线与公用电话网(Public Switched Telephone Network,PSTN)相连接。由于这类交换机可根据用户需要增加若干附加性能以提供使用上的方便,因此这类交换机具有较大的灵活性。另外用户交换机在各单位分散设置,更靠近用户,因而缩短了用户线距离,节省了用户电缆;同时用少量的出入中继线接入市话网,起到话务集中的作用。因此在公用网建设中,用户交换机起着重要的作用。

伴随着Internet的不断发展,网络中的信息量在不断增长,基于Internet的IP电话(Voice over IP,VoIP)应运而生。经过多年的技术积累,将话音转换为IP数据报的技术变得更为实用和经济。此外,集成电路技术的高速发展,使得IP电话的核心部件数字信号处理器的价格也大幅度下降。IP电话发展至今已由初期的IP电话软件时期进入到IP电话网关时期。VoIP技术已从具有话音服务的PC初级产品和仅限定在IP网络内部范围发展到具有多业务、高可靠性以及较好服务质量的含话音、传真、数据传送功能的电信业务。

随着通信技术的不断发展和计算机技术不断地向电信领域的渗透,用户电话交换机已经由原有的普通数字程控交换机(Private branch exchange,PBX)和具有窄带综合业务数字网(Internet Security Device Network,ISDN)功能的数字程控用户交换机(Integrated Services PBX,ISPBX),发展到具有可支持互联网协议的IP分组交换用户电话交换机(IP PBX),以及到现在较为主流的以太网络控制与承载相分离的具有软交换架构的用户电话交换机,用户单元可根据自身实际的使用需求进行功能选择与配置。

6.1.1 程控交换原理与电话通信网

1. 程控交换原理

用户电话交换机的主要任务是实现用户间通话的接续,划分为两大部分:话路设备和控制设备。话路设备主要包括各种接口电路（如用户线接口和中继线接口电路等）和交换网络；控制设备包括中央处理器（Central Processing Unit，CPU）、存储器和输入/输出设备。程控交换机基本组成如图 6-1 所示。

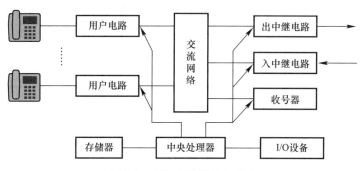

图 6-1　程控交换机基本组成

程控交换机实质上是采用计算机进行"存储程序控制"的交换机，它将各种控制功能和方法编成程序存入存储器，通过对外部状态的扫描数据和存储程序来控制、管理整个交换系统的工作。

交换网络的基本功能是根据用户的呼叫要求，通过控制部分的接续命令，建立主叫与被叫用户间的连接通路。在纵横制交换机中它采用各种机电式接线器（如纵横接线器、编码接线器，笛簧接线器等）。在程控交换机中目前主要采用由电子开关阵列构成的空分交换网络和由存储器等电路构成的时分接续网络。

用户电路的作用是实现各种用户线与交换机之间的连接，通常又称为用户线接口电路。根据交换机制式和应用环境的不同，用户电路也有多种类型；对于程控数字交换机来说，目前主要有与模拟话机连接的模拟用户线电路及与数字话机即数据终端（或终端适配器）连接的数字用户线电路。

出入中继电路是中继线与交换网络间的接口电路，用于交换机中继线的连接。其功能与电路所用的交换系统的制式及局间中继线信号方式有密切的关系。

控制部分是程控交换机的核心，其主要任务是根据外部用户与内部维护管理的要求。执行存储程序和各种命令，以控制相应硬件实现交换及管理功能。

程控交换机控制设备的主体是微处理器，通常按其配置与控制工作方式的不同，可分为集中控制和分散控制两类。为了更好地适应软硬件模块化的要求，提高处理能力及增强系统的灵活性与可靠性，目前程控交换系统的分散控制程度日趋提高，已广泛采用部分或完全分布式控制方式。

当用户在使用程控交换机网络中的电话时，每次通话都要分为：摘机、拨号、通话和挂线这四个步骤。下面介绍这四个步骤中程控交换机的工作流程。程控交换机基本工作流程如图 6-2 所示。

当用户每次摘机时，用户向程控交换机发出请求，由用户电路将检测到的请求信号呼叫给控制设备，控制设备通过接口单元利用交换网络为用户分配一条线路，同时通过用户电路给用户发出拨号音并分配收号器。

用户在听到拨号音后，利用电话上的双音多频（Dual Tone Multi Frequency，DTMF）拨

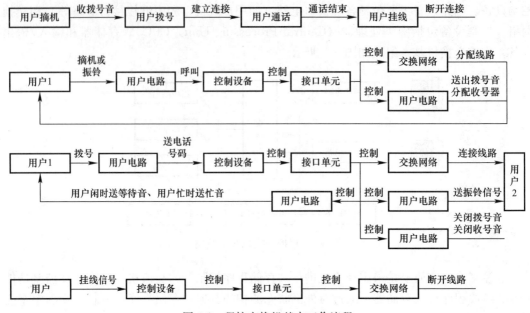

图 6-2 程控交换机基本工作流程

号器将要呼叫的电话号码通过用户电路传递给控制设备,然后控制设备通过接口单元控制交换网络将主叫用户与被叫用户的线路相连接,并通过用户电路向被叫用户发出振铃信号,同时主叫用户听到提示音:如果被叫用户处于空闲状态时,主叫用户听到的是等待音;如果被叫用户处于忙状态时,主叫用户将听到忙音。当线路连接成功后,程控交换机将关闭拨号音和收号器。

当被叫用户听到振铃信号并摘机后,主叫用户和被叫用户的话音信道就搭建成功,双方可以使用这条信道进行语音通话或数据传输(如传真等)。

当通话双方的任意一方挂线时,用户向程控交换机中的控制设备发出挂线信号,这时控制设备将控制交换网络断开通话双方的线路,并向未挂线的一方发出忙音信号,标志着本次通话结束。

2. 电话通信网

电话通信网是进行交互型话音通信,开放电话业务的电信网,简称电话网。它是一种电信业务量最大,服务面积最广的专业网,可兼容其他许多种非话业务网,是电信网的基本形式和基础,包括本地电话网、国内长途电话网和国际长途电话网。

本地电话网是指在一个同一号码长度的编号区内,由端局、汇接局、局间中继站、长话中继线、用户线和电话机组成的电话网。

国内长途电话网是指全国各城市之间用户进行长途通话的电话网,网中各城市都设置一个或多个长途电话局,各长途电话局间由各级长途线路连接。

国际长途电话网是指将世界各国的电话网相互连接起来,进行国际通话的电话网。为此,每个国家都需设一个或几个国际电话局进行国际去话和来话的连接。一个国际长途电话网实际上是由发话国的国内网部分、发话国的国际电话局、国际电路、受话国的国际电话局和受话国的国内网等几部分组成。

目前我国电话网分为 3 级。其中,DC1 为省交换中心,DC2 为长途交换中心,C5 为本地网端局，如图 6-3 所示。

图 6-3 中，DC1 为省交换中心，负责汇接所在省的省际长途来去话和所在本地网的长途终端话务。DC1 一般设在省会城市，若话务量高，可以在同一城市设置两个或两个以上 DC1。DC2 为一般长途交换中心，通常设在地（市）本地网的中心城市，用于汇接本地网的长途终端话务。长途话务量较大的省会城市也可设置 DC2，在有高话务量要求时，同一城市还可设置两个以上的 DC2。

通信网是由交换设备和传输设备构成的，其功能是将各种电信业务（包括电话业务、数据业务、图像业务等）在各个终端之间交换和传输。迄今为止，电信业务中的主要成分仍然是电话业务，因而以电路交换为特征的电话交换机仍是通信网中主要的交换设备。在电话交换机中，话务量和呼叫处理能力是衡量交换机性能的两项十分重要的指标。

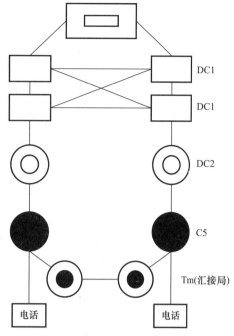

图 6-3 我国电话网的分级结构

3. 话务量的基本概念

通信网中，在设计电话局交换设备（交换网络）及局间中继线设备数量时，主要根据这些设备所要承受的电话业务量及规定的服务质量指标。为此，在实际应用中引入了电话业务量，简称话务量。话务量是反映电话用户在电话通信使用上的数量要求。在满足一定服务质量指标的前提下，话务量越大，则需要的通信设备就越多；反之，话务量越小，需要的通信设备也就越少。话务量取定是否正确，亦即是否合乎实际情况，这直接关系到投资的大小及用户的服务质量的好坏。通过对话务量的研究，可使得在配置交换机时做到既能满足一定的服务质量，又能使投资成本趋于经济合理。

（1）影响话务量大小的因素

时间范围：时间范围又称为考察时间。由于话务量是反映用户在电话通信使用上的数量要求，所以话务量在数值上的大小，与所考察时间的长短成正比。考察时间越长则话务量也就越大；反之，话务量也就越小。

呼叫强度：呼叫强度是指单位时间内平均发生的呼叫次数。一般单位时间通常定义为 1h。单位时间内发生的呼叫次数越多，则话务量就越大。其中，话务量最繁忙的一个小时，称为"忙时话务量"。

占用时长：占用时长亦称为每次呼叫占用的时间。在相同的考察时间和呼叫强度条件下，每次呼叫所占用的时间越长，则话务量应越大。

实际上，时间范围、呼叫强度以及占用时长这三个因素综合作用的结果。在电话局内表现为设备的繁忙程度。

（2）话务量的计算

由于话务量既和用户呼叫次数有关，又和每次呼叫的占用时间有关，因此，话务量的基本公式是：
$$A = C \cdot T \tag{6-1}$$

式中 A——话务量，Erl；

C——单位时间内（一般为1h）平均发生的呼叫次数，个；

T——每次呼叫的平均占用时间，h。

话务量的单位为"爱尔兰"（Erlang）或"小时呼"。例如，某交换系统1h内总共发生250次呼叫，平均呼叫占用时间为3min，则在这1h内该系统所承受的话务量为：
$$A = C \cdot T = 250 \times 3/60 = 12.5 \text{Erl}$$

（3）话务统计基本概念

话务统计数据：通过在呼叫的各个阶段设置大量的计数器，最后经过汇总、计算、综合得出系统的各种统计数据。话务统计的方法包括：

1）对中继群的话务统计，最重要的有三个指标：

① 呼叫接通率，呼叫接通率＝成功的呼叫次数/呼叫总次数。

② 网络接通率，网络接通率＝到达被叫终端或用户端的占用次数/总占用次数。

③ 每线话务量，在双向中继中，每线话务量＝（发话话务量＋入话话务量）/中继线数量。

2）对去话目的码进行话务统计

对按目的码进行话务统计主要包括：目的码、试呼次数、占用次数、成功呼叫次数、应答次数、话务量等。

6.1.2 IP电话和软交换

1. IP电话

IP电话是一种利用Internet技术进行语音通信的业务。是通过语言压缩算法对语音信息进行压缩编码处理，然后把这些语音数据按TCP/IP标准进行打包，经过网络把数据包发送到接收地，接收端把这些语言数据包串起来，经过解码压缩处理后恢复成原来的语音信号，从而达到由互联网传送语音的目的。IP电话系统有四个基本组件：终端设备、网关、网守和多点接入控制单元（Multi-access control unit，MCC）。

终端设备是一个IP电话客户终端，能直接连接在IP网上进行实时的语音或多媒体通信。

网关是通过IP网络提供语音通信的关键设备，是IP网络和电路交换网PSTN、ISDN/PBX/GSM之间的接口设备，它完成语音压缩（将64kbps的语音信号压缩成低码率语音信号）及寻址与呼叫控制，并具有将IP网络接口和电路交换网互联的功能。

网守也称网闸，是IP的网络管理者，负责用户注册、管理、计费等功能。

多点接入控制单元（MCU）的功能是在两个用户进行通信时，完成用户数据流的连接和语音信息流的混合。同时它能利用IP网络实现多点通信，使IP电话能够支持网络会议、视频会议这样的多点应用。

IP电话的工作过程包括语音的数字化、数据压缩、数据打包、解压及解压缩、语言恢复等步骤：

语音的数字化：发话端的模拟信号经过PSTN送到发端的IP网关上，然后利用数字处理（如脉冲编码调制）设备对语音进行数字化。

数据压缩：数据压缩系统分析数字化后的信号，判断信号里包含的是语音、噪声还是语音空隙，然后丢掉噪声和语音空隙信号进行压缩。

数据打包：由于收集语音数据及压缩过程需要一段时间（时间延迟），为了能保障数据分块传输，则必须进行打包，且打包时加入协议信息，如每个数据包中应包含一个目的地址、包顺序号以及数据校验信息等。

解压及解压缩：当每个包达到目的地主机（网关、服务器或用户）时，检查该包的序号并将其放到正确位置，然后利用解压缩算法来尽量恢复原始信号数据。

语言恢复：由于互联网的原因，在传输过程中有相当一部分包会被丢失或延迟传达，它们是导致通话质量下降的根本原因。

IP 电话利用语音数据集成与语音分组技术相结合的经济优势，迎来一个新的网络环境，这个新环境提供了低成本、高灵活性、高生产率及效率的增强应用等优点。

分组网络的高效率和在统计学上随数据分组多路复用语音数据流的能力，允许最大限度在数据网络基础设施上获得投资的回报。而把语音数据流放到数据网络上也减少了语音专用线路的数目，这些专用线路的价格往往很高。局域网（Local Area Network，LAN）、城域网（Metropolitan Area Network，MAN）和广域网（Wide Area Network，WAN）环境中千兆以太网、密集波分多路复用等新技术的实现，以更低的价位为数据网络提供更多的带宽。同样，与标准的时分复用（Time Division Multiplexing，TDM）连接相比，这些技术提供了更好的性价比。

2. 软交换

随着通信网络技术的飞速发展，人们对于宽带及业务的要求也在迅速增长，为了向用户提供更加灵活、多样的现有业务和新增业务，提供给用户更加个性化的服务，提出了下一代网络的概念，软交换技术又是下一代通信网络解决方案中的焦点之一，已成为近年来业界讨论的热点话题。

软交换的概念是从 IP 电话的基础上逐步发展起来的，当时在企业网络环境下，用户采用基于以太网的电话，通过一套基于 PC 服务器的呼叫控制软件（CallManager、CallServer），实现 PBX 功能（IPPBX）。对于这样一套设备，系统不需单独铺设网络，而只通过与局域网共享就可实现管理与维护的统一，综合成本远低于传统的 PBX。由于企业网环境对设备的可靠性、计费和管理要求不高，主要用于满足通信需求，设备门槛低，许多设备商都可提供此类解决方案，因此 IP PBX 应用获得了巨大成功。受到 IP PBX 成功的启发，为了提高网络综合运营效益，网络的发展更加趋于合理、开放，更好地服务于用户，提出这样一种思想：将传统的交换设备部件化，分为呼叫控制与媒体处理，二者之间采用标准协议（MGCP、H248）且主要使用纯软件进行处理，于是，SoftSwitch（软交换）技术应运而生。

国际互联网工程任务组（IETF）在 RFC2719 中提出了一个网关分解模型，将网关的模型分解为信令网关（Signaling Gateway，SG）、媒体网关（Media Gateways，MG）、媒体网关控制器（Media Gateway Controllers，MGC）3 个功能实体，如图 6-4 所示。

媒体网关（MG）负责电路交换网和分组网络之间媒体格式的转换。信令网关（SG）：负责信令转换，即将电路交换网络的信令消息转换成分组网络中的传送格式。媒体网关控制器（MGC）：负责根据收到的信令控制媒体网关的连接建立与释放、媒体网关内部的资源等。

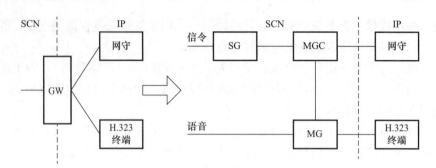

图 6-4 网关功能分解模型

软交换的基本含义就是将呼叫控制功能从媒体网关（传输层）中分离出来，通过软件实现基本呼叫控制功能，从而实现呼叫传输与呼叫控制的分离，为控制、交换和软件可编程功能建立分离的平面。软交换主要提供连接控制、翻译和选路、网关管理、呼叫控制、带宽管理、信令、安全性和呼叫详细记录等功能。与此同时，软交换还将网络资源、网络能力封装起来，通过标准开放的业务接口和业务应用层相连，可方便地在网络上快速提供新的业务。

实际上软交换的概念有狭义与广义之分。狭义上的软交换是指用于完成呼叫控制与资源管理等功能的软件实体，也称为软交换机或软交换设备，位于下一代网络（Next Generation Network, NGN）的控制层面，是 NGN 的核心控制设备。采用软交换技术也是 NGN 的显著特征之一。而广义的软交换，是指以软交换设备为控制核心的 NGN，也称为软交换网络。它包括了软交换网络的各个层面。

在《软交换设备总体技术要求》YD/T 1434—2006 规范中，对于软交换设备的定义是：它是电路交换网络向分组网演进的核心设备，也是下一代电信网络的重要设备之一。它独立于底层承载协议，主要完成呼叫控制、媒体网关接入控制、资源分配、协议处理、路由、认证、计费等主要功能，并可以向用户提供现有电路交换机所能提供的业务及多样化的第三方业务。

软交换网络是一个分层的、全开放的体系结构，它包含 4 个相互独立的层面，分别是接入层、传送层、控制层和业务层。

接入层为各类终端提供访问软交换网络资源的入口，这些终端需要通过网关或智能接入设备接入到软交换网络。传送层（也称为承载层）透明传递业务信息，是采用以 IP 技术为核心的分组交换网络。控制层主要功能是呼叫控制，即控制接入层设备，并向业务层设备提供业务能力或特殊资源。控制层的核心设备是软交换机，软交换机与业务层设备、接入层设备之间采用标准的接口或协议。业务层主要功能是创建、执行、管理软交换网络的增值业务，其主要设备是应用服务器，还包括其他一些功能服务器，如鉴权服务器、策略服务器等。

软交换系统主要由媒体网关设备、媒体服务器、信令网关设备、应用服务器及智能终端等设备组成，其中媒体网关设备，位于接入层，其主要功能是媒体网关将一种网络中的媒体转换成另一种网络所要求的媒体格式。它提供多种接入方式，如模拟用户接入、ISDN 接入、中继接入、VDSL 接入、以太网接入、移动接入等。媒体网关的主要功能包括：语音处理功能、多呼叫处理与控制功能、资源控制与汇报功能、维护管理功能、服务质量

（Quality of Service，QoS）管理功能、统计信息收集与汇报功能。

媒体服务器主要负责提供各种共享媒体资源，以及对多媒体通信时的各种音频、视频以及数据媒体进行集中处理。

信令网关设备，位于接入层，其功能是实现各种信令与 IP 网络的互通，包括用户信令和局间信令的互通。

应用服务器是软交换网络的重要功能组件，负责各种增值业务的逻辑产生及管理，网络运营商可以在应用服务器上提供开放的 API 接口，第三方业务开发商可通过此接口调用通信网络资源，开发新的应用。

智能终端（IP Terminal）：顾名思义就是终端具有一定的智能性，目前主要指 H.323 终端和 SIP 终端两种，如 IP PBX、IP Phone、PC 等。引入智能终端的目的是开发新的业务和应用。正是有了相对智能的终端，才有可能实现用户个性化的需要。

除上述设备外还存在其他支撑设备。如 AAA 服务器、大容量分布式数据库、策略服务器（Policy Server）等，它们为软交换系统的运行提供必要的支持。

软交换网络一个很重要的特点就是开放性，这主要体现在软交换网络的各个元素之间采用开放的协议进行通信。由于软交换网络的网元众多，自然协议也很多，主要通过媒体网关控制器（MGC）对整个网络加以控制，包括监视各种资源并控制所有连接、负责用户认证和网络安全；作为信令消息控制源点和终点，发起和终止所有的信令控制，并且在需要时进行对应的信令转换，以实现不同网络间的互通。

软交换用户电话交换机包括软交换机和网关设备。其中，网关设备分为接入网关、中继网关、接入/中继网关、综合接入网关。接入网关可接 PSTN 终端、ISDN 终端；中继网关实现与公用电话网的中继器连接；接入/中继网关是接入网关和中继网关的混合网关类设备，即可带 PSTN 终端、ISDN 终端，并与公用电话网的中继器连接；综合接入网关相对于其他网关来说容量较小，可带 PSTN 终端、ISDN 终端和 IP 终端，也可以实现与公用电话网的中继器连接。一个软交换机可带一个或多个网关设备，多个网关设备可同址，也可异地。如图 6-5 所示为软交换用户电话交换机系统结构及接口示意图。

6.1.3 电话交换系统设计

1. 程控电话交换机系统设计

建筑物内电话通信系统，目前广泛使用暗敷设方式。一经安装后比较固定，因此其设计方案需要充分研究、周密考虑，应与房屋建筑设计同步进行。

（1）确定电话用户的数量

电话用户数量应以建设单位提供的要求为依据，并结合智能建筑内部包括生活管理、办公服务、公共设施等功能方面的实际需要，以及建筑物的类别、使用性质、应用对象、用户近期初装容量及远期容量综合考虑确定。

当建设单位缺乏具体用户数量而今后又有可能发展时，应根据智能建筑中用户最终应用对象的性质以及远期发展的状态来确定。一般可按初装电话机容量的 130%～160% 考虑。

例如，对于综合商贸中心，商场办公室可参照一般办公室进行设计，而商场部分一般在柜台的收银台设电话终端信息点，用于电话或收银点 POS 机数据通信，设计时可在商场的驻角处设置备用点。医院办公室可参照一般的办公室进行设计；医疗区一般在值班室

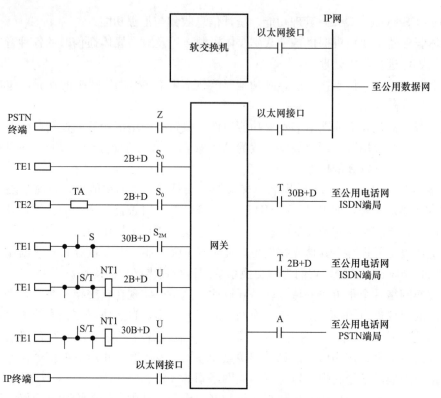

图 6-5 软交换用户电话交换机系统结构及接口示意图
注：NT1：网络终端 1；TA：适配器；TE1：ISDN 终端；TE2：非 ISDN 终端。

或科室主任处设电话信息点。同时，根据用户需要和当地经济发展情况，在监护病房处应适当考虑设置若干电话信息点。新闻、金融机构办公室，可参照一般办公室进行设计；职能部门、人员集中的部门，宜根据面积平均设置电话点。住宅、公寓、一般客房，通常每一户设置一个电话信息点，安装外线或内线。

(2) 确定程控用户数字交换机容量

如果采用用户电话交换机（PBX），这台交换机被称为总机，与它连接的电话机被称为分机。如果电话直接连到电话局的交换机上，这样的电话被称为直拨电话。一台交换机可以接入电话机的数量以门为单位计量，如 200 门交换机、800 门交换机。

确定交换机容量时应从两个方面考虑：一方面是考虑实装内线分机的限额，另一方面是考虑中继线的数量及其与传输设备的配合。确定用户交换机实装内线分机限额的原则是取交换机容量门数的 80% 为实装内线分机的最高限额（如 100 门用户交换机时装最高限额为 80 门内线分机），即实装率为 80%。由于数字用户交换机采用全分散控制方式全模块化结构，所以扩容比较容易，因而在设计容量时，用户交换机的长远容量不必设计得过大。在实际设计过程中，用户交换机的中继线数量一般按总计容量的 15% 左右考虑。

对于商用大楼，包括商贸中心、酒店以及综合性大楼建筑，交换机的初装容量和终装容量计算如下：

$$a = 1.3 \times b + c \tag{6-2}$$

式中　a——初装容量，门；
　　　b——目前所需电话数，门；
　　　c——3～5 年内的近期增容数，门。

当缺乏近期资料时，可参考同类性质的工程或企事业单位的实际需要情况，以及国家有关部门制订的电话普及率的规划指标确定，即：

$$d = 1.2 \times (b + e) \tag{6-3}$$

式中　d——终装容量，门；
　　　b——目前所需电话门数，门；
　　　e——10～20 年后的远期发展总增容数，门。

程控数字用户电话交换机的远期容量，应根据智能建筑业主的发展规划及城市远期电话普及率指标确定。当缺乏上述资料时，可按近期的 150%～200%确定。

（3）中继电路与链路计算

1）用户线路确定

用户电话交换系统近期用户线容量宜按实际工位、人员数量或开放业务的信息点数量确定，远期可按信息点总数量或预测的人员数量确定。

2）业务基础数据确定

业务基础数据应对历史数据调查、统计、计算和分析后确定，当历史数据无法获取时，业务基础数据参照表 6-1，话务流向、流量分配比例参照表 6-2（引自《用户电话交换系统工程设计规范》GB/T 50622—2010）。

业务基础数据表　　　　　　　　　　　表 6-1

每线话务量		取值
PSTN 终端/IP 终端双向话务量	大话务量（Erl）	0.20
	中话务量（Erl）	0.16
	小话务量（EH）	0.12
ISDN 终端双向话务量（Erl）		0.30
调度终端话务量（EH）		0.20
中继线话务量（EH/条）		0.70

话务流向、流量分配比例　　　　　　　表 6-2

话务流向、流量分配比例		取值
本局话务量比例		60%
出局话务量比例（40%）	至公网话务量比例	40%
	至专网其他局话务量比例	60%

3）中继电路与信令链路计算

用户电话交换机与公用电话网之间的中继电路类型与数量，应按中继方式、用户规模和取定的业务基础数据等进行设置与计算，并符合下列规定：

用户电话交换机配置的中继线数量，应按出局话务量和中继线话务量计算取整后得出。中继线（64kbps）数量按下式计算：

$$f = g \times h \times j / k \tag{6-4}$$

式中 f——中继线,条;

g——用户线,条;

h——单机话务量,Erl;

j——出局话务量,Erl;

k——中继线话务量,Erl。

用户电话交换机与公用电话网端局间中继线数量,应按照公网话务比例对出局话务量进行分配后,按式(6-4)计算得出。

当用户电话交换机容量为2000门及以下时,与公用电话网端局间中继线数量宜按表6-3的规定确定(引自《用户电话交换系统工程设计规范》GB/T 50622—2010)。

2000门及以下用户电话交换机与公用电话网端局间中继线和中继电路数量　　表6-3

序号	用户线(门)	中继线(64kbps)(条)	中继电路(2048kbps)(条)
1	100以下	15	1
2	300	45	2
3	500	75	3
4	1000	150	5
5	1500	225	8
6	2000	300	10

专网内存在多个用户电话交换系统及其他通信系统时,专网汇接局对公用电话网的汇接话务量应包括用户电话交换系统、调度系统、会议电话系统和呼叫中心等与公用电话网之间发生呼叫的话务量。与公用电话网端局间中继线数量,应以转接的总话务量按式(6-4)进行计算。

专网内各通信系统与公用电话网端局间采用数字中继连接时,中继电路和信令链路数量确定应符合下列规定:

中继电路数量应按下式计算:

$$u = f/30 \tag{6-5}$$

式中 u——中继电路,条。

与公用电话网端局间信令链路应采用随路信令,由中继电路T16时隙(64kbps)或D通道疏通,信令链路数量取定应符合下列规定:与公用电话网端局间设置一条64kbps信令链路,即可满足2000条话路同时通信。考虑信令链路的备份,也可设置2条64kbps信令链路,并设置在不同中继电路中。

专网内中继线数量和信令链路数量应符合下列规定:

用户电话交换机之间的中继线数量,应按至专网其他局话务量比例对出局话务量进行分配后,按式(6-4)计算得出。

2. 用户电话交换系统机房的选址与设置

(1) 电话机房站址的选择

电话机房站址的选择,除应尊重业主的意见外,还须遵循如下原则:

单体建筑的机房宜设置在裙房或地下一层(建筑物有多地下层时),同时宜靠近信息接入机房、弱电间或电信间,并方便各类管线进出的位置;不应设置在建筑物的顶层。

群体建筑的机房宜设置在群体建筑平面中心的位置。

当建筑物为自用建筑并自建通信设施时,机房与信息网络机房可统筹设置。

机房按功能分为交换机室、控制室、配线室、电源室、进线室、辅助用房,以及用户电话交换机系统的话务员室、调度系统的调度室、呼叫中心的座席室。

电源室宜独立设置;当机房内各功能房间合设时,用户电话交换系统的话务员室、调度系统的调度室或呼叫中心的座席室与交换机室之间应设置双层玻璃隔墙。

机房应按照各自系统工作运行管理方式、系统容量、设备及辅助用房规模等因素进行设计,其总使用面积应符合系统设备近期为主、远期扩容发展的要求。

机房不应设置在厕所、浴室或其他潮湿、易积水场所的正下方或与其毗邻。机房应远离强振动源和强噪声源的场所,当不能避免时,应采取有效的隔振、消声和隔声措施。机房应远离强电磁场干扰场所,当不能避免时,应采取有效的电磁屏蔽措施。

(2) 机房面积

参照《数据中心设计规范》GB 50174—2017,对程控电话机房面积进行相应的设置,如表6-4所示。

程控电话机房面积　　　　表6-4

程控交换机门线数	电话机房预期面积（m^2）	电话机房最小宽度（m）
500~800	60~80	5.5
1000	70~90	6.5
1600	80~100	7.0
2000	90~110	8.0
2500	100~120	8.0
3000	110~130	8.8
4000	130~150	10.5

(3) 程控电话机房各房间分布要求

200门及以下容量的程控交换机房,可分为交换机室、转接台及维修间。400~800门容量的程控交换机房应设有配线架室、交换机室、转接台室、蓄电池室、维修间、库房,如有条件应设值班室。

(4) 程控交换机房的电源配置要求

程控交换机房的电源为一级负荷,在程控交换机机房内宜设置专用配电箱。程控交换机主机电耗可参考下列指标确定:

1) 1000门以下每门按2.5W计算。

2) 1000门以上时大于1000门的数量每门按2W计算。

3) 其他附加设备电负荷另行计算。

机房宜采用不间断电源供电,其蓄电池组连续供电时间应符合下列规定。

当建筑物内设有发电机组时,蓄电池组的初装容量应满足系统0.5h的供电时间要求;

当建筑物内无发电机组时,根据需要蓄电池组应满足系统0.5~8h的放电时间要求;

当电话交换系统对电源有特殊要求时,应增加电池组持续放电的时间。

(5) 程控交换机房的防雷及接地保护

1) 雷电灾害的分类和预防原则

目前,在防雷系统设计上,执行的是《民用建筑电气设计标准》GB 51348—2019。

2）防雷主要的应对措施

完善的接地系统是防雷体系中最基本的，也是最有效的措施。按照"接地"的作用不同，我们可以将"地"分成"工作地""保护地"和"防雷地"等形式。如果通信系统的"工作地""保护地"和"防雷地"是分别安装，互不连接，自成系统，称作"分设接地系统"。如果三者合并设在一起，形成一个统一接地系统，称为"合设接地系统"。合设接地系统消除了不同接地点可能存在的电位差，在发生雷击时，可以较好地抑制不同接地点之间发生的放电现象。

程控交换机的接地及其所在整栋建筑的接地很重要。按国家标准《建筑物防雷设计规范》GB 50057—2010规定，重要的电信建筑物接地电阻应在1Ω以下。若接地不符合要求，当交换机受到强电力干扰或雷击时，可能会造成严重的伤机事故。

在实际布线过程中，采用类似"分散接地"的布线方式，即工作地线和保护地线都从地线排上引出，两种地线不直接就近相连，如图6-6所示。其优点是当雷电流流过接地网时，雷电流只纵向流动，即使存在接触不良的接点，也不会造成横向干扰。

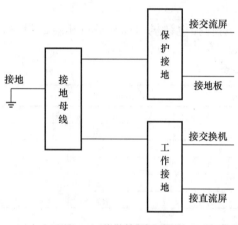

图6-6 分散接地示意图

交换机的接地处理：用一根135mm²的多股铜芯导线，单独连接到接地线线排上。具体措施是：不直接与交换机的正极就近相连，也不将机柜与带正极的缆、线随机连接；机柜与高架地板及底座的接触部分都进行绝缘处理，相当于采用了"悬浮接地"方式，以防止相近面层的静电及建筑物的杂散电流串入机柜，对通信造成干扰。

合理的布线：程控交换机的布线是一项专业性很强的工作，其布线方案，在设计阶段就应该考虑到雷电安全问题。布线工作包括程控交换机的中继线、内线、电力供电线、室内接地线等。其中，交换机的传输网络在室外采用架空和埋地两种方法。其中对架空线缆应把电话线或电缆在入室前埋地，埋地长度按 $l \gg 2\sqrt{\rho}$ (m) 来计算，但不宜小于15m。式中，ρ 为埋地电缆处的土壤电阻率（Ω·m）。埋地一般是采用金属铠装电缆直接埋地，或非金属屏蔽电缆穿金属管直接埋地。从避雷角度来讲，在有条件的情况下入室电缆应选择埋地方式。程控交换机的传输网络在室内应沿专用的信号电缆槽布线，避免沿大楼结构柱或紧贴外墙敷设；强弱电电缆不宜同槽敷设，以减小干扰。

确定分流限压的措施，包括：

① 进入室内的程控电话和专用数据线路应安装线路避雷器，要求在选用避雷器件时，启动电压应为保护线路信号电压峰值的1.5倍，雷电流通量大于等于0.2kA，特性阻抗为600Ω，工作频率0～5MHz。

② 对室外有接收装置并有信号线与室内设备相连接的，应在天线接收装置引入线路与设备之间串入相应型号的避雷器。

③ 以上线路以及设备上安装的信号避雷器应就近做好接地，接地电阻应小于4Ω（个别对接地有特殊要求的要小于1Ω）。而且其接地线不能接在避雷针、避雷带上，应接在专

用避雷器接地线上并与地网直接连接。在电源线、信号线上加装浪涌保护器，雷电电磁脉冲侵袭时，及时把雷电流分流入地从而起到保护作用。选用防雷器件时，要注意其响应时间大小。

其他有效的措施包括：

① 确定通信机房等电位连接：即所有进出机房的金属装置、外来导电物、电力线路、通信线路及其他电缆均应与总汇流排做好等电位金属连接。机房应敷设等电位均压网，并应和大楼的接地系统相连接。

② 交换机的屏蔽原则：交换机的屏蔽（包括空间和线路屏蔽）除了信号线和电源线外，交换机房也应作屏蔽处理，具体做法是把金属门、窗、顶棚龙骨和防静电专用地板接地。各点电位分布均匀，内部工作人员和设备会得到较好的屏蔽保护。

3. IP电话系统设计

(1) IP电话网的构成

一个完整的IP电话网，由硬件和软件组成。IP电话网的硬件即构成IP电话网的设备，包括用户终端设备（如普通双音频电话、传真机、多媒体终端等）、网关节点设备、关守节点设备、支持系统设备（如关守、网关、计费系统等）和传输设备［(Pulse Code Modulation，PCM)字传输设备、卫星、光纤等]。IP电话网的软件即构成IP电话网的软件系统，包括各个设备的配套软件功能单元，以及整个IP电话网的一整套规定、标准和整个IP电话网的管理规程、管理软件。

(2) IP电话网的规划

IP电话网的规划是一项复杂的系统工程。IP电话网具有一般电信网的普遍特征，又有其本身的特殊性。IP电话技术是一种全新的技术，有关该领域的运营经验还相对较少，需要不断在实际运行中总结。IP电话网是一个随机服务系统，因此有必要利用随机服务系统的一般原理对IP电话网进行规划、设计，以确保整个网络的正常运转。具体地说，包括排队规则的确定、话务量的规划、溢流通路的计算和规划以及系统规划等。

IP电话网的业务类型按照不同的角度可以有以下几种划分：

1) 按终端类型划分，IP电话业务可分为PC到PC、PC到电话、电话到PC及电话到电话四种类型。

2) 按业务区域划分，IP电话可分为国内IP电话业务和国际IP电话业务两种类型。

3) 按主叫类别划分，IP电话业务可分为主叫IP电话业务和记账卡IP电话业务两种类型。

主叫IP电话用户使用主叫IP电话号码标识自己的身份，记账卡IP电话用户使用记账卡和密码标识自己的身份。IP电话的运营商除了和市内电话网进行连接以外，也有可能按照业务发展的实际需要和其他电信网进行中继连接。

承载网规划：IP电话要作为一项公共服务业务来开展，首先要求承载网络的通信质量必须稳定可靠。通过IP电话网的业务发展预测。合理决策建网规划和发展策略。

IP电话网的流量预测：对通过IP电话网进行通话的信息流量进行预测和估算。

IP电话网网关节点规划（设置）：由于IP电话本身的特点，用户呼叫没有IP电话网关的城市的用户，需要经由离目的地城市最近的网关转接，因而带来业务运营成本的上升。而如果在通话量相对较低的城市架设网关，投资无法迅速回收且线路的利用率太低。

因此，需要合理规划全网的网关节点。

IP电话网用户容量规划：任何电话网的用户容量都是有限的，盲目扩大用户规模不利于整个网络的良性发展。合理的用户容量规划可以使服务提供商在保证全网稳定高效运营的基础上迅速扩展用户数量，带来更好的经济效益。

(3) IP电话带宽计算

IP电话带宽应按编码速率、采样周期、疏通的话务量等计算，并符合下列规定：
用户电话交换系统应支持G.711、G.723.1和G.729等多种IP电话编解码方式。
IP电话带宽计算公式：

$$V = T \times (P/S + E)/U \tag{6-6}$$

式中　V——IP电话带宽，kbps；
　　　T——需要疏通的话务量，Erl；
　　　P——分组报文开销；
　　　S——采样周期，ms；
　　　E——编码速率，kbps；
　　　U——传输电路利用率。

注：应用场景不同需要疏通的话务量、计算方法不同；传输电路利用率通常在50%～80%。

专网与公用数据网之间IP电话带宽应按式(6-6)计算，并应符合下列规定：

1) 专网与公用数据网间需要疏通的话务量应按下式计算：

$$T = X \times Y \tag{6-7}$$

式中　T——需要疏通的话务量，Erl；
　　　X——从公用数据网接入的IP终端数，个；
　　　Y——IP终端每线话务量，Erl。

2) 当经公用数据网接入用户电话交换机的IP终端数不易确定时，专网与公用数据网间的带宽可按表6-5确定。

专网与公用数据网间带宽　　　　　　　　　表6-5

IP终端（门）	G.711.1编码速率所需带宽（Mbps）	G.723.1编码速率所需带宽（Mbps）	G.729编码速率所需带宽（Mbps）
50	4	1	1
100	6	2	2
200	10	3	4
300	16	6	6
400	20	6	8
500	26	8	10

3) 当专网内用户电话交换系统之间采用IP传输时，IP电话带宽按式(6-6)计算。
需要疏通的话务量计算公式：

$$T = H \times D \times J \times R \tag{6-8}$$

式中　T——需疏通的话务量，EH；
　　　H——用户线，条；

D——单机话务量，Erl；
J——出局话务量比例；
R——至专网其他局话务量比例。

用户线可接入 PSTN 终端、ISDN 终端、IP 终端。单机话务量和话务流向比例按工程实际数据取定，当实际数据无法获取时，可按表 6-1 和表 6-2 的规定取定。

表 6-5 中所示的 G.711.1 是国际电信联盟（International Telecommunications Union，ITU-T）制定出来的一套语音压缩标准，代表了对数 PCM 抽样标准，主要用于电话。它主要用脉冲编码调制对音频采样，采样速率为 8kHz/s；利用一个 64kbps 未压缩通道传输语音信号，压缩率为 1∶2，即把 16 位数据压缩成 8 位。

G.723.1 是一个数据通信标准，以 8kHz/s 的速率采样，每秒可以对 5.3 或 6.3 千位的数据进行压缩的 16 位脉冲编码调制方式，编码在 30ms 的帧中完成。超前时间是 7.5ms，所以总延迟时间是 37.5ms。压缩率达到 12∶1。

G.729 是电话带宽的语音信号编码的标准，对输入语音性质的模拟信号用 8kHz/s 的速率采样，16 比特线性 PCM 量化。G.729A 是 ITU 最新推出的语音编码标准 G.729 的简化版本。

IP 电话网是在现有电话网和现有 IP 网络基础上组建的一种新型电话业务网，由于网的网络承载能力及最终的 IP 电话用户数量与现有 IP 网的网络承载能力密切相关，因此决定其网络规模的一个重要依据就是 IP 网的网络承载能力。另外，建设 IP 电话网的目的也直接影响着网络的规模。IP 电话网初期建网的规模一般不宜过大，但网络的设计与规划应按远期进行。

6.1.4 工程实例

下面以某酒店工程为实例进行程控电话交换系统设计实例分析。

1. 项目概况及需求

作为一家现代化的酒店，对通信系统的需求已不仅仅局限于能够打电话，而是希望能够拥有一套具有完善的酒店管理系统接口、客房服务中心、视频会议和宽带接入的综合应用通信平台，而且要求该系统具有强大的语音交换能力、无阻塞、维护方便且费用低、功能应用丰富等特点以及在开放性、扩展性和技术上具有领先性的现代化通信交换平台，拥有高层次、高效率、高安全性的办公通信环境。

2. 设备选型

根据以上系统需求分析，采用 OXE 综合业务数字交换平台，容量从 16 线直至 150000 线，具有 99.999% 的可靠性、内置的移动通信、超高档次的宾馆管理软件、统一信箱，具有 QoS 的 IP 电话（VoIP）、通过 Internet 服务的呼叫中心和内置的语音数据网络通信管理。

3. 方案说明

模拟用户配置 1062 门，满足客房、普通办公及高级行政办公人员、客房管理员以及一些公共区域的通信需要；中继线侧，配置 4 条 ISDN PRI 30B+D 的数字中继链路，提供 120 路双向通信链路。

系统通信处理器采用双备份的形式，正常工作情况下，只有一个处理器在工作，处于主处理器状态，另外一个处于备份状态，实时从主通信服务器处备份系统的数据，当主处理器出现故障的时候,备份处理器能够马上接替工作,其间正在进行中的通话不会中断。

使用 OXE 的时候,有许多新的系统功能有利于酒店工作人员办公管理日常通信,如:宾馆管理链路、计费、语音信箱,恶意呼叫追踪等功能。OXE 具有语音提示功能。语音提示功能适用于 OXE 系统内的所有电话,包括模拟电话及数字电话。OXE 系统拓扑图如图 6-7 所示。

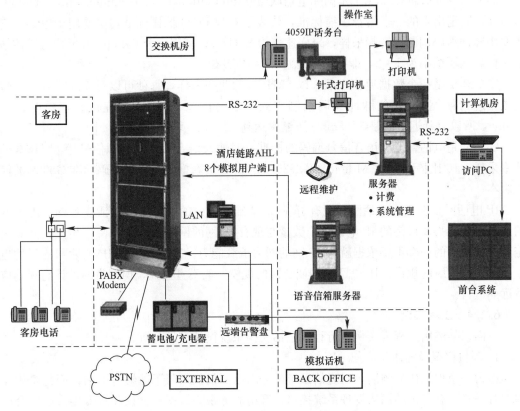

图 6-7　OXE 系统拓扑图

OXE 系统设备配置表及所用机架选型(表 6-6、表 6-7)。

OXE 系统设备配置表　　　　　　　　　　　　　　　　表 6-6

系统	公共系统双备份
语音用户	模拟用户:1062
中继线	4 条 ISDN PRI 30B+D 数字中继:提供 120 路双向同时通话链路
话务台	3 台 4059 IP 话务台,配置 3 台 4019 数字话机
酒店应用	连接酒店物业管理(PMS)系统、酒店管理软件、语音信箱、计费功能、内置语音指导功能、多国语言功能、恶意呼叫追踪功能
配件	电源整流器组件,配线架,电脑打印机等

OXE 系统所用机架选型　　　　　　　　　　　　　　　表 6-7

机架型号	宽	高	深	重量
M3	516mm	1500mm	516mm	110kg

6.2 无线对讲系统

无线对讲系统作为一种常用的通信方式,具有机动灵活、操作简便、语音传递快捷、使用经济的特点,可精准使用于联络在管理场所非固定的位置执行职责的保安、工程操作及服务的人员,是实现管理现代化的基础手段。

6.2.1 无线对讲系统工作原理

无线对讲系统工作原理如图 6-8 所示。无线对讲机包括发射器、接收器、内置扬声器、话筒和天线。双放对讲时,话筒将说话人的语音信号转换成电信号,经发射器处理和放大成可由天线发射的无线电信号,天线将这些无线电信号发射到空中。通话另一方的接收天线接收无线电信号,通过接收器将这些无线电信号转换成原始的音频信号,传送给扬声器,则可以听到对方的声音信息,接收器和发射器的工作电源由对讲机自带的电池提供。

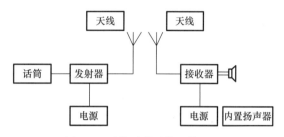

图 6-8 无线对讲系统工作原理

但在大型社区和高层楼、复杂楼体中,由于钢筋混凝土、玻璃幕墙对信号的吸收和隔离及设备(尤其是电子设备)安放对信号的干扰等情况,往往导致某些区域尤其是地下楼层的信号屏蔽和衰减现象,影响互通效果。因而智能建筑信息设施系统中的无线对讲系统实际上是无线对讲覆盖系统,其主要功能是通过覆盖使无线对讲信号在有关空间区域内有效,解决大型建筑内部的信号盲区,使系统使用者不再受建筑物空间和屏蔽束缚,实现在有效域内的工作协调和指挥调度需求,不仅给管理工作带来极大的便利,更重要的是可实现高效、即时地处理各种突发事件,最大限度地减少可能造成的损失。

6.2.2 无线对讲系统的组成

无线对讲覆盖系统由中继转发基站、室内分布天线系统等组成,其组成如图 6-9 所示。

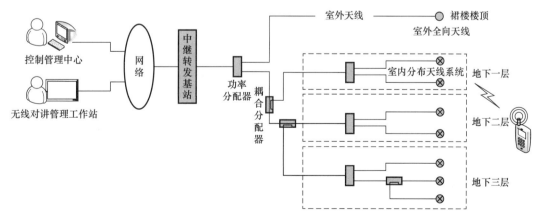

图 6-9 无线对讲覆盖系统组成

为了达到楼宇内通信无盲区,克服建筑结构和环境对无线信号造成的阻挡和屏蔽,使信号能从地上楼层穿透到地下楼层，需要采用中继转发基站，起到接力通信的作用。中继转发基站由收信机和发信机等单元组成。通常工作于收发异频状态，能够将接收到的已调制的射频信号解调出音频信号传输给其他设备。同时，还能将其他设备送来的音频信号经射频调制后发射出去。除一台中转台组成的单信道常规地面通信系统之外，还可以利用中转台通过天馈分布系统将信号发送出去，由此扩大对讲机之间的通信距离，实现建筑物地下和地面的覆盖通信。

天馈分布系统由室内全向天线、耦合分配器、功率分配器、中继放大器、连接器、低损耗射频电缆、泄漏电缆等设备组成，结合国家电磁辐射标准和建筑结构，将天线分布在建筑的每个角落，然后通过电缆与基站中心相连，使无线信号通过天线进行接收或发射，以此达到整个建筑内的无线信号覆盖。

6.2.3 无线对讲系统实例

如图 6-10 为某大型商业楼内部无线对讲系统，该无线对讲系统为发射式的双向通信系统，为在此工作的工作人员，在地下车库及商业区内非固定的位置执行职责提供通信。所有无线对讲天线的位置及数量能够覆盖整个商业楼内所有范围，保证无通信死角，在消防控制室设置通信基站及中继器。无线对讲设置在地下一层，内设远程控制单元与转发站，根据无线对讲应用场所面积与使用人员数量，分别在每层设置分配器与天线。

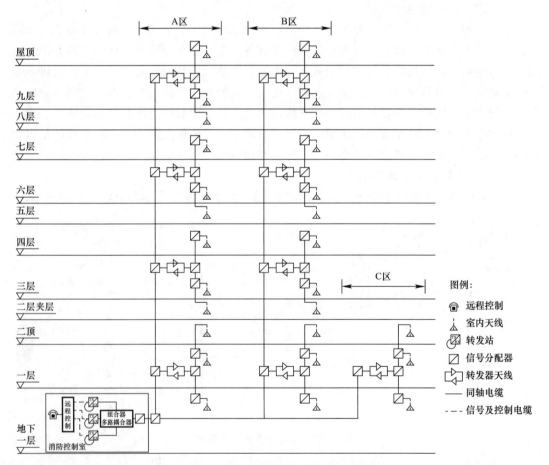

图 6-10　某大型商业楼内部无线对讲系统

本章小结

用户电话交换系统与无线对讲系统是两个重要的语音应用信息设施系统。本章首先介绍了用户电话交换系统中程控交换原理,电话通信网相关的概念,IP 电话,软交换技术的基本原理。掌握根据用户电话交换系统工程设计规范确定用户电话交换机与公用电话网端局间中继线数量以及中继电路和信令链路数量的计算方法。同时讲解了无线对讲系统的工作原理及组成,并给出了实例。

思考题与习题

1. 程控交换机由几个部分构成?各部分的功能是什么?
2. 程控交换机基本工作流程由哪几部分组成?
3. 话务量的概念是什么?如何计算话务量?
4. 中继群的话务统计的指标是什么?
5. 什么是 IP 电话?它与传统电话有什么区别?
6. 简述 IP 电话的工作过程。
7. 简述软交换的组成和各部分的主要功能。
8. 简述程控电话交换机系统的设计思路。
9. 程控数字交换机的选型应考虑哪些因素?
10. 用户电话交换系统机房的选址要考虑哪些因素?
11. 设某商贸中心共 5 层,办公区及网络中心设置在三楼,每一层设置 40～50 间商铺,每户商铺均配备电话及收银点 POS 机,每层设置一间值班室,如何设计程控用户交换机系统?计算程控用户交换机的容量。
12. 试说明无线对讲系统的工作原理及组成。

第 7 章　多媒体信息设施系统

多媒体信息设施系统包含有线电视及卫星电视接收系统、公共广播系统、会议系统、信息导引及发布系统、时钟系统。本章从现代智能建筑需求出发，阐述了多媒体信息设施系统的相关概念、组成及结构。然后对各系统进行其设计要点的介绍。

7.1　有线电视及卫星电视接收系统

7.1.1　概述

在智能建筑中，卫星电视和有线电视接收系统是与地区基础设施规划及有线广播电视网络的发展而相适应的基本系统，该系统在应用和设计技术上随着生活品质的需求不断提高。从目前我国智能化大楼的建设来看，此系统已经成为必不可少的部分。

未来的有线电视网络应该是一个全方位的服务网。它必须完美地将现有通信、电视和计算机网络融合在一起，在一个统一的平台上承载着包括数据、语音、图像、各种增值服务、个性化服务在内的多媒体综合业务，并智能化地实现各种业务的无缝连接。

7.1.2　有线电视系统及结构

有线电视系统一般可分为前端系统、干线传输系统及用户分配系统三个部分。系统中各组成部分依据所处的位置不同，在系统中所起的作用也各不相同，在进行系统设计时需要考虑的侧重点也不相同。如图 7-1 所示为有线电视系统组成原理图。

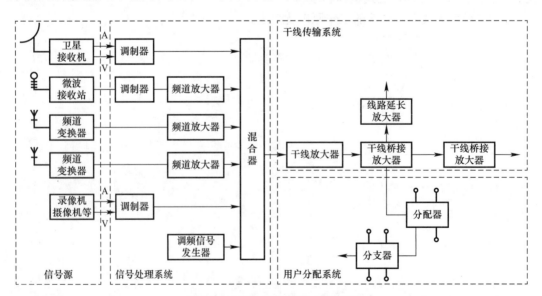

图 7-1　有线电视系统组成原理图

1. 前端系统

前端系统由信号源部分和信号处理系统部分组成。信号源部分为系统提供各种电视信号，以满足用户的需要。由于信号源部分获取信号的途径不同，输出信号的质量必然存在差异，有的电平高，有的电平低，有的干扰大，有的干扰小。而信号源部分处于系统的最前端，若某一个信号源提供的信号质量不高，则后续部分将很难提高该信号的质量。所以，对于不同规模、功能的系统，必须合理地选择各种信号源，在经济条件许可的情况下，应尽可能选择指标高的器件。信号源部分的主要器件有：电视接收天线、卫星天线、微波天线、摄像机、录像机、字幕机、计算机、导频信号发生器等。

信号处理系统部分是对信号源部分提供的各路信号进行必要的处理和控制，并输出高质量的信号给干线传输部分，主要包括信号的放大、信号频率的配置、信号电平的控制、干扰信号的抑制、信号频谱分量的控制、信号的编码、信号的混合等。前端信号处理部分是整个系统的心脏，在考虑经济条件的前提下，尽可能选择高质量器件，精心设计，精心调试，才能保证整个系统有比较高的质量指标。前端信号处理部分的主要器件有：混合器、频道转换器、信号放大器、调制器、均衡器、衰减器等。混合器是将两个或多个输入端上的信号馈送给一个输出端的装置。混合器在 CATV（Cable Television 有线电视）系统中能将多路电视信号和声音信号混合成一路，共用一根射频同轴电缆进行传输，实现多路复用目的。频道转换器也称为频率变换器，它可以将一个或多个信号的载波频率加以改变。有线电视信号放大器是 CATV 系统中重要的器件之一，主要作用是补偿有线电视信号在传输过程中的衰减，以使信号能够稳定、优质、远距离传输。调制器是将本地制作的摄像节目信号、录像节目信号、由卫星电视接收或微波中继传来的视频信号及音频信号变换成射频已调制信号的装置。

2. 干线传输系统

干线传输系统的任务是把前端输出的高质量信号尽可能保质保量地传送给用户分配系统，若是双向传输系统，还需把上行信号反馈至前端部分。根据系统的规模和功能的大小，干线部分的指标对整个系统指标的影响不尽相同。对于大型系统，干线长，因此干线部分的质量好坏对整个系统质量指标的影响大，起着举足轻重的作用；对于小型系统，干线很短（某些小系统可认为无干线），则干线部分的质量对整个系统指标的影响就小。不同的系统，必须选择不同类型和指标的器件，干线部分主要的器件有：干线放大器、电缆或光缆、斜率均衡器、电源供给器、电源插入器等。干线及分支分配网络部分包括干线传输电缆、干线放大器、线路均衡器、分配放大器、线路延长放大器、分支电缆、分配器、分支器以及用户输出端。

干线传输媒介可以是同轴电缆、光缆、微波或混合式传输方式，当前使用最多的是光缆和同轴电缆混合（HFC）传输，如图 7-2 所示。HFC 网络可分为单向传输 HFC 和双向传输 HFC，单向 HFC 数据传输网与传统同轴电缆传输网类似，先对模拟电视信号进行数据调制，然后把数据调制信息进行射频调制，最后把不同频道的射频信号进行混合，用一根光缆传输，接收时再用解调器进行解调；双向 HFC 数字通信系统主要由发送端和用户端的电缆调制/解调器组成。

3. 用户分配系统

该部分是把干线传输来的信号分配给系统内所有的用户，并保证各个用户的信号质

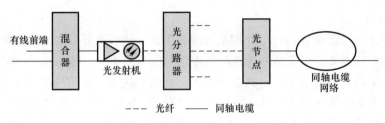

图 7-2　HFC 传输示意图

量,对于双向传输还需把上行信号传输给干线传输部分。用户分配系统的主要器件有:线路延长放大器、分配放大器、分支器、分配器、用户终端、机上变换器等,对于双向系统还有调制器、解调器、数据终端等设备。

分配网络基本形式有分支/分支方式、分配/分支方式、分支/分配方式、分配/分配方式等,如图 7-3 所示为有线电视分配网络基本形式。通过各种分支器、分配器的不同选取

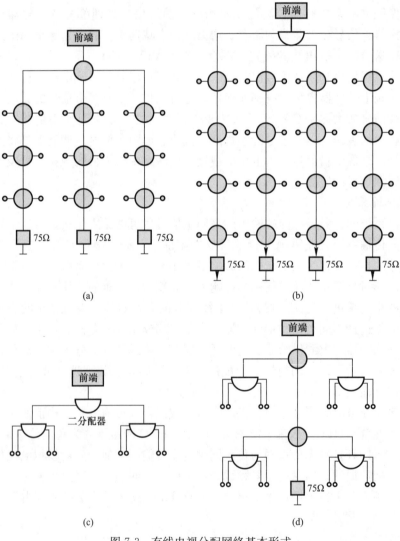

图 7-3　有线电视分配网络基本形式
(a) 分支/分支;(b) 分配/分支;(c) 分配/分配;(d) 分支/分配

和组合，最终能使系统输出端口（用户端口）的电平值设计在（70±5）dBμV 以内（非邻频系统）或（65±4）dBμV 以内（邻频系统）。

7.1.3 卫星广播电视接收系统

卫星广播电视接收系统，是利用卫星来直接转发电视信号的系统，卫星的作用相当于一个空间转发站。主发射站把需要广播的电视信号以 f_1 的上行频率发射给卫星，卫星收到该信号，经过放大和变换，以 f_2 的下行频率向地球上的预定服务区发射。主发射站也接收该信号做监视用。卫星电视覆盖面积大，一颗卫星就几乎可以覆盖地球表面的 40%，即三颗同步卫星便能覆盖全球，如图 7-4 所示为卫星覆盖图。使用卫星电视系统相对使用地面电视台的投资少，如与微波中继线路相比，可节约投资 60%。

卫星电视采用的载频高，频带宽，传输容量大，是微波中继不可比拟的。由于卫星居高临下，电波入射角大，又是直播，传播线路大部分是外层空间，所以噪声干扰小，信号强度稳定，信号信噪比高，图像质量好。

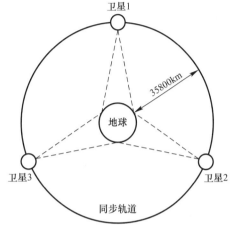

图 7-4 卫星覆盖图

卫星电视的信号很弱，虽然直播电视卫星转发器的功率一般都在 100W 以上，但由于传播距离太远，致使到达地面的场强仅 10～100μV/m，而一般电视机的灵敏度为 50μV/m（超高频，Very High Frequency，VHF）和 300μV/m（超高频，Ultra High Frequency，UHF），因此为了正常收看卫星直播电视，需采用强方向性的天线和高灵敏度的接收机。

卫星电视接收系统设备主要由卫星电视接收天线、高频头、功分器、卫星电视接收机、调制器、混频器、干线放大器、分配器和电视机组成。

1. 卫星电视接收天线

卫星电视接收天线是有线电视前端重要组成部分，主要用于接收电视节目信号，对卫星电视接收系统的接收效果有着决定性影响，其原理是利用电波的反射原理，将电波聚焦后，辐射到馈源上的高频头，然后通过馈线将信号传送到卫星接收机并解码出电视节目。卫星接收天线最常见的有正馈（前馈）抛物面卫星天线、卡塞格伦（后馈式抛物面）天线、球形反射面天线、微带天线等。

正馈抛物面卫星接收天线由抛物面反射面和馈源组成。它的增益和天线口径成正比，主要用于接收 C 波段的信号。由于它便于调试，所以广泛应用于卫星电视接收系统中。它的馈源位于反射面的前方，故又称它为前馈天线。

卡塞格伦天线克服了正馈式抛物面天线的缺陷，由一个抛物面主反射面、双曲面副反射面和馈源构成，是一个双反射面天线，多用作大口径的卫星信号接收天线或发射天线。抛物面的焦点与双曲面的虚焦点重合，而馈源则位于双曲面的实焦点之处，双曲面汇聚抛物面反射波的能量，再辐射到抛物面后馈源上。

格里高利天线由主反射面、副反射面和馈源组成，是一种双反射面天线，也属于后馈天线，通常在上行地球站中作为卫星信号发射天线使用。其主面仍然是抛物面，而副反射

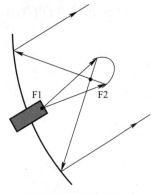

图 7-5 格里高利天线

面为凹椭球面。格里高利天线可以安装两个馈源，这样接收和发射信号就能够同时共用一副天线，通常接收馈源安放在焦点 1 处，而发射馈源则安放在焦点 2 处。格里高利天线优、缺点和卡塞格伦天线基本相同，它最主要的优点就是有两个实焦点，因此可以安装两个馈源，一个用于发射信号，一个用于接收信号，如图 7-5 所示。

偏馈天线又称 OFFSET 天线，主要用于接收 Ku 波段的卫星信号，是截取前馈天线或后馈天线一部分而构成的，这样馈源或副反射面对主反射面就不会产生遮挡，从而提高了天线口径的效率。

球形反射面就是球面的一部分，在卫星接收系统中使用球形反射面天线的目的就是使用一副天线来同时接收多颗卫星信号。由于球形反射面具有完全对称的几何结构，因此它是一种比较理想的接收不同方向卫星信号的接收天线。

微带天线是 20 世纪 70 年代出现的一种新型天线形式，外形是一块平板，故人们又称它为平面天线，主要用于接收 Ku 波段节目。根据具体尺寸的不同，这种直线阵可以接收圆极化电波，也可以接收线极化电波。微带天线优点是重量轻、安装方便、价格较低，因此比较适合家庭安装使用。

卫星电视接收天线的选择，应符合下列规定：

（1）卫星电视接收天线应根据所接收卫星采用的转发器，选用 C 频段或 Ku 频段抛物面天线；天线增益应满足卫星电视接收机对输入信号质量的要求；

（2）当天线直径大于或等于 4.5m，且对其效率及信噪比均有较高要求时，宜采用后馈式抛物面天线；当天线直径小于 4.5m 时，宜采用前馈式抛物面天线；当天线直径小于或等于 1.5m 时，Ku 频段电视接收天线宜采用偏馈式抛物面天线；

（3）天线直径大于或等于 5m 时，宜采用内置伺服系统的天线；

（4）在建筑物上架设的天线基础设计应计算其自重荷载及风荷载；

（5）天线的结构强度应满足其工作环境的要求；沿海地区宜选用耐腐蚀结构天线，风力较大地区宜选用网状天线。

2. 高频头

高频头属于卫星电视接收系统的室外单元，连接在天线输出端，一般兼有放大和变频的功能。高频头的学名叫作高频调谐器（Low Noise Block Down Converter，LNB），由馈源和高放两部分组成，作用是把 C 波段（频率范围 3.4～4.2GHz）和 Ku 波段（频率范围 10.75～12.75GHz）卫星传送下来的微弱信号放大再与其中的本振作用后输出卫星接收机所需要的 950～2150MHz 中频信号。

高频头的内部结构包括低噪声放大器、本振、混频器、第一中频放大器和稳压电源等部分。

3. 功率分配器

功率分配器的功能是将输入的一路卫星中频信号均等分成几路输出的一种多端口的装置。通常有二功分器、四功分器、六功分器等。功率分配器的工作频率是 950～2150MHz。卫星电视接收系统中的多台卫星接收机，共用一面抛物面天线时，就需要用到功率分配器，根据所用接收机的多少选用功率分配器。

功率分配器的技术指标有频率范围、承受功率、分配损耗、插入损耗、隔离度、驻波比。其中频率范围是各种射频/微波电路的工作前提，功率分配器的设计结构与工作频率密切相关。必须首先明确分配器的工作频率，才能进行下面的设计。在大功率分配器/合成器中，电路元件所能承受的最大功率是核心指标，它决定了采用什么形式的传输线才能实现设计任务。主路到支路的分配损耗实质上与功率分配器的功率分配比有关。如二功分器的分配损耗是 3dB，四功分器的分配损耗是 6dB。插入损耗一般是由于传输线（如微带线）的介质或导体不理想等因素，考虑输入端的驻波比所带来的损耗。支路端口间的隔离度是功率分配器的另一个重要指标。如果从每个支路端口输入功率只能从主路端口输出，而不应该从其他支路输出，这就要求支路之间有足够的隔离度。每个端口的电压驻波比越小越好。

4. 卫星电视接收机

卫星电视接收机是卫星电视接收系统的重要设备之一，它是将卫星降频器 LNB 输出信号转换为音频视频信号的电子设备，卫星电视接收机应选用高灵敏、低噪声的设备。

卫星电视接收机，通常应包括以下几个部分：电子调谐选台器、中频放大与解调器、信号处理器、伴音信号解调器、前面板指示器、电源电路。插卡数字机还包括卡片接口电路等。

（1）电子调谐选台器。其主要功能是从 950~1450MHz 的输入信号中选出所要接收的某一电视频道的频率，并将它变换成固定的第二中频频率（通常为 479.5MHz），送给中频放大与解调器。

（2）中频放大与解调器。将输入的固定第二中频信号滤波、放大后，再进行频率解调，得到包含图像和伴音信号在内的复合基带信号，同时还输出一个能够表征输入信号大小的直流分量送给电平指示电路。

（3）图像信号处理器。从复合基带信号中分离出视频信号，并经过去加重、能量去扩散和极性变换等一系列处理之后，将图像信号还原并输出。

（4）伴音解调器。从复合基带信号中分离出伴音副载波信号，并将它放大、解调后得到伴音信号。

（5）面板指示器。将中频放大解调器送来的直流电平信号进一步放大后，用指针式电平表、发光二极管阵列式电平表或数码显示器，来显示接收机输入信号的强弱和品质。

（6）电源电路。将市电经变压、整流、稳压后得到的多组低压直流稳压电源，为本机各部分及室外单元（高频头）供电。

7.1.4　有线电视及卫星电视接收系统的工程设计

有线电视及卫星电视接收系统的工程设计需掌握入选工程设计基础：

1. 电平

定义：信号功率 P_1 与基准功率 P_0 之比的分贝值，即：$10\lg\dfrac{P_1}{P_0}$。

有时也用 dBμV 表示，即以在 75Ω 上产生 1μV 电压的功率（0.0133pW）为基准，即：

$$20\lg\frac{U}{1\,\mu V} \tag{7-1}$$

例如，系统中某点的电压分别为 $10\mu V$，其对应的电平值分别为：

$$20\lg\frac{10}{1}=20(dB\mu V)$$

2. 增益

增益是衡量有线电视系统中放大器等有源器件放大信号能力大小的参数。有两种表示增益的方法，一种为功率增益，一种为电压增益。通常 CATV 系统中的增益均取对数表示。功率增益为输出功率与输入功率的比值，再对其取 10 倍常用对数，就得到功率增益的分贝值（dB）即：

$$功率增益 = 10\lg\frac{P_0}{P_i}(dB) \tag{7-2}$$

电压增益为输出电压与输入电压的比值，再对其取 20 倍常用对数，就得到电压增益的分贝值（dB）即：

$$电压增益 = 20\lg\frac{U_0}{U_i}(dB) \tag{7-3}$$

在 CATV 系统中，已知各个器件的输入阻抗、输出阻抗、电缆的特性阻抗均为 75Ω，则：

$$功率增益 = 10\lg\frac{P_0}{P_i} = 10\lg\frac{U_0^2/R_0}{U_i^2/R_i} = 10\lg\frac{U_0^2}{U_i^2} = 20\lg\frac{U_0}{U_i} = 电压增益$$

所以，CATV 系统中器件的增益，既可用功率比表示，也可用电压比表示，二者的比值是相等的。

3. 载噪比

载噪比一般用来衡量系统中噪声干扰对电视图像质量的影响程度。它为载波功率与噪声功率的比值。

用分贝值表示：

$$\frac{C}{N}=10\lg\left(\frac{C}{N}\right)(dB) \tag{7-4}$$

由于 CATV 系统中器件的输入、输出阻抗均为 75Ω，式（7-4）也可写成：

$$\frac{C}{N}=20\lg\frac{载波功率}{噪声功率}(dB) \tag{7-5}$$

一般为了计算方便，用 $\left(\frac{C}{N}\right)$ 表示倍数，用 $\left(\frac{C}{N}\right)$ 表示分贝值。系统的 $\left(\frac{C}{N}\right)$ 越高，表明电视图像越清晰。

4. 噪声

在 CATV 系统中存在着放大器、调制器等有源器件。这些器件中的晶体管等电子元器件会不同程度地产生噪声功率。当电视信号在系统中传输时，这些噪声功率也同样要在系统中传输。噪声的传输影响着整个 CATV 系统的收视质量。

系统内的噪声包含两个方面：一是由电阻产生的热噪声，用噪声源电压表示；二是由放大器中的晶体管等器件产生的噪声，用噪声系数表示。

（1）热噪声源电压

一个无源四端网络如图 7-6（a）所示，可用一个等效电阻 R 来表示。无源网络的热噪声就等于其等效电阻 R 的热噪声。而热噪声的电阻可以用一个电阻值与其相等的无噪声电阻 R 和与之串联的热噪声电压源 U_{n0} 的等效电路来表示,如图 7-6(b)所示,这个热噪声电压源 U_{n0} 与产生它的电阻 R 有如下关系:

$$U_{n0} = 2\sqrt{KTBR} \tag{7-6}$$

式中　U_{n0}——热噪声源电压,V;

　　　K——波兹曼常数,W/(Hz·K),取 1.38×10^{-23};

　　　T——绝对温度值,常温取 293K;

　　　B——图像的噪声频带宽度,我国 PAL-D 制为 5.75MHz;

　　　R——噪声源内阻,该电阻已是无噪声的理想电阻,CATV 系统为 75Ω。

将上述数据代入式(7-6)得:$U_{n0} = 2.64\ (\mu V)$

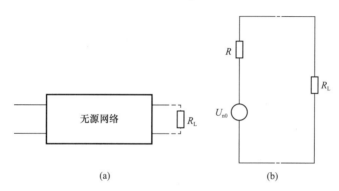

图 7-6　无源网络等效电路
(a)无源四端网络;(b)等效电路

由于 CATV 系统中各个器件的输入、输出阻抗均为 75Ω,所以外接匹配负载 RL 上产生的噪声电压的分贝值为:

$$U_{ni} = 20\lg(U_{n0}/2) = 20\lg 1.32 = 2.4 (dB\mu V)$$

(2)噪声系数

CATV 系统中的噪声,除了上述无源器件中电阻产生的热噪声源电压为 $2.4 dB\mu V$ 以外,更主要的噪声源是来自于放大器等有源器件。在图 7-7 所示的放大器中 P_{si} 和 P_{s0} 分别为输入和输出载波功率,P_{ni} 和 P_{n0} 分别为输入和输出噪声功率。P_{si}、P_{n0} 和放大器内部产生的噪声功率 P_r 有如下关系:

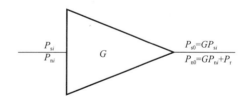

图 7-7　有噪声放大器框图

$$P_{n0} = GP_{ni} + P_r \tag{7-7}$$

将放大器输出端的总噪声功率 P_{n0} 与输入端噪声功率 P_{ni} 经放大后产生的噪声功率 GP_{ni} 之比,定义为放大器的噪声系数,用 F 表示,有:

$$F = \frac{P_{n0}}{GP_{ni}} \tag{7-8}$$

即:$P_{n0} = F \cdot G \cdot P_{ni}$

$$\frac{\text{输入端载噪比}\left(\frac{C}{N}\right)_\text{入}}{\text{输出端载噪比}\left(\frac{C}{N}\right)_\text{出}} = \frac{P_{si}/P_{ni}}{P_{s0}/P_{n0}} = \frac{P_{si}/P_{ni}}{G \cdot P_{si}/F \cdot G \cdot P_{ni}} = F \tag{7-9}$$

也就是说，放大器的噪声系数 F 也可定义为放大器输入端载噪比与输出端载噪比之比。若用 N_F 表示 F 的对数值，则有：

$$N_F = 10\lg F = 10\lg\frac{\left(\frac{C}{N}\right)_\text{入}}{\left(\frac{C}{N}\right)_\text{出}} = \left(\frac{C}{N}\right)_\text{入} - \left(\frac{C}{N}\right)_\text{出} \text{ (dB)} \tag{7-10}$$

如果系统中只用了一台放大器，放大器输入端为无源器件（如接收天线）时，放大器输出端的载噪比为：

$$\left(\frac{C}{N}\right) = \frac{P_{s0}}{P_{n0}} = \frac{G \cdot P_{si}}{F \cdot G \cdot P_{ni}} = \frac{P_{si}}{F \cdot P_{ni}} = \frac{\frac{U_a^2}{R}}{\frac{FU_{ni}^2}{R}} = \frac{U_a^2}{FU_{ni}^2} \tag{7-11}$$

上式中 U_a 为放大器输入端的电压，U_{ni} 为前级无源器件输出的热噪声源电压。对式 (7-11) 两边取对数 $10\lg$，得：

$$10\lg\left(\frac{C}{N}\right) = 10\lg U_a^2 - 10\lg F - 10\lg U_{ni}^2$$

即：

$$\frac{C}{N} = 20\lg U_a - 10\lg F - 20\lg U_{ni} = S_n - N_F - 2.4 \text{dB}\mu\text{V} \tag{7-12}$$

式中　　S_n——输入载波电平，dBμV；

N_F——放大器噪声系数，dBμV；

2.4dB μV——基础热噪声电平。

上式具有很实用的意义，它表明了放大器输出端的载噪比与输入电平之间的关系。

5. 非线性失真

在整个 CATV 网络系统中，使用了大量的有源器件，这些有源器件都会产生非线性失真，结果是会在系统上产生很多新的频率分量，如果新的频率分量落在播出频道带内，就会对这些频道的图像产生干扰。非线性失真可分为交扰调制干扰（又称交调失真）和相互调制干扰（又称互调失真）两类。

交扰调制是干扰信号的调制转移到了有用信号的载波上。交扰调制比用 CM 表示，其定义为：

$$CM = 20\lg\frac{TO}{DO} \text{(dB)} \tag{7-13}$$

式中　TO——被测载波上需要调制的峰-峰值，dB；

DO——被测载波上转移调制的峰-峰值，dB。

《有线电视广播系统技术规范》GY/T 106—1999 中规定 $CM \geq 46\text{dB}$，设计时应取 48dB。

CATV 系统中放大器放大多个频道的电视信号时，由于放大器的非线性作用（主要是二次项），使传送信号彼此混频，产生的和频或差频落到欲接收频道的频率范围内和有用信号一起进入电视接收机,就会产生干扰,称为相互调制干扰,简称互调。相互调制干扰与频率有密切关系,它产生网纹或斜纹干扰。

互调用 IM 表示,其定义为:

$$IM = 20\lg\frac{RMS}{EV}(\text{dB}) \tag{7-14}$$

式中　RMS——被测载波上需要调制的峰-峰值,dB;

　　　EV——被测载波上转移调制的峰-峰值,dB。

《有线电视广播系统技术规范》GY/T 106—1999 中规定 $IM \geqslant 57\text{dB}$,设计时应取 58dB。

6. 前端技术指标计算

(1) 接收场强的计算

电视信号在空间传输时,要受到地面障碍物的阻挡和反射,根据电视信号的传输特点,到达地面某点的场强,除了直射波为主要能量外,还会有其他途径到达的能量,空间某点的电场强度计算公式为:

$$E = \frac{4.44 \times 10^5 \sqrt{P}}{D} \sin\left(2\pi \times 10^{-3} \times \frac{h_1 h_2}{\lambda D}\right)(\mu\text{V/m}) \tag{7-15}$$

式中　P——发射台的有效辐射功率,kW;

　　　D——收发点之间的距离,km;

　　　λ——某频道电磁波的中心波长,m;

h_1、h_2——发射天线和接收天线的高度,m。

在实际工程中,由于任何一点的场强是电视台发射的信号经过各种途径到达该点信号的叠加,这当中包含了很多的干扰信号,如反射、绕射等,应用上式进行计算,所得结果往往与实际数值相差较大。因此,实际工程中一般是以实测的场强值作为设计的依据,当没有条件实测时,才应用公式计算的理论值作参考。

(2) 天线输出电平的计算

CATV 系统中,若八木引向接收天线,其输出电平的计算公式如下:

$$S_a = E + 20\lg\frac{\lambda}{\pi} + G_a - L_f - L_m - 6(\text{dB}\mu\text{V}) \tag{7-16}$$

式中　S_a——接收天线的输出电平,dBμV;

　　　G_a——接收天线的相对增益,dB;

　　　E——接收点场强,μV/m;

$20\lg\frac{\lambda}{\pi}$——波长修正因子(dB),其中 λ 为接收频道的中心波长,其数值见表 7-1;

　　　L_f——馈线的损耗,dB;

　　　L_m——失配损耗、匹配器损耗等,取 1dB;

　　　6——安全系数。

波长修正因子　　　　　　　　　　表 7-1

频道	1	2	3	4	5	6	7	8	9	10	11
$20\lg\frac{\lambda}{\pi}$	+5.7	+4.4	+3.2	+1.8	+1.0	-4.9	-5.3	-5.7	-6.1	-6.4	-6.8

续表

频道	13	15	20	25	30	35	40	45	50	55	60
$20\lg\dfrac{\lambda}{\pi}$	−13.9	−14.1	−14.9	−16.1	−16.6	−17.2	−17.2	−18.1	−18.6	−18.9	−19.4

(3) 前端载噪比计算

目前，中、大型 CATV 系统普遍采用邻频传输技术。对于卫星、微波、录像等输出的视频信号源，都要用调制器转换成射频信号，然后从前端输出。对于开路射频信号源，要先经过解调-调制方式的处理，使之成为符合邻频传输的射频信号后，再从前端输出。像这一类由调制器组成的前端电路，只要天线的输出电平在解调器的输入电平范围之内，则解调器输出的视频信噪比均较高，因此这类前端的载噪比主要取决于调制器自身的载噪比，生产厂家提供的调制器载噪比通常有带内载噪比、带外载噪比等。由于调制器输出的噪声是宽带的，带外的噪声与其他频道混合后会影响其他频道。因此对于某一频道而言，除调制器的带内载噪比外，还要加上其他频道调制器的带外载噪比。载噪比的计算公式如下：

$$\frac{C}{N_{out}} = \frac{C}{N_{in}} - 10\lg(C-1)(\text{dB}) \tag{7-17}$$

式中 $\dfrac{C}{N_{out}}$——总的带外载噪比，dB；

$\dfrac{C}{N_{in}}$——调制器的带外载噪比，dB；

C——前端调制器的数量。

任一频道调制器输出的载噪比为 $\dfrac{C}{N_{out}}$ 和 $\dfrac{C}{N_{in}}$ 的叠加，即：

$$\frac{C}{N} = -10\lg\left\{10^{-\frac{C/N_{in}}{10}} + 10^{-\frac{C/N_{out}}{10}}\right\}(\text{dB}) \tag{7-18}$$

系统前端的有源器件均是频道型器件，主要考虑的指标是载噪比。当由于混合器输出端电平较低，需要在前端设置一台宽带的驱动放大器（一般均为前馈型放大器，非线性指标高）时，则前端需要适当考虑非线性指标。

7. 干线系统指标计算

(1) 只有一台放大器：

$$\frac{C}{N} = S_a - N_F - 2.4(\text{dB}) \tag{7-19}$$

式中 $\dfrac{C}{N}$——载噪比，dB；

S_a——放大器的输入电平，dBμV；

N_F——放大器的噪声系数，dB；

2.4——热噪声源电压的分贝值，dBμV。

$$CM = \left(CM_{ot} + 20\lg\frac{C_t - 1}{C - 1}\right) + 2(S_{ot} - S_o)(\text{dB}) \tag{7-20}$$

式中 CM——在 C 个频道输入时，放大器输出电平为 S_o 时的交调比，dB；

CM_{ot}——厂家给出的在 ot 个频道测试信号同时输入、输出为 S_{ot} 时的交调比，dB；

C_t——厂家测试频道数量；

C——系统实际频道数量；

S_{ot}——厂家给出的放大器输出端的测试电平值，dB；

S_o——放大器的实际工作电平，dB。

$$CTB = \left(CTB_{ot} + 20\lg\frac{C_t - 1}{C - 1}\right) + 2(S_{ot} - S_o)(dB) \tag{7-21}$$

式中　CTB——在 C 个频道输入时，放大器输出电平为 S_o 时的组合三次差拍比，dB；

CTB_{ot}——厂家给出的在 C_t 个频道测试信号同时输入、输出为 S_{ot} 时的组合三次差拍比，dB；

C_t——厂家测试频道数量；

C——系统实际频道数量；

S_{ot}——厂家给出的放大器输出端的测试电平值，dB；

S_o——放大器的实际工作电平，dB。

（2）n 台放大器串联时：

一般情况下，串联的 n 台放大器都是输出电平及型号相同的，而且是等间隔设置的，此时其技术指标的计算如下式：

$$\frac{C}{N} = \frac{C}{N_i} - 10\lg n \,(dB) \tag{7-22}$$

$$CM = CM_i - 20\lg n \,(dB) \tag{7-23}$$

$$CTB = CTB_i - 20\lg n \,(dB) \tag{7-24}$$

$$CSO = CSO_i - 20\lg n \,(dB) \tag{7-25}$$

上式中的 $\frac{C}{N}$、CM_i、CTB_i、CSO_i 分别为单台放大器的载噪比、交调比、组合三次差拍比和组合二次失真。

8. 分配系统指标计算

（1）分配器相关计算

分配损耗又叫分配损失或分配衰减，是指信号从输入端分配到输出端的传输损失。由于分配器中包含了一些无源器件，这些器件在传输信号的同时也会消耗、泄漏掉少量信号功率，因此分配器的实际分配损耗为：

$$L_P = 10\lg_{10}\left(\frac{P_I}{P_O}\right) = [P_I(dB) - P_O(dB)] \tag{7-26}$$

式中　P_I——输入功率，dB；

P_O——输出功率，dB；

L_P——分配损耗实际值，dB。

一般情况下，对分配器的分配损耗计算，通常可按下述参数考虑：

二分配分配损耗 4dB，三分配分配损耗 6dB，四分配分配损耗 8dB，六分配分配损耗 10dB。

（2）分支器相关计算

分支器的插入损耗是指从主路输入端信号电平传送到主路输出端后信息电平的损失。

$$L_n = E_1 - E_0 \,(dB) \tag{7-27}$$

分支器的分支损耗是指从主路输入端信号电平传送到分支输出端后信号电平的损失，设分支输出端信号电平为 E_{20}，分支损耗 E_Z 为：

$$L_n = E_1 - E_{20} (dB) \tag{7-28}$$

(3) 用户端电平的计算

用户端的电平又称为系统输出口电平，在《有线电视广播系统技术规范》GY/T 106—1999 中明确规定：在 VHF 和 UHF 段，用户电平为 $60dB\mu V \sim 80dB\mu V$。用户电平过高、过低都会影响电视机的接收效果。当用户电平低于 $60dB\mu V$ 时，在电视屏幕上会出现"雪花"状噪声干扰；当用户电平高于 $80dB\mu V$ 时，会超过电视机的动态范围，从而易产生非线性失真，出现"串台""网纹"等干扰。考虑到用户电平波动等因素，用户电平的设计值一般要留有较大的裕量，全频道系统用户电平通常取 $(70\pm5) dB\mu V$ 左右，邻频传输系统一般取 $(65\pm4) dB\mu V$。

当分配网络的组合形式确定后，需要计算各个用户端电平值。用户电平的计算有两种方法，正算法和反算法。

正算法是根据设计确定的放大器输出电平，从前往后顺次选定各器件的参数，从而求出各用户电平。计算公式如下：

$$L_k = S_o - L_d - L_f (dB\mu V) \tag{7-29}$$

式中　L_k——第 k 个用户端的电平，$dB\mu V$；

S_o——设计确定的分配系统放大器的输出电平，$dB\mu V$；

L_d——分配器的分配损耗、分支器的接入损耗、分支损耗等的总和，dB；

L_f——电缆的总损耗，dB。

反算法是首先初定最末端的用户电平，从后往前推算得出放大器应提供的输出电平 S'_o（应小于计算得到的 S_o）。在此基础上，重新确定放大器的输出电平 S_o，再采用顺算法，精确计算各用户电平。若经倒算得到的放大器输出电平 $S'_o > S_o$，则需要做调整：调整无源分配网络的结构形式；重新选择某些无源器件的参数、型号；调整放大器的位置，或改变放大器型号等。反算法计算公式如下：

$$S'_o = L_d + L_f + L (dB\mu V) \tag{7-30}$$

式中　S'_o——推算得出的分配系统放大器的输出电平，$dB\mu V$；

L_d——分配器产生的分配损耗、分支器引入的接入损耗以及分支过程中产生的损耗等各项损耗的总和 (dB)；

L_f——电缆的总损耗，dB；

L——最末端初定的用户电平，$dB\mu V$。

一般在工程设计中采用正算法计算分配系统各点电平。

【例 7-1】有一个 550MHz 的 CATV 系统，其分配系统的组成形式如图 7-8 所示。已知放大器输出电平为 $100dB\mu V/105dB\mu V$，分配干线电缆型号如图 7-8 所示，用户电缆采用 SY-WV-75-5，四分配器的分配损失为 8dB，二分配器的分配损失为 4dB，用户电平设计值为 $(65\pm4) dB\mu V$。计算各用户电平。

【解】已知系统传输的最低频率为 50MHz，最高频率为 550MHz，查表 7-2 得：SY-WV-75-9 电缆损耗为 2.3dB/100m，8.0dB/100m；SYWV-75-7 电缆损耗为 3.1dB/100m，10.0dB/100m；SYWV-75-5 电缆损耗为 5.2dB/100m，16.1dB/100m。用户电平的计算，

关键是选择合适的分支器（二分支器参数见表7-3），由图7-8可看出此系统图为对称图形，只要计算某一支路的用户电平即可。以A支路为例，采用如公式（7-29）所示的顺算法，计算过程如下：

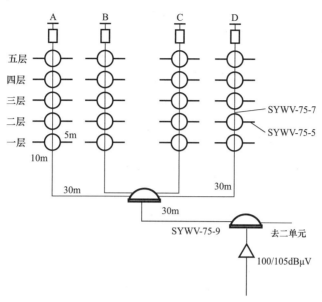

图 7-8 某CATV分配系统图

同轴电缆特性参数表　　　　　　　　　　　　　　　　　　　　　表 7-2

电缆型号		SYWV-75-5	SYWV-75-7	SYWV-75-9	SYWV-75-12
电气参数	特征阻抗（Ω）	75±3	75±3	75±3	75±3
	波速因数	0.83	0.83	0.86	0.87
	峰值功率（W）	323	511	875	1300
	衰减常数（dB/100m） 50MHz	5.2	3.1	2.3	1.9
	200MHz	9.8	6.1	4.5	3.9
	550MHz	16.1	10.0	8.0	6.7
	750MHz	18.5	12.0	9.4	7.8
	800MHz	19.0	12.7	9.9	8.2
	1000MHz	21.3	14.3	11.5	9.3

二分支器参数表　　　　　　　　　　　　　　　　　　　　　　　表 7-3

项目	频率范围（MHz）	型号规格 MW-172								
		8H	10H	12H	14H	16H	18H	20H	22H	24H
插入损耗（dB）	47～750	≤4.0	≤3.3	≤2.5	≤2.3	≤2.0	≤2.0	≤1.2	≤1.2	≤1.2
反向隔离（dB）	47～750	≥20	≥22	≥22	≥24	≥26	≥28	≥30	≥30	≥30
相互隔离（dB）	47～750	≥20								
反射损耗（dB）	47～750	≥14								

（1）五层入口电平：

$$\frac{100-4-8-(30+30)\times 0.023}{105-4-8-(30+30)\times 0.08}=\frac{86.62}{87.2}(dB\mu V)$$

五层选用MW-172-20的二分支器，五层用户端电平为：

$$\frac{86.62-20-10\times0.052}{87.2-20-10\times0.16}=\frac{66.1}{65.6}(\mathrm{dB\mu V})$$

(2) 四层入口电平：

$$\frac{86.62-1.2-5\times0.031}{87.2-1.2-5\times0.1}=\frac{85.27}{85.5}(\mathrm{dB\mu V})$$

四层选用 MW-172-18 的二分支器，四层用户端电平为：

$$\frac{85.27-18-10\times0.052}{85.5-18-10\times0.16}=\frac{66.75}{65.9}(\mathrm{dB\mu V})$$

(3) 三层入口电平：

$$\frac{85.27-2-5\times0.031}{85.5-2-5\times0.1}=\frac{83.01}{83}(\mathrm{dB\mu V})$$

三层选用 MW-172-16 的二分支器，三层用户端电平为：

$$\frac{83.01-16-10\times0.052}{83-16-10\times0.16}=\frac{66.49}{65.4}(\mathrm{dB\mu V})$$

(4) 二层入口电平：

$$\frac{83.01-2-5\times0.031}{83-2-5\times0.1}=\frac{80.75}{80.5}(\mathrm{dB\mu V})$$

二层选用 MW-172-14 的二分支器，二层用户端电平为：

$$\frac{80.75-14-10\times0.052}{80.5-14-10\times0.16}=\frac{66.23}{64.9}(\mathrm{dB\mu V})$$

(5) 一层入口电平：

$$\frac{80.75-2.3-5\times0.031}{80.5-2.3-5\times0.1}=\frac{78.3}{77.7}(\mathrm{dB\mu V})$$

一层选用 MW-172-12 的二分支器，一层用户端电平为：

$$\frac{78.3-12-10\times0.052}{77.7-12-10\times0.16}=\frac{65.78}{64.1}(\mathrm{dB\mu V})$$

由以上的计算结果可以看出，此分配系统的用户端电平满足电平设计值的 $(65\pm4)\mathrm{dB\mu V}$ 要求，因此该分配系统的设计方案成立。

7.2 公共广播系统

7.2.1 系统概述

公共广播系统属于扩声音响系统中的一个分支，作为传播信息的一种工具，通常设置在社区、机关、部队、企业、学校、大厦及各种场馆之内，用于发布事务性广播，提供背景音乐及用于寻呼和强行插入灾害性事故紧急广播等，是公共场所中不可或缺的组成部分。

公共广播系统有多种分类方法。按照传输载体分类，可分为有线及无线两大类。其中有线方式主要有音频信号线、功率信号线、光纤、同轴电缆、网络及电力载波等；无线方式有无线电波、红外线等类别。

按其使用性质分类，公共广播系统可分为业务广播、背景广播和紧急广播三类。建筑工程设计中常采用此种分类方法。

第7章 多媒体信息设施系统

按应用场合分类，公共广播系统可分为面向公众的公共广播系统，用于客房的广播音响系统，厅堂扩声系统，如会议室、报告厅等的广播音响系统。

按使用环境分类，可简单地分为室内、室外广播系统。

按复杂程度分类，公共广播系统一般分为简易系统、最小系统、典型系统三类。

按照终端扬声器是否需要电源驱动，公共广播系统可分为无源终端广播系统，有源终端公共广播系统及有源终端和无源终端结合的广播系统。

公共广播系统的技术特点如下：

公共广播系统中的扬声器分布在建筑物的各处，点数多，分布广；

从广播系统业务需要方面考虑，需要对整个建筑物进行分区广播。所以需要对扬声器进行分组控制；

紧急广播具有最高优先级，在任何情况下均应准确无误、清晰地播放紧急广播。

7.2.2 公共广播系统的组成及主要功能

1. 公共广播系统的组成

公共广播系统是扩声系统中的一种，包括设备和声场两部分。系统的主要工作过程为：将声音信号转换为电信号，经放大、处理、传输，再转换为声音信号还原于所服务的声场环境。按其工作原理，公共广播系统可分为音源设备、信号放大和处理设备、传输线路以及扬声器系统几个部分。图7-9为一个公共广播系统的组成原理图。

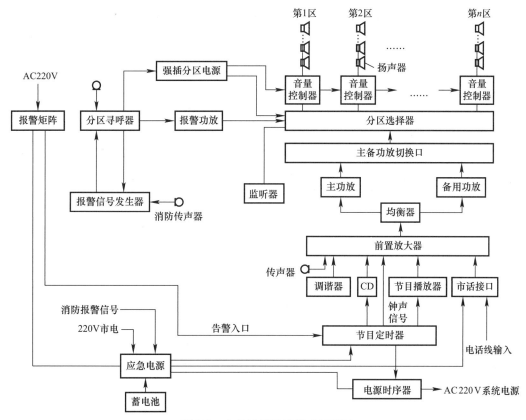

图7-9 公共广播系统组成原理图

其中音源部分通常包括磁带录音机、激光唱片机、调幅/调频接收机等，此外还有传声器、电子乐器等设备。音源设备的配置需根据广播系统的具体要求确定。信号放大和处理设备主要包括均衡器、前置放大器、功率放大器和各种控制器材及音响加工设备等。这部分设备的首要任务是信号放大，其次是信号的选择。前置放大器的基本功能是完成信号的选择和前置放大，此外还担负音量和音响效果的调整和控制功能。功率放大器则将前置放大器或调音台送来的信号进行功率放大，再通过传输线去推动扬声器系统。信号传输线路随系统和传输方式的不同而有不同的要求。当功率放大器与扬声器的距离较近时，通常采用低阻大电流的直接馈送方式，传输线路要求采用专用的喇叭线；当服务区域广、距离长时，往往采用高压传输方式，通常称为定压系统，这种系统对传输线要求不高，通常采用普通音频线，即双绞多股铜芯塑料绝缘软线。扬声器系统的作用是将音频电能转换成相应的声能。需要根据不同的功能和服务对象，设置相应的扬声器系统。

2. 公共广播系统的传输方式

公共广播系统的传输方式有三种，即调频信号传输、高电平信号传输和低电平信号传输。

（1）调频信号传输

调频广播采用频率调制的方法，将音频信号调制到某一特定的频率，经混合放大后与建筑物中的有线电视信号混合到一起，与有线电视共缆传输，在终端利用调频收音机解调，最终输出音频信号。如图 7-10 所示为调频信息传输原理图。

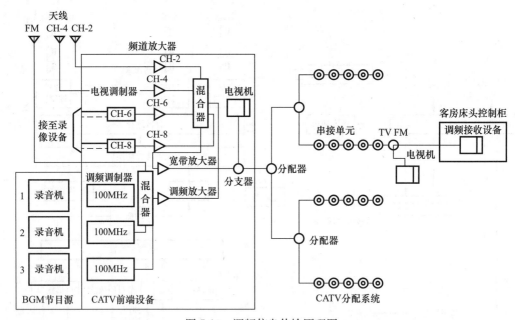

图 7-10　调频信息传输原理图

由于有线调频广播是通过与有线电视共用线路从而使广播线路的费用降低、施工简单、维护方便，一般仅适用于宾馆客房中，不适用于公共区域。采用此种方式，终端需要一台调频收音机，工程造价较高。

（2）高电平信号传输

高电平信号传输也称定压传输，属于无源终端方式。通常，输出电压为 70V 或 100V。定压传输方式中，扬声器是公共广播系统的终端，由定压式广播功率放大器驱动功率传输电源，直接激励广播扬声器放声系统，因此终端无需电源供电，只需把扬声器并联在线路上即可。如图7-11所示为高电平信号传输方式原理图。

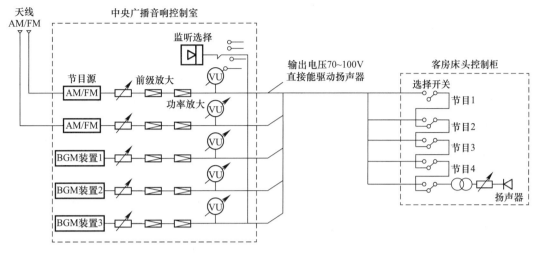

图7-11 高电平信号传输方式原理图

高电平信号传输系统的特点是结构简单、运行可靠、管理和维护方便，是实际工程应用的首选。但该系统也存在一些弊端，主要问题有三个，一是由于采用功率传输方式，线路损耗较大，当传输距离较大且终端负载功率也较大时，所需用的线路截面也需加大，使得线路投资随之增大；二是当功率传输线路很长时，高音频分量会有很大衰耗，广播扬声器的重放音质将大打折扣；三是功率传输线路不便于复用，当需要同时传送多套节目时，须架设多对线路，线路投资会大大增加。

（3）低电平信号传输

针对高电平信号传输所存在的问题，当公共广播系统服务区很大，或终端功率很大，或需要同时传输多路信号时，通常采用低电平信号传输方式。低电平信号传输也称定阻抗传输、有源终端方式。该传输方式是由信号传输线路激励带功放设备广播扬声器放声的系统。低电平信号传输的原理是将控制中心的大功率放大器的放大部分分解成小的功率放大器分散到各个终端去，这样既可以消除控制中心的能量负担，又避免了大功率远距离传输带来的损耗。如图7-12所示为低电平信号传输原理图。

大型广播系统通常采用计算机控制管理的全数字模块化网络广播系统设备。通常也将该类系统称为网络型数字广播系统。网络数字广播系统是最典型的有源终端系统。

当工程有主广播控制室及多个分广播控制室的广播系统，或广播系统在异地有多个广播系统且有集中管理、远距离或异地监控要求时，宜采用具有TCP/IP协议以太网网络化管理功能的全数字模块化网络广播系统。系统的网络管理主机通过以太网与各机房连接，提供业务性广播、服务性广播等节目源。各分广播控制室可根据需要设置音源设备。在这种具有主控中心和分控中心的系统中，分控中心通常是主控中心的有源终端；而由某些分控中心管理的子系统则可以采用有源方式或无源方式构建，这种系统是一种有源终端和无源终端相结合的公共广播系统构建方式。

3. 公共广播系统主要功能

公共广播系统按广播内容可分为业务性广播、服务性广播和紧急广播。

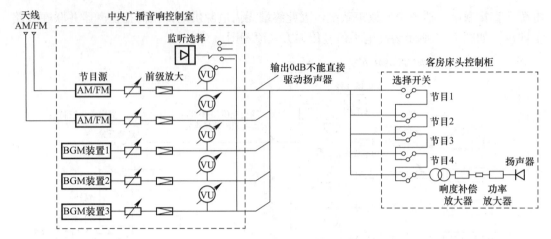

图 7-12 低电平信号传输原理图

(1) 业务性广播是以业务及行政管理为主的语言类广播,主要应用于院校、车站、客运码头及航空港等场所;服务性广播以欣赏性音乐类广播为主,主要用于宾馆客房的节目广播及大型公共场所的背景音乐;紧急广播以火灾事故广播为主,用于火灾时引导人员疏散。在实际使用中,通常是将业务性广播或背景音乐和紧急广播在设备上有机结合起来,通过在需要设置业务性广播或背景音乐的公共场所装设的组织式声柱或分散式扬声器箱,平时播放业务性广播或背景音乐,当发生紧急事件时,强切为紧急广播,指挥疏散人群。

(2) 背景音乐的主要作用是掩盖环境噪声并创造一种轻松和谐的气氛,广泛应用于宾馆、酒店、餐厅、商场、医院、办公楼等。背景音乐一般采用单声道播放,不同于立体声要求能分辨出声源方位并有纵深感,背景音乐要使人感受不出声源的位置,而且音量较轻,以不影响人面对面的交谈为原则。由于各服务区的环境噪声不同,因而对各区背景音乐的声压级要求也不同。为此在各服务区一般设有音量控制器,以方便调节。另外因为不同区域需播放不同节目内容,在客房中需要有多套节目让不同爱好的宾客自由选择,因此背景音乐的节目一般设有多套节目可同时放送。

(3) 紧急广播是指为突发公共事件而发布的广播。这里,突发公共事件是指突然发生,造成或者可能造成重大人员伤亡、财产损失、生态环境破坏和严重社会危害,危及公共安全的紧急事件。包括自然灾害、事故灾难、公共卫生事件及社会安全事件,如火警、地震、重大疫情传播和恐怖袭击等。紧急广播用于在突发公共事件时引导人们迅速撤离危险场所。

设有火灾自动报警系统的公共建筑内,集中报警系统和控制中心报警系统应设置火灾应急广播。火灾应急广播系统的联动控制信号应由消防联动控制器发出。

火灾发生时,应该在第一时间告知建筑物内的每一个人,同时为避免由于错时疏散而导致的在疏散通道和出口处出现人员拥堵现象,在确认火灾后必须同时向整个建筑进行火灾应急广播。在消防控制室应能监控扩音机的工作状态,监听火灾应急广播的内容,同时为了记录现场应急指挥的情况,应对通过传声器广播的内容进行录音。

火灾应急广播与正常广播合用时,应具有强制切入(强切)火灾应急广播的功能。火灾时,将正常广播系统扩音机强制转入火灾事故广播状态的控制切换一般有下述两种方式:

1）火灾应急广播系统仅利用正常广播系统的扬声器和馈电线路，而火灾应急广播系统的扩音机等装置是专用的。当火灾发生时，在消防控制室切换输出线路，使火灾应急广播系统按照规定播放紧急广播。

2）火灾应急广播系统全部利用正常广播系统的扩音机、馈电线路和扬声器等装置，在消防控制室只设紧急播送装置，当发生火灾时可遥控正常广播系统紧急开启，强制投入火灾应急广播。

以上两种控制方式，都应该注意使扬声器不管处于关闭还是播放状态时，都应能紧急开启火灾应急广播。特别应注意在扬声器设有开关或音量调节器的正常广播系统中的应急广播方式，应将扬声器用继电器强制切换到火灾应急广播线路上。

在宾馆类建筑中，当客房内设有床头柜音乐广播时，不论床头柜内扬声器在火灾时处于何种状态，都应可靠地切换到火灾应急广播线路上，播放火灾应急广播。

强切的基本原理是：在紧急情况下，控制机房通过强切设备发出一个紧急控制信号到区域音控器上，强迫音控器直接接入火灾应急广播，而不受区域用户控制。图 7-13 为火灾应急广播系统强切控制的原理图，适用于正常广播系统与火灾应急广播系统共用扬声器系统的情况。系统中，背景及业务广播信号处于常闭状态，紧急广播信号处于常开状态，系统正在进行背景或业务广播。当火灾发生时，消防控制中心发出火灾应急广播指令，强切信号继电器与强切音控继电器通电，其触点 K_1 断开，K_2 闭合，前者完成了从背景及业务广播到火灾应急广播信号的切换，后者将 R 线与 N 线短接，使音量控制器旁通，扬声器可以以最大音量进行广播，系统转为火灾应急广播状态。这种方法也叫三线强切法。由图 7-13 可见，三线强切法通过传送三条信号线（N、R、COM）到音量控制器上。在一般情况下，R 线与 C 线相连接。区域用户可以自行调节本区域音量。在紧急情况下，R 线与 N 线相连接。把音量控制器内部的变压器头尾短接。取消音量控制器的音量控制功能，强迫音量控制器直接接入火灾应急广播音频上，实现强切功能。由此可见，三线强切法只能适用于变压器分压式的三线强切音控器。

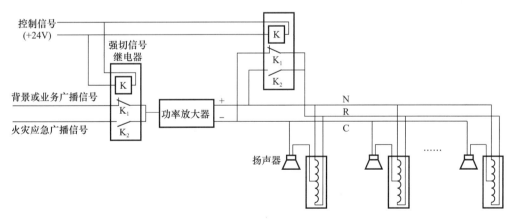

图 7-13　火灾应急广播系统强切控制原理图

由于紧急广播仅用于突发公共事件发生时，因此与用户的人身安全密切相关，其主要特点如下：

消防报警信号在系统中应具有最高优先权，可对背景广播和业务广播等状态具有切断功能。应便于消防报警值班人员操作。传输电缆和扬声器应具有防火特性。在交流电断电的情况下也要保证火灾应急广播能够正常实施。

7.2.3 公共广播系统的工程设计要求及设计步骤

1. 工程设计基本要求

公共广播系统的方案众多，系统配置、功能要求、设备性能各异，系统的设计应在安全、环保、节能和节约资源的基础上，根据用途和等级要求进行设计，满足用户的合理需求。公共广播一般应是单声道广播。一个公共广播系统可以同时具有多种广播用途，各种广播用途的等级设置可以互相不同。

公共广播系统在进行系统配置设计时，应充分考虑用户近期与远期的实际需要与发展，使之具有通用性和灵活性，尽量避免系统投入正常使用以后，较短的时间内又要进行扩建与改建，造成资金浪费。

公共广播系统工程设计中，通常称背景广播与业务广播为正常广播，称紧急广播为火灾应急广播。正常广播系统与紧急广播系统的设置，主要有以下三种模式：第一种是紧急广播与正常广播合用系统，两套设备、一套扬声器系统（见图7-14中方案一）。紧急情况发生时，紧急广播系统设备强切相应的广播分区，进行紧急广播；第二种是紧急广播与正

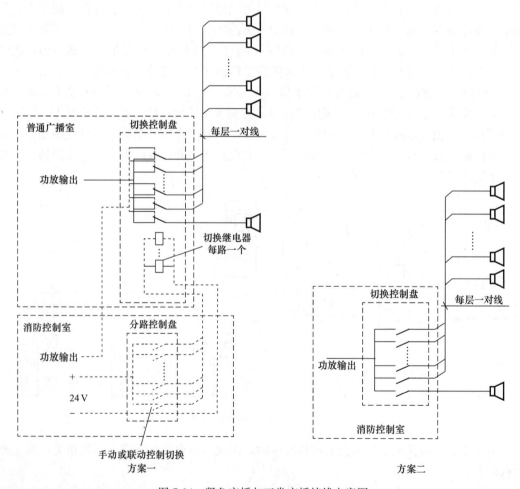

图 7-14 紧急广播与正常广播接线方案图

常广播合用，一套设备、一套扬声器系统（见图7-14中方案二）；第三种是紧急广播与正常广播系统，有两套设备、两套扬声器系统。紧急情况下，紧急广播系统设备强制切断正常广播相应的广播分区，进行紧急广播。在任何情况下，紧急广播系统都具有优先权。可根据用户需求、设备配置等选择其中的一种实现方式。工程设计中，目前以第一种情况较为常见。

广播系统的分路，应根据用户类别、播音控制、广播线路路由等因素确定，可按楼层或按功能区域划分。当需要将业务广播系统、背景广播系统和火灾应急广播系统合并为一套系统或共用扬声器和馈送线路时，广播系统分路宜按建筑防火分区设置。

设有有线电视系统的场所，有线广播可采用调频广播与有线电视信号混频传输，并应符合下列规定：音乐节目信号、调频广播信号与电视信号混合必须保证一定的隔离度，用户终端输出处应设分频网络和高频衰减器，以保证获得最佳电平和避免相互干扰；调频广播信号应比有线电视信号低10~15dB；各节目信号频率之间宜有2MHz的间隔；系统输出口应使用具有TV、FM双向双输出口的用户终端插座。

功率馈送回路宜采用二线制。当业务广播系统、背景广播系统和火灾应急广播系统合用一套系统时，馈送回路宜采用三线制。有音量调节装置的回路应采用三线制。

航空港、客运码头及铁路旅客站的旅客大厅等环境噪声较高的场所设置广播系统时，应根据噪声的大小自动调节音量，广播声压级应比环境噪声高出15dB。应从建筑声学和广播系统两方面采取措施，满足语言清晰度的要求。

2. 设备选择

公共广播设备必须按2022年9月国家市场监督管理总局令61号修订的《强制性产品认证管理规定》的要求通过3C认证。

（1）传声器

广播传声器及其信号处理电路的特性应符合下列规定：广播传声器应符合语言传声特性；广播传声器及其信号处理电路的频率特性宜符合《公共广播系统工程技术标准》GB/T 50526—2021的规定；广播传声器宜具有发送提示音的功能。

传声器的选择应符合下列规定：

传声器的类别应根据使用性质确定，其灵敏度、频率特性和阻抗等均应与前级设备的要求相匹配；

在选定传声器的频率响应特性时，应与系统中的其他设备的频率响应特性相适应，传声器阻抗及平衡性应与调音台或前置增音机相匹配；

应选择抑制声反馈性能好的传声器；

应根据实际情况合理选择传声器的类别，满足语言或音乐扩声的要求；

当传声器的连接线超过10m时，应选择平衡式、低阻抗传声器；

录音与扩声中主传声器应选用灵敏度高、频带宽、音色好、多指向性的高质量电容传声器或立体声传声器。

（2）调音台

从工程设计的角度，调音台的选用主要考虑两点，一是调音台的输入路数和输出的组数，二是功放的性价比。前者取决于输入音源的数量和系统需要独立调整的扬声器的组数，应根据系统规模确定；后者则需要依照系统的功能要求而定。

(3) 功率放大器

功率放大器选择最主要的是额定输出功率的确定。应根据扬声器所需的总功率并考虑留有相当的裕度来确定其额定输出功率。此外，由于系统分布较广、线路较长，应采用专门为公共广播系统设计的功率放大器。公共广播系统所要求的扩声设备具有高清晰度和高可靠性，也即音频放大要高度清晰，同时在满负荷输出且长时间使用时不发生故障。

对于广播系统而言，只要广播扬声器的总功率小于或等于功放的额定输出功率，而且电压参数相同即可。考虑到线路损耗、老化等因素，应适当留有功率裕量。此处介绍两种功率放大器容量的计算方法。

【方法一】功放设备的容量一般按式（7-31）、式（7-32）计算：

$$P = K_1 \cdot K_2 \cdot \sum P_0 \tag{7-31}$$

$$P_0 = K_i \cdot P_i \tag{7-32}$$

式中　P——功放设备输出总电功率，W；

　　　P_0——每分路同时广播时最大电功率，W；

　　　K_1——线路衰耗补偿系数（线路衰耗 1dB 时应为 1.26，线路衰耗 2dB 时应为 1.58）；

　　　K_2——老化系数，宜取 1.2～1.4；

　　　P_i——第 i 支路的用户设备额定容量，W；

　　　K_i——第 i 支路的同时需要系数（服务性广播时，客房节目每套 K_i 应为 0.2～0.4；背景广播系统 K_i 应为 0.5～0.6；业务性广播时，K_i 应为 0.7～0.8；火灾应急广播时，K_i 应为 1.0）。

【方法二】先计算体积为 V 的空间中的声功率：

$$P_s = \frac{V}{283000} \tag{7-33}$$

式中　P_s——声功率，W；

　　　V——场内空间体积，m^3。

电功率与声功率的关系如式（7-34）所示：

$$P_0 = K \frac{P_s}{\eta} \tag{7-34}$$

式中　P_0——电功率，W；

　　　η——扬声器的电声转换效率，一般取 0.5%～1%；

　　　K——声功率动态系数，一般取 15～20。

总体来说，非紧急广播用的广播功率放大器，额定输出功率应不小于其所驱动的广播扬声器额定功率总和的 1.3 倍。紧急广播用的广播功率放大器，额定输出功率应不小于其所驱动的广播扬声器额定功率总和的 1.5 倍；全部紧急广播功率放大器的功率总容量，应满足所有广播分区同时发布紧急广播的要求。

除确定额定输出功率外，功放的配置与选择还应符合下列规定：

功放设备的单元划分应满足负载的分组要求。

扩声系统的功放设备应与系统中的其他部分相适应。

扩声系统应有功率储备，语言扩声应为 3～5 倍，音乐扩声应为 10 倍以上。

广播功放设备应设置备用单元,其备用数量应根据广播的重要程度等确定。备用单元应设自动或手动投入环节,重要广播系统的备用单元应瞬时投入。

驱动无源终端的广播功率放大器,宜选用定压式,功率放大器标称输出电压应与广播线路额定传输电压相同。

(4) 扬声器

扬声器的选择除满足灵敏度、额定功率、频率响应、指向性等特性及播放效果的要求外,还应符合下列规定:

1) 办公室、生活间、客房等可采用 1~3W 的扬声器箱。

2) 走廊、门厅及公共场所的背景广播、业务广播等扬声器箱宜采用 3~5W。

3) 在建筑装饰和室内净高允许的情况下,对大空间的场所宜采用声柱或组合音箱。

4) 扬声器提供的声压级宜比环境噪声大 10~15dB,但最高声压级不宜超过 90dB。

5) 在噪声高、潮湿的场所设置扬声器箱时,应采用号筒扬声器。

6) 室外扬声器应具有防潮和防腐的特性。

7) 广播扬声器布点宜符合下列规定:广播扬声器宜根据分片覆盖的原则,在广播服务区内分散配置。广场以及面积较大且高度大于 4m 的厅堂等块状广播服务区,也可根据具体条件选用集中式或集中分散相结合的方式配置广播扬声器。广播扬声器的安装高度和安装角度应符合声场设计的要求。

8) 当广播扬声器为无源扬声器,且传输距离大于 100m 时,宜选用具有线间变压器的定压式扬声器。其额定工作电压应与广播线路额定传输电压相同。

9) 用于火灾隐患区的紧急广播扬声器应由阻燃材料制成(或具有阻燃罩)。广播扬声器在短期喷淋的条件下应能工作。

10) 用于背景广播的扬声器(或箱)设置应符合下列要求:

扬声器(或箱)的中心间距应根据空间净高、声场及均匀度要求、扬声器的指向性等因素确定。要求较高的场所,声场不均匀度不宜大于 6dB。

扬声器箱在吊顶安装时,应根据场所的性质来确定其间距。门厅、电梯厅、休息厅内扬声器箱间距可采用式(7-35)估算:

$$L=(2-2.5)H \tag{7-35}$$

式中 L——扬声器箱安装间距,m;

H——扬声器箱安装高度,m。

走道内扬声器箱间距可采用式(7-36)估算:

$$L=(3-3.5)H \tag{7-36}$$

会议厅、多功能厅、餐厅内扬声器箱间距可利用式(7-37)估算:

$$L=2(H-1.3) \cdot \tan\frac{\theta}{2} \tag{7-37}$$

式中 θ——扬声器的辐射度,宜大于或等于 90°;

1.3——为人体坐姿时,耳朵的平均高度。

此外,扬声器还要考虑以适当的方式与功率放大器配接。扬声器的配接方式主要依功率放大器的输出方式而定。功率放大器采用定压输出方式时,由于负荷变化对输出电压的影响较小,一般只考虑扬声器的总功率不大于功率放大器的输出功率即可,仅当线路较长时需考虑线路消耗的功率。

定阻输出的功率放大器要求与扬声器的总阻抗匹配。即扬声器的总阻抗应等于功放的输出总阻抗。同时，用户负载应与功率放大器设备的额定功率相匹配。

(5) 信号源设备

公共广播系统的信号源设备包括广播传声器、寻呼器、警报信号发生器、调谐器、激光唱机、语声文件录放器、具有声频模拟信号录放接口的计算机及其他声频信号录放设备，应根据系统用途、等级和实际需要进行配置。

3. 公共广播系统的线路

(1) 一般规定

室内广播线路敷设，应符合下列规定：功放输出分路应满足广播系统分路的要求，不同分路的导线宜采用不同颜色的绝缘线区别；广播线路与扬声器的连接应保持同相位的要求；公共广播系统室内广播功率传输线路，衰减不宜大于 3dB (1000Hz)。

室外广播线路的敷设路由及方式应根据总体规划及专业要求确定。可采用电缆直接埋地、地下排管及室外架空敷设方式，并应符合下列规定：直埋电缆路由不应通过预留用地或规划未定的场所，宜敷设在绿化地下面，当穿越道路时，穿越段应穿钢导管保护。在室外架设的广播、扩声馈送线宜采用控制电缆；与路灯照明线路同杆架设时，广播线应在路灯照明线的下面。室外广播、扩声馈送线路至建筑物间的架空距离超过 10m 时，应加装吊线。当采用地下排管敷设时，可与其他弱电缆线共管块、共管群，但必须采用屏蔽线并单独穿管，且屏蔽层必须接地。对塔钟的号筒扬声器组应采用多路交叉配线。塔钟的直流馈电线、信号线和控制线不应与广播馈送线同管敷设。

在常规情况下，公共广播信号通过布设在广播服务区内的有线广播线路、同轴电缆或五类线缆、光缆等网络传输。

公共广播信号也可用无线传输，但不应干扰其他系统的运行，且必须接受当地有关无线电广播（或无线通信）法规的管制。

当传输距离在 3km 以内时，可用普通线缆传送广播功率；当传输距离大于 3km，且终端功率在千瓦级以上时，广播传输线路宜采用五类线缆、同轴电缆或光缆传送广播信号。

(2) 传输线缆的选择

公共广播系统的传输线缆应按下述原则选择：

1) 室内广播线路一般采用多股铜芯线穿导管或线槽敷设，较为常用的是 RVS 和 RWP，实际工程中铜芯聚氯乙烯绝缘电线（BV）也有应用。RVS 的全称是铜芯聚氯乙烯绝缘绞型连接用软电线、对绞多股软线，简称双绞线；RWP 为护套屏蔽铜芯软电缆，简称音频屏蔽电缆。

2) 各种节目的信号线应采用屏蔽线并穿钢导管敷设，并不得与广播馈送线路同槽、同导管敷设。

3) 当正常广播系统和火灾紧急广播系统合用一套系统或共用扬声器和馈送线路时，广播线缆应采用阻燃（ZR）型铜芯电缆或耐火（NH）型铜芯电线电缆，其线槽（或线管）也应使用阻燃材料。

4) 从功率放大器设备的输出端至线路上最远端的用户扬声器箱间的线路衰耗不大于 0.5dB 时，广播系统线缆推荐规格可按表 7-4 选择，扬声器传输电缆允许距离可按表 7-5 确定。

第7章 多媒体信息设施系统

广播系统线缆推荐规格　　　　　　　　　　　　　　表 7-4

功能	绞缆型号	二线制系统	三线制系统
扩声用	RWP RVS	2×导线截面积	3×导线截面积 (RVS+RV)
遥控传声器用	RWP RW	(控制区域+6)×导线截面积	—
火灾应急广播 切换器用	AVPV SBVPV	(控制区域+2)×导线截面积	(控制区域+3)× 导线截面积
床头电器控制板用	RWP RW	[节目数×2)+2]×导线截面积	[(节目数×2)+3]× 导线截面积

注：1. 遥控传声器的传输电缆芯线的截面积应大于 0.35mm²。
　　2. 火灾应急广播主机传输需要两根电缆，一根为 AVPV-2×1.5；另一根为 RW (n+30)×0.5，遥控传声器的传输电缆。n 为控制区域的数量。
　　3. 多芯电缆可用两根以上电缆替代，芯数总和要满足芯数的要求。
　　4. 一般情况下导线截面积取 1.0~1.5mm²。

扬声器传输电缆允许距离　　　　　　　　　　　　　　表 7-5

电缆规格		不同扬声器总功率允许的最大线缆长度（m）			
二线制	三线制	30W	60W	120W	240W
2×0.5mm²	3×0.5mm²	400	200	100	50
2×0.75mm²	3×0.75mm²	600	300	150	75
2×1.0mm²	3×1.2mm²	800	400	20	100
2×1.2mm²	3×1.5mm²	1000	500	250	125
2×1.5mm²	3×2.0mm²	1300	650	325	165

（3）系统构建及设计要点

应根据用户需要、系统规模及投资等因素确定公共广播系统的用途和等级。系统可根据实际情况选择无源终端方式、有源终端方式或无源终端和有源终端相结合的方式构建。

1）公共广播系统的分区

一个公共广播系统通常要划分为若干个区域，广播分区设置的基本原则如下：紧急广播系统的分区应与消防分区相容。大厦通常按楼层分区，场馆按部门或功能块分区，走廊通道可按结构分区。管理部门与公众场所宜分别设区。重要部门或广播扬声器音量有必要由现场人员任意调节的场所，宜单独设区。每一个分区内广播扬声器的总功率不宜太大，应同分区器的容量相适应。

总之，广播分区设置的目的是使用户便于管理，应根据需要区别对待，以便更好地发挥广播的作用。

2）广播控制室

设有广播系统的公共建筑应设广播控制室。当建筑物中的公共活动场所单独设置扩声系统时，宜设扩声控制室。但广播控制室与扩声控制室之间应设中继线联络或采取用户线路转换措施，以实现全系统联播。

广播控制室的设置应符合下列规定：业务广播控制室宜靠近业务主管部门；当与消防值班室合用时，应符合《民用建筑电气设计标准》GB 51348—2019 火灾自动报警系统中对消防值班室的有关规定。背景广播宜与有线电视系统合并设置控制室。

广播控制室的技术用房，应根据工程的实际需要确定，并符合下列规定：一般广播系统只设置控制室，当录播音质量要求高或者有噪声干扰时，应增设录播室。大型广播系统宜设置机房、录播室、办公室和库房等附属用房。

当功放设备的容量在250W及以上时，应在广播、扩声控制室设电源配电箱。广播设备的功放机柜由单相、放射式供电。

广播系统的交流电源容量宜为终期广播设备容量的1.5～2倍。

广播设备的供电电源，宜由不带晶闸管调光设备的变压器供电。当无法避免时，应对扩声设备的电源采取下列防干扰措施：晶闸管调光设备自身具备抑制干扰波的输出措施，使干扰程度限制在扩声设备允许范围内；引至扩声控制室的供电电源线路不应穿越晶闸管调光设备室；引至调音台或前级控制台的电源，应经单相隔离变压器供电；广播系统应设置保护接地和功能接地，并应符合《民用建筑电气设计标准》GB 51348—2019 电子信息设备机房部分的有关规定。

3）公共广播系统设计步骤

① 明确系统要求

根据用户对公共广播系统的基本需求、建筑物的规模与布局、资金情况等，首先明确下述几点：广播服务的区域范围；广播节目源的种类及数量；背景广播、业务广播与紧急广播之间的关系，即是否需要强切末端设备；广播室的位置和布局。

② 建筑声学设计

要根据建筑图纸对建筑物的整体布局及空间进行分析，了解建筑物的功能布局及用户需求，确定建筑声学参数要求，如噪声声压级、房间容积和混响时间等，并确定扬声器系统的布局形式。

③ 平面与系统设计

根据用户需求选择系统设备厂家。按照规范的要求确定广播控制室的具体位置。

根据系统的要求进行广播区域划分，根据面积大小及规范的要求确定扬声器的数量、规格型号及具体位置，进行各楼层的平面设计。

根据系统的规模及公共区域的使用情况确定管线的走向、型号规格及接线箱的位置，绘制线路图。

统计各层及整个扬声器系统的设备功率，确定功率放大器的容量；根据系统设备用电量确定电源的容量；绘制广播室的设备平面布置图。

绘制系统原理图，即系统图。

④ 列出设备、材料清单，编制工程预算表。

⑤ 编制设计文件

公共广播系统工程设计文件主要包括：系统原理图；系统设计说明书；能够完整说明各层设备平面布局的平面图；设备、材料清单及工程预算表。

应根据工程设计规范、标准及用户的要求编制相应的设计文件。

7.2.4 工程实例

如图7-15所示为某学校建立的校园广播系统，校园广播系统是在学校内部建立的一种信息传播和公共广播设施，用于向学校师生提供实时音频信息和紧急通知。校园广播系统工程旨在提供全覆盖、实时广播和紧急通知功能。在设计和实施过程中，需要考虑设备选型、网络连接、区域划分、声音效果和紧急广播等因素，以满足校园内师生的需求，并确保广播系统的稳定性和可靠性。

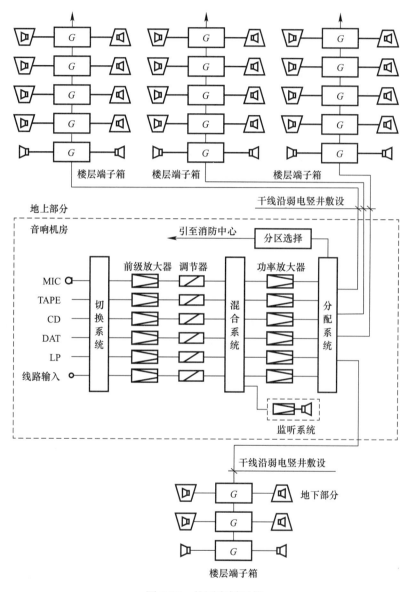

图 7-15 校园广播系统

机房的设置，应符合《民用建筑电气设计标准》GB 51348—2019 规定。

校园广播系统的分路，应根据用户类别、播音控制、广播线路路由等因素确定，可按楼层或按功能区域划分。

校园广播系统中，从功放设备的输出端至线路上最远的扬声器间的线路衰减应符合《民用建筑电气设计标准》GB 51348—2019 的规定：公共广播系统的传输线路，衰减不宜大于 3dB（1000Hz）。

7.3 会议系统

7.3.1 概述

随着科技的发展、功能需求的提升，特别是电脑、网络的普及和应用，会议系统的范畴更大了，包括表决/选举/评议、视像、远程视像、电话会议、同传会议、桌面显示，这些是构成现代会议系统的基本元素，同时衍生了一系列的相关设备，比如中控、温控制、光源控制、声音控制、电源控制等。现代会议需要高质量的音频信号、高清晰的视频动态画面及图像、实物资料、准确无误的数据表达及一套简单实用的控制系统，现代科技发展的促使下，会议系统定义成是一整套的与会议相关的软硬件。

会议系统主要包括数字会议系统和会议电视系统。数字会议系统是一种集计算机、通信、自动控制、多媒体等技术于一体的会务自动化管理系统。会议电视系统是指两个或两个以上不同地方的个人或群体，通过现有的各种通信传输介质，将静、动态图像、语音、文字、图片等多种资料分送到各个用户的终端（电视、计算机）上，使得在地理上分散的用户可通过实时图像、声音等多种方式在一起交流的会议系统。

7.3.2 数字会议系统

1. 数字会议系统

数字会议系统主要包括中央控制系统、数字会议系统、多媒体显示系统、音频扩声系统及多媒体周边设备等，系统将会议报到、发言、表决、摄像、音响、显示、网络接入等各自独立的子系统有机地连接成一体，由中央控制计算机根据会议议程协调各子系统工作，可根据不同性质的会议要求，选用其中部分子系统或全部系统以满足会议现场的实际需求，数字会议系统结构图如图7-16所示。

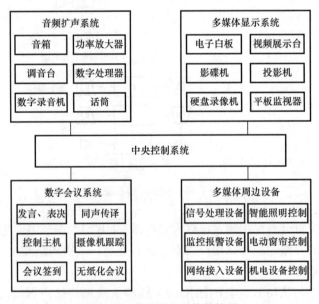

图7-16 数字会议系统结构图

2. 中央控制系统

中央控制系统可通过触摸式有线/无线液晶显示控制屏对几乎所有的电气设备进行控制，包括投影机、屏幕升降、影音设备、信号切换，以及会场内的灯光照明、系统调光、音量调节等。简单明确的中文界面，只需用手轻触触摸屏上相应的界面，系统就会自动实现相应的功能，它不仅能控制 DVD、录像的播放、快进、快倒、暂停、选曲等功能，而且可以控制投影机的开关、信号的切换，还有屏幕的上升、下降，灯光的调光、开关等功能，免去了复杂而数量繁多的遥控器。

中央控制系统的构成包括用户操作平台（人机界面）、控制系统主机（控制信息处理中心）和传递控制信息的接口设备等。用户操作平台基本上有三种类型：按键式控制面板、有线 LCD 触摸屏和无线 LCD 触摸屏。其中按键式因连接方式传统、造价低廉，广泛应用于教育系统的多媒体电教室；而无线 LCD 触摸屏因控制灵活、基本不受空间限制、技术成熟，在高档会议室中应用广泛。控制系统主机预存用户程序，响应用户的操作信息，实现对具体设备终端的控制。控制系统主机一般分为可编程主机和不可编程主机。不可编程主机提供一些固定的控制接口和信息接口，实现简单的会议设备进行控制、管理，基本上没有扩展性，主要应用于教育系统的多媒体电教室；而可编程主机提供一些控制接口，系统设计可以充分利用这些接口，灵活调配系统资源，针对会议室的具体电气设备进行控制，广泛应用于高端会议室。接口设备一般分为两种：一种是由于系统受控设备终端比较多，控制系统接口满足不了环境需求，用于扩展控制系统主机接口，例如串行口扩展模块、数字 I/O 扩展模块等，一般直接连接主机与设备终端；另一种则用于信息通道中对信息进行处理、控制，如无线接收器、继电器控制模块、音量控制模块、灯光调光器等。

3. 发言表决及同声传译系统

最新的数字会议发言、表决及同声传译系统利用数字处理和传输技术，把先进的数字技术、网络技术和音频技术充分地结合起来。不仅如此，据《建筑电气与智能化通用规范》GB 55024—2022 指出，会议系统与会议同声传译系统应具备与火灾自动报警系统联动的功能。全数字会议系统与会议签到系统、智能中央控制系统需无缝连接，安装简单而又实现了连接双备份功能。会议控制主机、发言单元、语言分配单元、翻译单元都采用以高速 CPU 为核心的硬件架构，完成对各种规模会议的基本控制，即基本的话筒管理、电子表决、多语种的同声传译等。

与会代表通过发言设备参与会议。发言设备通常包括有线话筒（主席机和代表机）、投票按键、LED 状态显示器和会议音响等。同声传译系统原理图如图 7-17 所示，其设备主要有译员台、译员耳机和内部通信电话。

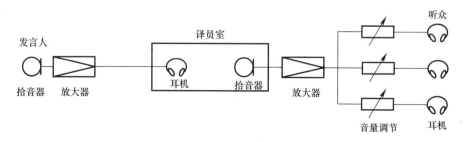

图 7-17 同声传译系统原理图

发言及同声传译子系统可实现会议的听/说请求、发言登记、接收屏幕显示资料、参加电子表决、接收同声传译和通过内部通信系统与其他代表交谈等功能。根据与会代表身份的不同,他们所获得的设备和分配到的权力也相应有所不同。旁听代表以申请方式加入会议后可获得听/看的权力,但无权发言。会议主席所使用的发言设备可控制其他代表的发言过程,可选择允许发言、拒绝发言或终止发言。它还具有话筒优先功能,可使正在进行的代表发言暂时静止。如图 7-18 所示为发言表决系统原理图。

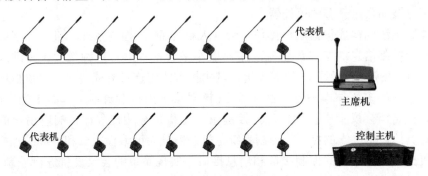

图 7-18　发言表决系统原理图

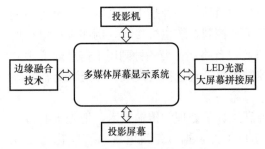

图 7-19　多媒体屏幕显示系统

4. 多媒体显示系统

多媒体显示系统为传播信息最广泛、最直观、最主要的图形信息载体之一,它可将信息内容通过视频影像直观表达出来。多媒体屏幕显示系统如图 7-19 所示,包含投影机、LED 光源大屏幕拼接屏、投影屏幕、边缘融合技术等。

投影机是一种可以显示多种视频源的大屏幕电子产品,可以显示的信号源:电脑、DVD/VCD、电视盒、机顶盒、监控、摄像机等。专业多媒体投影机具有高亮、高分辨率真彩色显示功能,不单可放映录像机、LD、DD 影碟机的视频图像,更可在大屏幕上真实投影计算机图形文字(或计算机网络信息),具有多媒体播放功能,可播放 DVD、电脑的资料;具有视频监视功能。

LED 是一种能够将电能转化为可见光的固态半导体器件,可以直接把电转化为光。作为一种理想的固态结构光源,LED 为 DLP 显示屏结构带来了革新性的变化。

投影屏幕是投影显示设备中最常使用的产品之一。投影屏幕如果与投影机搭配得当,可以得到优质的投影效果。投影屏幕从功能上一般可分为反射式、透射式两类。反射式主要用于正投,透射式主要用于背投。正投幕又分为平面幕、弧形幕。平面幕增益较小,视角较大,环境光必须较弱;弧形幕增益较大,视角较小,环境光可以较强,但屏幕反射的入射光在各方向不等。

边缘融合技术。边缘融合的应用来源于模拟仿真系统,是将一组投影机投射出的画面进行边缘重叠,并通过融合技术显示出一个没有缝隙、更加明亮、超大、高分辨率的整幅画面,画面的效果就好像是一台投影机投射的画质。当多台投影机组合投射一幅画面时,会有一部分影像灯光重叠,边缘融合的最主要功能就是把多台投影机重叠部分的灯光亮度逐渐调低，使整幅画面的亮度一致。边缘融合技术图像尺寸与画面更完整，增加了图像的分辨率与画面层次感，缩短投影距离。

5. 扩声系统

扩声系统是把讲话者的声音对听者进行实时放大的系统，讲话者和听者通常在同一个声学环境中。成功的扩声系统必须要具有足够响度和足够的还原度，并且能使声音均匀地覆盖听众，同时又不覆盖没有听众的区域。扩声系统在会议场合有着举足轻重的地位，其效果好坏甚至决定一场会议或一堂教学的成功与否。

扩声系统主要由调音台、数字处理器、功放、音箱等部分组成。调音台是现代广播、舞台扩音、音响节目制作等系统中进行播送和录制节目的重要设备。其工作原理为将多路输入信号进行放大、混合、分配、音质修饰和音响效果加工。数字处理器包括音频信号路由、混音、图示均衡、参量均衡、动态处理器、延时、增益调节等。它可以实现实时的调控，同时具有实时的记忆能力。只需前期对整个会场的扩声设备进行调节设置，上载设置到数字处理器，后期可不必调节。功放是音响系统中最基本的设备，它的任务是把来自信号源（专业音响系统中则是来自调音台）的微弱电信号进行放大以驱动扬声器发出声音。音箱是指将音频信号变换为声音的一种设备，音箱的发声部件是扬声器，俗称喇叭，是转换电子信号成为声音的换能器，可以由一个或多个组成音箱。

6. 多媒体周边设备

在现代会议中需要多种视频信号及现场环境调控，如要播放一些产品演示光碟、录像带，这就需要 DVD 和录像机，如现场环境调控所需的调光灯、荧光灯及电动窗帘等。我们把以上设备统称为多媒体周边设备。必需的一些多媒体周边设备包括信号处理设备、计算机、电子白板、现场灯光等。其中信号处理设备是将系统所有声音、图像信息的调度、切换是由音视频矩阵统一管理。多媒体会议系统的扩声系统，除满足一般厅堂扩声的要求以外，还必须能够达到与视频信号同步切换。当有多个音视频信号源时，应首先输入音视频矩阵，再做声音处理和显示输出，这样才能保证开会过程中信号源的音像同步。音像信号要采用独立端口输出，这是由于每个音视频终端的独立性。为获得完美的声场，每个扬声器所需的音频信号不同，会议模式不同，每个显示器显示的图像不同，因此在多音视频源的场所，要依据音视频源的数量，选用不同输入/输出端口的音视频矩阵，并且将音视频源信号首先输入音视频矩阵，通过集中控制系统实现音视频源信号切换，并解决音视频同步问题。

7.3.3 会议电视系统

会议电视系统是一种多媒体通信手段，可以同时实现两地或多个地点之间的图像、语音、数据的交互功能。与会人员通过视频会议系统可实时发表意见、观察对方表情和有关信息，并能展示实物、图纸、文件和实拍画面，增强与会人员的临场感。

视频会议系统按用户组成模式上分为点对点和多点（群组）视频会议系统两种。点对点的视频会议系统主要业务有：可视电话、桌面视频会议系统、会议室型视频会议系统。点对点视频会议系统只涉及两个会议终端系统，其组网结构非常简单，不需要多点控制单元（Multi control unit，MCU）。多点视频会议系统。多点视频会议系统允许三个或三个以上不同地点的参加者同时参与会议。多点视频会议系统一个关键技术是多点控制问题，多点控制单元 MCU 在通信网络上控制各个点的视频、音频、通用数据和控制信号的流向，使与会者可以接收到相应的视频，音频等信息，从而维持会议的正常进行。在多个会议场点进行多点会议时,必须设置一台或多台 MCU。多点会议组网结构比较复杂。根据 MCU 数目可以分为两类:单 MCU 方式和多 MCU 方式,而多 MCU 方式可以分为星形组网结构和树形组网结构。

视频会议系统按应用环境分为基于 Web 的视频会议系统,基于硬件的视频会议系统,基于软件的视频会议系统。Web 视频会议系统,基于 Web 的视频会议系统是把视频会议技术与 Web 技术结合,用户会简单使用 IE,就可以与对方进行点对点和点对多点的沟通,这需要运营商的支持。基于 Web 的视频会议系统采用视频中间件构建的视频服务器提供用户目录、认证授权、视频流分发等服务,在 Web 的应用服务系统中调用相应的视频软件,完成了信息发布、简历资料上传、网络面试预约、有效地实现了用户之间的交流,用户不需要安装任何额外的应用程序,使用起来非常方便。

硬件视频会议。硬件视频会议产品由视频终端,MCU,网络平台通信系统,管理工具和配件等组成。基于硬件的视频会议系统投入较大,建设复杂,灵活性不够。

软件视频会议系统。软件视频会议系统产品大部分是按自己的体系结构基于 IP 网络开发的。

视频会议系统按技术实现上分为模拟和数字两种。模拟视频会议可利用闭路有线电视系统实现单向视频会议,数字视频会议可通过软硬件计算机和通信技术实现。

一般的会议电视系统整体包括:MCU 多点控制器(视频会议服务器)、会议室终端、PC 桌面型终端、电话接入网关(PSTN Gateway)、网闸(Gatekeeper)等几个部分。各种不同的终端都连入 MCU 进行集中交换,组成一个会议电视网络。如图 7-20 所示为会议电视系统组成及结构图。

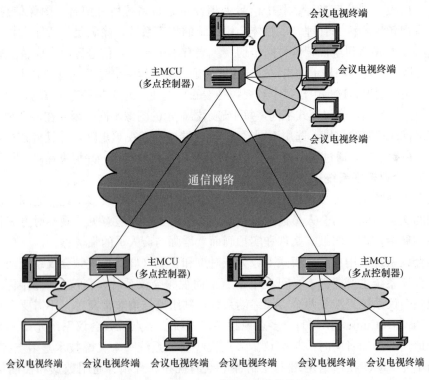

图 7-20 会议电视系统组成及结构图

1. 多点处理单元（MCU）

MCU 是会议电视系统的核心部分，为用户提供群组会议、多组会议的连接服务。目前主流厂商的 MCU 一般可以提供单机多达 32 用户的接入服务，并且可以进行级联，大型会议电视系统都在 100 点以上，超大型可以超过上千点，可以基本满足用户的使用要求。

2. 会议室终端产品

会议室终端产品是提供给用户的会议室使用的，设备自带摄像头和遥控键盘，可以通过电视机或者是投影仪显示，用户可以根据会场的大小选择不同的设备。一般会议室设备带专用摄像头，可以通过遥控方式前后左右转动从而覆盖到会议的任何人和物。

3. 桌面型（PC）终端产品

直接在电脑上进行视频会议，一般配置比较低的 PC 摄像头，常规情况下只能 1~2 人使用。

4. 电话接入网关（PSTN Gateway）

用户直接通过电话或手机可以在移动情况下加入到会议电视中来，这点对国内许多政府官员和商务人士尤其重要，可以说今后将成为会议电视不可或缺的功能。

会议电视系统在功能设计上要求在网内任意节点都可设置为主会场，便于召开现场会议。全部会场应可以显示同一画面，亦可显示本地画面。主会场可遥控操作参加会议的全部受控摄像机，调整画面的内容和清晰度。应保证摄像机摆动、倾斜、变焦、聚焦等动作要求。全部会场的画面可依次显示或任选其一，由主会场进行操作，主会场应能任意选择主席控制方式、导演控制方式、声音控制方式、演讲人控制方式四种方式进行切换。除主会场与发言会场可以进行对话外，还允许 1~2 个会场进行插话。任何会场均有权请求发言，申请发言的信号应在主会场的特设显示屏上显示，该显示屏应放在会议主席容易观察的位置。主会场应能实现对全部会场的音量调节和静音功能。根据需要，会议电视系统能实现字幕功能，并能实时修改、叠加混合。MCU 组网方式应能实现当某一会场需要长时间发言时，主会场可任意切换其他会场的画面进行轮换广播，而不中断发言会场的声音；会议进行中，能实现某一会场的实时加入。

会议电视系统设备选型要符合 ITU 的相关标准，还要满足会议电视的功能要求和主要设备的技术要求；符合技术先进、安全可靠、经济实用的原则；有利于今后系统扩容及设备扩展的能力；视频设备必须满足 PAL-D 制式；满足 2Mbps 以上更高速率的码流传送要求。

会议电视系统组网方式包括 MCU 组网方式和音、视频切换矩阵组网方式。MCU 组网方式是各会场会议电视系统终端设备通过传输信道连接到 MCU 上，通过 MCU 实现切换；音、视频切换矩阵组网方式是各会场会议电视系统终端设备通过传输信道连接到音、视频切换矩阵，通过音、视频切换矩阵进行切换。

会议电视传输信道包括专线式传输信道和交换式传输信道。音、视频切换矩阵组网方式应采用专线式传输信道，MCU 组网方式既可采用专线式传输信道，也可采用交换式传输信道。专线式传输信道应符合下列要求：应采用数字信道；应便于组织视频、音频信号的传输，便于组织会议电视管理监控信息的传输；应采用 G.703 接口。

会议电视系统设备配置包括终端设备配置、摄像机和话筒的配置、图像显示设备的配置、编辑导演设备和调音台设备的配置、会场扩声的配置、多点控制设备（MCU）的配置等。每一会场应配置一台会议电视终端设备，重要会场备用一台。每一会场至少配备一台带云台的受控摄像机、一台辅助摄像机和一台图文摄像机。面积较大的会议室，宜适当增加辅助摄像机，以保证从各个角度摄取会场全景或局部特写镜头。会场应根据要求参与发言的人数确定话筒的配置数量。话筒不宜设置过多，其数量不宜超过10个。在小会议室或在大会议室中的某一局部区域图像显示装置可选用监视器。应按监视器屏幕底边6倍的最佳视距，水平视角不大于±57°，垂直视角不大于±10°选择监视器的尺寸；在大会议室且环境照度较强的情况下，宜选用背投式投影机；在大会议室且屏幕区的环境照度小于80lx时，可选用投影机，其屏幕尺寸可比内投式投影机适当加大。当会议室会场由多个摄像机组成，应采用编辑导演设备对数个画面进行预处理，该设备应能与摄像机操作人员进行电话联系，以便及时调整所摄取的画面；单一摄像机的会场可不设编辑导演设备，由会议操作人直接操作控制摄取所需的画面。由多个话筒组成的会场，应采用多路调音台对发言话筒进行音质和音量的控制，以保证话音清晰，并防止回声干扰，单一话筒的会场可不设调音台。扬声器的布置应使会议室得到均匀的声场，且能防止声音回授；扩声系统的功率放大器应采用数个小容量功率放大器集中设置在同一机房的方式，用合理的布线和切换系统，保证会议室在损坏一台功放时不造成会场扩声中断；声音信号输入功率放大器之前，应采用均衡器和扬声器控制器进行处理，以提高声音信号的质量。多点控制设备应能组织多个终端设备的全体或分组会议，对某一终端设备送来的视频、音频、数据、信令等多种数字信号广播或传送至相关的终端设备，且不得劣化信号的质量；多点控制设备的传输信道端口数量，在2048kbps的速率时，不应少于12个；同一个多点控制设备应能同时召开不同传输速率的电视会议；多点控制设备应采用嵌入式系统，应能进行2~3级级联组网和控制。

会议室供电系统为减少经电源途径带来的电气串扰，应采用3套供电系统。第一套供电系统作为会议室照明用电；第二套用于整个终端设备、控制室设备的供电，并采用不间断电源系统（UPS）；第三套用于空调设备的供电。交流电源应按一级负荷供电。电压波动超过交流用电设备正常工作范围时，应采用交流稳压或调压设备。重要会场的MCU、CODEC、保密机应采用不间断电源。

7.4 信息引导及发布系统

7.4.1 概述

信息引导及发布系统主要用于建筑物内的某些功能区域进行电视节目或定制信息的按需发布和客户信息查询，系统通过管理网络连接到系统服务器及控制器，对信息采集系统获得的信息进行编辑及播放控制，从而满足人们对于信息传播直观、迅速、生动、醒目的要求。

信息引导及发布系统主要包括大屏幕信息发布系统和触摸屏查询系统。大屏幕一般指屏幕对角线为40寸（1.33m）及以上产品。随着信息源的丰富和实时显示信息的需要，越来越多的行业需要建立能够实时整合多路信号输入的超大屏幕显示系统。触摸屏是一种可接收触摸等输入信号的感应式显示装置，是用户和计算机之间实现互动的最简单、最直接的方式。触摸屏查询系统广泛地应用于行政机关、事业单位及其他公共服务领域，为用户提供方便快捷的政策法规、最新信息、重要通告等实时信息查询。

大屏幕信息发布系统和接触屏查询系统通过管理网络连接到信息引导及发布系统服务器和控制器，对信息采集系统收集的信息进行编辑以及播放控制。如图 7-21 所示为信息引导及发布系统组成。

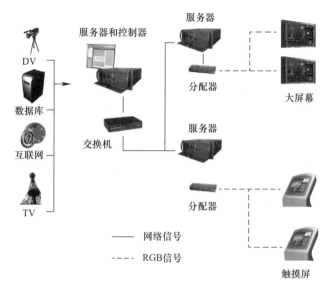

图 7-21　信息引导及发布系统组成

7.4.2　大屏幕信息发布系统

大屏幕信息发布系统具有多媒体、多途径、可实时传送的高速通信数据接口和视频接口，是一个集视频技术、计算机及网络技术、超大规模集成电路等综合应用于一体的大型电子显示系统。

信息显示装置可按下述方式分类：按显示器件可分为阴极射线管显示（CRT）、真空荧光显示（VFD）、等离子体显示（PDP）、液晶显示（LCD）、发光二极管显示（LED）、电致发光显示（ELD）、场致发光显示（FED）、白炽灯显示、LED 滚动条屏、磁翻转显示等；按显示色彩可分为单色、双基色、三基色（全彩色）；按显示信息可分为图文显示屏、视频显示屏；按显示方式可分为主动光显示、被动光显示；按使用场所可分为室内显示屏、室外显示屏；按技术要求的高低可分为（主要用于 LED 屏）A、B、C 三级。

目前工程中常用的大屏幕显示装置主要有 LED 显示屏、PDP 显示屏、LCD 显示屏、CRT 显示屏几类。LED 显示屏就是利用 LED 发光组件，在计算机信号的控制下，通过驱动电路，使 LED 器件阵列发光而显示图像。目前建筑物内、外电子公告和信息发布常利用 LED 制成滚动条屏，公共建筑中的公告栏、大型商业广告牌、新闻发布栏、车站及航空港的运行时间表等。PDP 显示屏是利用气体放电产生的等离子体引发紫外线来激发红、绿、蓝荧光粉，发出红、绿、蓝三种基色光，在玻璃平板上形成彩色图像的显示屏。LCD 是液晶屏（Liquid Crystal Display）的英文缩写，是外加电压使液晶分子取向改变，以调制透过液晶的光强度，产生灰度或彩色图像的显示屏。只要改变加在液晶上的电压值就可以控制最后出现的光线强度与色彩，这样就能在液晶面板上变化出有不同色调的颜色和组合。CRT 显示屏由电子束器件构成，从电子枪发射电子束轰击涂有荧光粉的玻璃面（荧光屏）实现电光转换，重现图像。

大屏幕信息发布系统就是由显示单元，再加上一套适当的控制器组成。所以多种规格的显示板配合不同控制技术的控制器就可以组成许多种视频显示系统，以满足不同环境、不同显示要求的需要。

1. LED 显示系统

单色、三色 LED 大屏幕显示系统主要由计算机、通信卡、控制装置及显示装置等部分组成，如图 7-22 所示。利用系统的控制软件，计算机将编辑好的图文和控制命令传送至通信卡，通信卡对这些信息进行处理后，传送给控制装置，控制装置再对信息进行处理、分配至相应的显示装置，显示装置根据前两个环节所编辑的内容循环显示信息。

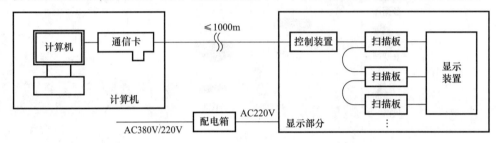

图 7-22　单色、三色 LED 大屏幕显示系统组成

LED 视频显示系统可分为甲级、乙级、丙级三级，各级的性能和指标应符合表 7-6 的规定。

各级 LED 视频显示系统的性能和指标　　　　表 7-6

项目		甲级	乙级	丙级
系统可靠性	基本要求	系统中主要设备应符合工业级标准，不间断运行时间 $7d\times 24h$		系统中主要设备应符合商业级标准，不间断运行时间 $3d\times 24h$
	平均无故障时间 MTBF	$MTBF\geqslant 10000h$	$10000h\geqslant MTBF\geqslant 5000h$	$5000h\geqslant MTBF\geqslant 3000h$
	像素失控率 P_z 室内屏	$P_z\leqslant 1\times 10^{-4}$	$P_z\leqslant 2\times 10^{-4}$	$P_z\leqslant 3\times 10^{-4}$
	室外屏	$P_z\leqslant 1\times 10^{-4}$	$P_z\leqslant 4\times 10^{-4}$	$P_z\leqslant 2\times 10^{-3}$
光电性能	换帧频率 FH	$FH\geqslant 50Hz$	$FH\geqslant 25Hz$	$FH<25Hz$
	刷新频率 FC	$FC\geqslant 300Hz$	$300Hz>FC\geqslant 200Hz$	$200Hz>FC\geqslant 200Hz$
	亮度均匀性 B	$B\geqslant 95\%$	$B\geqslant 75\%$	$B\geqslant 50\%$
机械性能	像素中心距相对偏差 J	$J\leqslant 5\%$	$J\leqslant 75\%$	$J\leqslant 10\%$
	平整度 P	$P\leqslant 0.5mm$	$P\leqslant 1.5mm$	$P\leqslant 2.5mm$
图像质量		>4 级		4 级
接口、数据处理能力		(1) 输入信号：兼容各种系统需要的视频和 PC 接口； (2) 模拟信号：达到 10bit 精度的 A/D 转换； (3) 数字信号：能够接收和处理每种颜色 10bit 信号	(1) 输入信号：兼容各种系统需要的视频和 PC 接口； (2) 模拟信号：达到 8bit 精度的 A/D 转换； (3) 数字信号：能够接收和处理每种颜色 8bit 信号	输入信号：兼容各种系统需要的视频和 PC 接口

第7章 多媒体信息设施系统

LED大屏幕显示系统安装现场设计应符合下述要求：显示屏发光面应避开强光直射；显示屏图像分辨率应≥320×240；各路模拟视频信号，在设备输入端的电平值应为$1V_{pp}\pm0.3V$；视距和像素中心距应按式（7-38）计算

$$H = k \times P \tag{7-38}$$

式中　H——视距，m；
　　　k——视距系数，最大视距宜取5520，最小视距宜取1380；
　　　P——像素中心距，m。

LED大屏幕显示系统的设计应符合下述要求：像素中心距应根据合理或最佳视距计算；背景照度小于20lx时，全彩色室外LED显示屏最高对比度不应小于800：1，室内不应小于200：1；显示屏的白场色坐标，在色温5000～9500K之间应可调节；显示屏的色度不均匀性不应大于0.14；显示屏的每种基色应具有256级（8bit）的灰度处理能力；视频显示屏的亮度应符合表7-7的规定，在重要的公共场所亮度应可调节。

视频显示屏的亮度（cd/m²）　　　表7-7

场所	种类		
	三基色（全彩色）	双色	单色
室外	≥5000	≥4000	≥2000
室内	≥800	≥100	≥60

2. LED滚动条屏系统

LED滚动条屏系统通常由计算机、单片机发送卡和滚动条屏三部分组成。其中，单片机发送卡用于信息编辑及对屏体进行控制；滚动条屏屏体由控制电路、驱动电路、电源及发光器件等组成，用来显示系统发布的信息；计算机通过其应用软件对屏幕显示内容进行图文编辑操作，控制显示屏的显示功能。LED滚动条屏系统的组成如图7-23所示。

图7-23　LED滚动条屏系统的组成

电视型视频显示系统按照显示屏器件的物理组成种类区分，电视型视频显示可分为LCD、CRT、PDP等显示屏系统；按显示屏组成数量区分，可分为单屏电视型视频显示系统和电视拼接视频显示系统。

电视型视频显示系统由计算机、控制装置和显示装置组成（图7-24）。其中，多媒体卡负责采集复合电视视频信号，并将其转换成适合计算机显示的信号，采集卡完成这些信

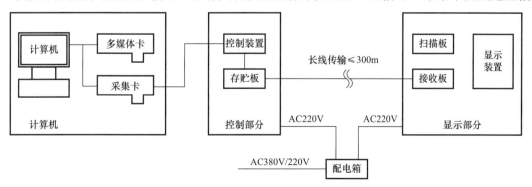

图7-24　电视型视频显示系统的组成

号和计算机上的显示信号的采集。控制装置对采集到的信息进行处理、分配至相应的显示装置，显示装置对前两个环节所编辑的内容循环显示信息。

电视型视频显示系统亦分为甲级、乙级、丙级三级，各级的性能和指标应符合表7-8的规定。

各级电视型视频显示系统的性能和指标　　　　表7-8

项目		甲级	乙级	丙级
系统可靠性	基本要求	系统中主要设备应符合工业级标准，不间断运行时间7d×24h		系统中主要设备应符合商业级标准，不间断运行时间3d×24h
	平均无故障时间MTBF	MTBF≥40000h	MTBF≥30000h	MTBF≥20000h
显示性能	拼接要求	每个独立的视频显示屏单元可在逻辑上拼接成一个完整的显示屏，并能灵活处理显示信号，实现缩放、移动、漫游、叠加等功能	同甲级的拼接要求	无
	信号显示要求	任何一路信号应能实现整屏显示、区域显示及单屏显示	任何一路信号宜实现整屏显示、区域显示及单屏显示	无
	同时实时信号显示数量	≥M(层)×N(列)×2	≥M(层)×N(列)×1.5	≥M(层)×N(列)×1
	计算机信号刷新频率	≥25f/s		≥15f/s
	视频信号刷新频率	≥24f/s		
	任一视频显示屏单元同时显示信号数量	≥8路信号	≥6路信号	无
	任一显示模式间的显示切换时间	≤2s	≤5s	≤10s
	亮度与色彩控制功能要求	应分别具有亮度与色彩锁定功能，保证显示亮度、色彩的稳定性	宜分别具有亮度与色彩锁定功能，保证显示亮度、色彩的稳定性	无
机械性能	拼缝宽度	≤1倍的像素中心距或1mm	≤1.5倍的像素中心距	≤2倍的像素中心距
	关键易耗品结构要求	应采用冗余设计与现场拆卸式模块结构	宜采用冗余设计与现场拆卸式模块结构	无
图像质量		>4级		4级
支持输入信号系统类型		数字系统		无

电视型大屏幕显示系统的设计应符合下列规定：显示单元宜采用CRT、PDP或1CD等显示器，并应具有较好的硬度、质地和较小的热膨胀系数；应能清晰显示分辨率较高的图像，并应保证图像失真小、色彩还原真实；亮度应均匀，显示画面应稳定、无闪烁；显示质量应保证显示色彩的还原性；视频显示屏单元的物理分辨率不应低于主流显示信号的显示分辨率；CRT显示屏单元对角线尺寸不小于56cm时，亮度不应低于60cd/m^2，小于56cm时亮度不应低于80cd/m^2。PDP显示屏单元对角线尺寸不大于127cm时，亮度不应低于60cd/m^2，大于127cm时亮度不应低于40cd/m^2。ICD显示屏单元亮度不应低于

$350cd/m^2$。CRT 显示屏各显示单元的对比度不应低于 150∶1。

7.4.3 触摸屏查询系统

接触屏查询系统以高效、便捷沟通等优点广泛应用于多媒体信息查询,它是将文字、图像等各类数字资源通过系统集成并整合在一个互动的平台上,具有图文并茂、有趣生动的表达形式,它赋予多媒体系统以崭新的面貌。

触摸屏查询系统由触摸检测部件和触摸屏控制器两部分组成,触摸检测部件安装在显示器屏幕的前面。当人用手指或其他物体触摸到触摸屏时,触摸检测部件即检测到用户触摸位置,接收到位置信号后将其送至触摸屏控制器。触摸屏控制器的作用是从触摸检测部件上接收触摸信息,将其转换成触点坐标,通过接口送给 CPU,同时也能够接收并执行 CPU 发来的命令。

触摸屏信息查询系统从工作原理来讲由触摸检测部件和触摸屏控制器两部分组成,触摸检测部件安装在显示器屏幕的前面。触摸检测部件用于检测用户触摸位置,接收到位置信号后将其送至触摸屏控制器。触摸屏控制器从触摸检测部件上接收触摸信息,将其转换成触点坐标,通过接口送给 CPU,同时也能够接收并执行 CPU 发来的命令。操作者仅用手指触摸显示器,即可查询各类所需信息。

按照触摸屏的工作原理和传输信息的介质,触摸屏可分为电阻式、电容式、红外式及表面声波式四类。电阻式触摸屏的主要部分以一层玻璃或硬塑料平板作为基层,表面涂有一层透明的导电膜,之上为隔片,隔片之上又涂有一层透明导电膜,最上面盖有一层外表面硬化处理、光滑防擦的塑料层。当手指触摸到上层的透明导电膜的任意位置后,该部分就与下侧的玻璃基板上的透明导电膜短路,通过测量此时的电压下降来计算触摸的位置,此即电阻触摸屏的基本原理。电容式触摸屏是一块四层复合玻璃屏,玻璃层为基层,玻璃屏的内、外面各涂有一层 ITO,一侧的 ITO 称为内表面,另一侧的 ITO 称为夹层,夹层之上是一极薄的石英玻璃保护层,夹层作为工作面,其四个角上引出四个电极,内层 ITO 为屏蔽层以保证良好的工作环境。当手指触摸在金属屏幕上时,由于人体电场,手指和触摸屏表面间会形成一个耦合电容,对于高频电流来说,电容是直接导体,于是手指从接触点吸走一个很小的电流。红外式触摸屏是利用 X、Y 方向上密布的红外线矩阵来检测并定位用户的触摸。红外触摸屏在显示器的前面安装一个电路板外框,电路板在屏幕四边排布红外发射管和红外接收管,一一对应形成横竖交叉的红外线矩阵。用户在触摸屏幕时,手指就会挡住经过该位置的横竖两条红外线,因而可以判断出触摸点在屏幕上的位置。表面声波是一种沿介质表面传播的机械波。表面声波式触摸屏由触摸屏、声波发生器、反射器和声波接收器组成,其中声波发生器能发送一种高频声波跨越屏幕表面,当手指触及屏幕时,触点上的声波即被阻止,由此确定坐标位置。

触摸屏的主要技术性能指标如下:

透射率。透射率是液晶显示器或等离子显示器因安装触摸屏而导致画质劣化时的衡量指标,透射率越高,画质劣化程度越小。相反,透射率较低时,影像显示会发暗,或者颜色不鲜艳。衡量触摸屏透射率不仅要从它的视觉效果来衡量,还应该包括透明度、色彩失真度、反光性和清晰度这四个特性。透射率较高的触摸屏是红外式触摸屏和表面声波式触摸屏,原因是这两种方式将传感器等部件配置在屏幕的显示区周围,因此给影像显示带来的影响较小。相比之下由于电阻式触摸屏与电容式触摸屏将玻璃及薄膜等配件配置在屏幕显示区上方，对影像显示的影响较大，因此其透射率不及红外式触摸屏和表面声波式触摸屏。

分辨率。一般来说，物理分辨率越高则图像显示越清晰，但也不能一味盲目地追求超高的物理分辨率。应根据实际应用、单屏尺寸、技术发展等因素综合确定分辨率。分辨率最出色的是电阻式触摸屏，其次是表面电容式触摸屏与表面声波式触摸屏，再次为投射电容式触摸屏与红外式触摸屏。目前，可手写输入的大部分便携式游戏机与电子笔记本均采用电阻式触摸屏。

准确率。由于PET材料的物理特性使得电阻式触摸屏的最高准确率只能达到98.5%，而电容式触摸屏以电流驱动，准确率可达到99%。

响应时间。如果只是单点触摸的话，或许感觉不出响应时间的重要性，如果触摸划线，响应时间就非常重要。电容式触摸屏反应快，相比而言电阻式触摸屏就差一些。新型的电容式触摸屏配控制卡，可使响应时间低于3ms。

屏幕尺寸。目前电阻式触摸屏可支持22in（558.8mm）以下的屏幕尺寸。投射电容式触摸屏支持的屏幕尺寸不超过5in（127mm），表面电容式支持的屏幕尺寸最大可达30in（762mm）。表面声波式可支持的屏幕尺寸为46in（1168.4mm）。红外式触摸屏可支持的屏幕尺寸已达120in（3048mm）。

信息查询设备在设计时应充分考虑现场安装环境，尽可能在安装方法、方式和设备布置上实现使用和维护的方便性。

屏面设计的主要原则是按照用户要求及风格，与应用场合特点相吻合，页面结构合理、浏览导航良好、条理清晰、美观大方、使用简捷。

触摸屏查询系统软件应按照用户的不同需求单独开发，以更好地完成服务功能，系统按照功能可划分为各种模块，并可指定专人定期修改、维护。各功能模块应相对独立，可以单独运行构成专用服务子系统，也可以根据业务实际情况选择相应的功能模块组合使用，各功能模块均可根据用户的需要随时进行调整。

7.5 时钟系统

时钟系统，也称子母时钟系统，为有时基要求的系统提供同步校时信号，是基于GPS高精度定位授时模块开发的基础型授时应用产品，能够按照用户需求输出符合规约的时间信息格式，完成同步授时服务。时钟系统广泛地应用于教育、金融、电力、通信及公共服务设施等各个领域。

7.5.1 时钟系统的工作原理

GPS时钟系统是时钟系统从GPS卫星上获取标准的时间信号，将这些信息传输给自动化系统中需要时间信息的设备，以达到整个系统时间同步的目的。GPS（Global Positioning System，全球定位系统）由运行在6个互呈60°的轨道面上的24颗卫星构成。每颗卫星上装有4台原子钟，其中2台伽原子钟、2台绝原子钟，一用三备。GPS卫星以L波段频率向地面全天候播发导航电文，GPS用户从接收到的信号中可得到足够的信息进行精密定位和授时。GPS系统采用单向传输方式，只有下行链路，即从卫星到用户的链路，所以全球任何一处的用户只需要用一个GPS接收机接收GPS卫星发出的信号，即可获得接收点的准确空间位置信息、同步时标及标准时间。

GPS时钟系统工作原理是通过GPS信号驯服晶振,从而实现高精度的频率和时间信号输出。即由GPS接收模块从GPS卫星接收精确的时间信息到GPS母钟,对本地高精度恒温晶体振荡器进行时间对比测量,并根据测量值,由微处理器自动计算出晶振对GPS钟的时间差,并补偿卫星及接收机间的传输时延。然后,根据时间差的方向及大小,控制移相器进行相位调整,输出与国际标准时间误差为$1\mu s$的秒脉冲信号,并通过串口输出国际标准时间、日期及所处方位等信息。

对于大区域时钟系统,可以利用现有的计算机网络系统构建局域网时钟系统,需要时基信号的系统可以从计算机网络中二级母钟上提取时钟信号与控制信号,即完全借助计算机网络系统传递时间。

7.5.2 时钟系统的组成

时钟系统由GPS天线、GPS母钟、子钟、网络时间服务器、需要时基信号的系统、路由器和交换机等组成,如图7-25所示。GPS是美国国防部研制的导航卫星测距与授时、定位和导航系统,向全球范围内提供定时和定位信息。GPS校时的工作过程是由GPS网络校时母钟的GPS接收模块从GPS卫星接收精确的时间信息,经编码处理后向服务器提供时间信息和秒脉冲信号,该时间同步于协调世界时(Universal Time Coordinated,UTC)。

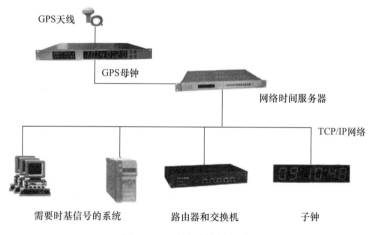

图7-25 时钟系统的组成

GPS母钟是接收标准时间信号,与自身所设置的时间信号源进行比较、校正、处理后,发送时间信号给所属子系统的装置。由于GPS工作卫星上的原子钟具有1×10^{-12}以上的频率稳定度,因此通过GPS母钟,GPS定时用户可获得毫微秒量级的时间测量精度。

网络时间服务器是一种基于NTP/SNTP协议的时间服务器,可以将GPS卫星上获得的标准时钟信号信息通过各种接口类型传输给自动化系统中需要时间信息的设备,从而使网络中的设备和机器维持时间同步。

GPS接收机接收GPS工作卫星发送的导航电文后,经内部电路进行解算,得到相应的定位信息,然后通过接口送出三维定位信号和高精度时间信号。GPS接收机通常为高精度授时型和低相噪、低漂移的双恒温槽高稳晶振,采用频率测控技术,对晶体振荡器的输出频率进行精密测量与校准,使GPS驯服晶振的输出频率精确同步在GPS系统上。

子钟是接收母钟所发送的时间信号并进行显示的装置。正常运行情况下，时钟系统一般通过422/485（或网络）总线结构，由母钟直接向各终端子钟发送标准时间信号。

中型及以上铁路旅客站、大型汽车客运站、内河及沿海客运码头、国内干线及国际航空港等公共场所，省市级广播电视及电信大楼，国家重要科研基地及其他有准确、统一计时要求的工程宜设置时钟系统。在涉外或旅游饭店中，宜设置世界钟系统。系统组成的规模和形式可按实际需求决定。

母钟站应选择两台母钟，主/备配置，并配备自动倒备装置，当主母钟故障时，备用母钟自动投入。母钟站应配置分路输出控制盘，控制盘上每路输出均应有一面分路显示子钟。母钟应为电视信号标准时钟或全球定位报时卫星（GPS）标准时钟。

母钟站站址宜与电话机房、广播电视机房及计算机机房等其他通信机房合并设置。母钟站内设备应安装在机房的侧光或背光面，并远离散热器、热力管道等。母钟控制屏分路子钟最下排钟面中心距地不应小于1.5m，母钟的正面与其他设备的净距离不应小于1.5m。

时钟系统的线路可与通信线路合并，不宜独立组网。时钟线对应相对集中并加标志。

子钟网络宜按负荷能力划分为若干分路，每分路宜合理划分为若干支路，每支路单面子钟数不宜超过10面。远距离子钟可采用并接线对或加大线径的方法来减小线路电压降。一般不设电钟转送站。

子钟的指针式或数字式显示形式及安装地点，应根据使用需求确定，并应与建筑环境装饰协调一致。子钟的安装高度，室内不应低于2m，室外不应低于3.5m。

本 章 小 结

本章首先概述有线电视及卫星电视接收系统、公共广播系统、会议系统、信息引导及发布系统和时钟系统六种多媒体信息设施系统，随后介绍了各个系统的分类及组成、工作原理及在工程设计中的技术要求和主要技术指标。

思考题与习题

1. 分支损耗与插入损耗之间有何关系？
2. 均衡器衰减特性如何？
3. 有线电视的结构由哪些部分组成？各部分的作用是什么？
4. 卫星电视地面接收系统由哪些器件组成，它们的作用是什么？
5. 放大器的主要技术指标都有哪些？
6. 公共广播系统由哪几部分组成，各部分具有什么功能？
7. 高电平传输系统与低电平传输系统主要区别是什么，各有什么特点？
8. 试说明调频传输系统的工作原理。
9. 如何实现火灾紧急广播的强切功能？
10. 紧急广播系统有哪些特点？由哪些部分组成？
11. 简述公共广播系统的设计步骤及基本原则。
12. 简述公共广播系统的分区原则。

13. 简述公共广播系统传输线缆及规格的选择原则。
14. 简述公共广播系统控制室的设置原则。
15. 某酒店15层，其中一层为大厅，广播设备容量为70W，二层、三层为餐厅，每层广播设备容量为110W；四层～十五层为客房，每层广播设备容量为90W。该广播系统线路损耗为1dB。试计算该酒店功放设备总容量。
16. 数字会议系统的组成及各系统的功能有哪些？
17. 什么是边缘融合技术？它有哪些优势和特点？
18. 什么是视频会议系统？分为哪些类型？
19. 视频会议系统的组成及各部分的功能有哪些？
20. 简述大屏幕信息发布系统中信息显示装置的分类。
21. 简述触摸屏查询系统的组成。
22. 简述时钟系统的作用及组成。
23. 简述触摸屏查询系统的工作原理。
24. 简述时钟系统的工作原理。
25. 有一个550MHz的CATV系统，如图7-26所示的用户分配系统图，某住宅楼共四个单元，层高4m，楼层放大器出口电平为100dB/105dB，选择各楼层分支器，并计算A单元用户电平。分支器到用户的为15m，用户端电平规范规定的（70±5）dBμV。

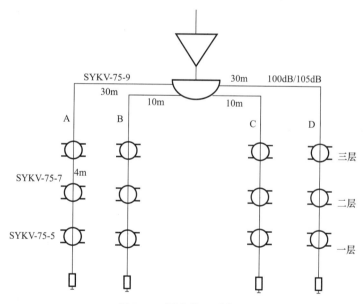

图7-26 用户分配系统图

第 8 章　信息机房系统

机房工程是智能化系统的一个重要部分。机房工程涵盖了建筑装修、供电、照明、防雷、接地、UPS不间断电源、精密空调、环境监测、火灾报警及灭火、门禁、防盗、闭路监视、综合布线、动力环境监控和系统集成等技术。机房的种类繁多，其特点就是面积较大，电源和空调不允许中断，是综合布线和信息化网络设备的核心；监控机房（电视监视墙、矩阵主机、画面分割器、硬盘录像机、防盗报警主机、编/解码器、楼宇自控、门禁、车库管理主机房）是有人值守的重要机房；消防机房（火灾报警主机、灭火联动控制台、紧急广播机柜等）也是有人值守的重要机房。此外，还有屏蔽机房、卫星电视机房等。

智能建筑机房工程指为智能化系统的中心控制设备和装置等提供安装条件、地点，建立确保各系统安全、稳定和可靠地运行与维护的建筑环境（控制中心）而实施的综合工程。机房工程范围一般包括信息中心设备机房、数字程控交换机系统设备机房、通信系统总配线设备机房、消防监控中心机房、安全防范监控中心机房、智能化系统设备总控室、通信接入系统设备机房、有线电视前端设备机房、弱电间（电信间）和应急指挥中心机房及其他智能化系统的设备机房。

8.1　信息机房系统概述

8.1.1　信息机房的发展历程

伴随着20世纪中期计算机的产生，机房这一名词应运而生。我国随着计算机技术的不断发展，与之配套的机房也在迅速发展，其发展大致可分为以下四个时期：

1. 前期机房（1960—1980年）

前期的机房是为某台计算机（大、中、小型机）专门建设的，并没有统一的标准，完全是在摸索中建设的。这时的机房只有降温措施，但没有精密的温度控制，也没有测试和指标。还采用的是风道送风，稳压器供电，缺乏对电力干扰（尖峰、浪涌）的防范，也没有严格的除尘措施。仅限于换鞋、穿白大褂。由于是普通的双开门，所以有很大的缝隙。恶劣的环境加上早期计算机的性能较差导致计算机系统稳定工作时间只有几十分钟到几个小时，往往一天就要发生好几次故障。有时坏1次却要修1~2天，可用性极差。

2. 中期机房（1980—1990年）

由于计算机系统的产生，出现了专门为单个计算机系统设计的机房，有了专用的机柜（大、中、小机柜），并且开始逐步制订标准，包括机房选址、面积等。机房制冷也从集中冷却到采用恒温恒湿的专用空调机，机房设计上引进了防静电概念，使用了防静电地板。在设备上也引进了UPS等设备。消防系统方面采用自动与半自动的应用，具有大机房面积、宽设备运输通道，能够对单个指标进行测试和监控。机房除尘方面采用新风系统和机房正压防灰尘。所谓机房正压就是通过一个类似打气筒的设备向机房内部持续不断地输入新鲜、过滤好的空气，加大机房内部的气压，由于机房内外的压差，使机房内的空气通过密闭不严的窗户、门的缝隙向外泄气，从而达到防尘的效果。这时候的计算机系统能稳定工作几天，并且已经开始引入模块化的概念。

3. 后期机房（1990—2000 年）

IT 设备逐渐小型化，服务器逐步成为主体，多台计算机、服务器联网，开始大量共用网络设备。数据的存储介质水平逐渐提高，对数据进行了更严格的保护，从而制订了新的标准，并广泛使用恒温恒湿的专用空调。供电系统的完善，采用了大量 UPS，对防雷标准也进行了完善，并有了综合的监控系统，专门的机房装修设计。这时候的 IT 系统稳定工作时间为几十天，可用性和可靠性均有了大幅提升。但此时的服务器还是每台配备一套显示器键盘鼠标，这就大大浪费了资源。

4. 现代机房（21 世纪）

IT 设备进一步小型化，所有设备都进入机架，机架成为机房 IT 设备的主体。具有更合理的可用性设计，更高的实用性、先进性、灵活可扩展性、可管理性、可维护性，设备更加标准化。并且加强了对数据保存环境的重视，对机房建设进行了更加严格的监测与监督。IT 设备的工作时间基本上是连续的，可保持 24h 不关机。这时候的系统能够稳定工作几个月或者时间更持久。随着 IT 设备的发展，NCPI 理念应运而生，并成为未来机房的发展趋势。

8.1.2 信息机房的分级和性能要求

数据中心应划分为 A、B、C 三级。设计时应根据数据中心的使用性质、数据丢失网络中断在经济或社会上造成的损失或影响程度确定所属级别。

符合下列情况之一的数据中心应为 A 级：

（1）电子信息系统运行中断将造成重大的经济损失；

（2）电子信息系统运行中断将造成公共场所秩序严重混乱。

符合下列情况之一的数据中心应为 B 级：

（1）电子信息系统运行中断将造成较大的经济损失；

（2）电子信息系统运行中断将造成公共场所秩序混乱。

不属于 A 级或 B 级的数据中心应为 C 级。

在同城或异地建立的灾备数据中心，设计时宜与主用数据中心等级相同。

数据中心基础设施各部分组成宜按照相同等级的技术要求进行设计，也可按照不同等级的技术要求进行设计。当各组成部分按照不同等级进行设计时，数据中心的等级按照其中最低等级部分确定。例如，电气按照 A 级技术要求进行设计，而空调按照 B 级技术要求进行设计，则此数据中心的等级为 B 级。

性能要求：

（1）A 级信息机房内的场地设施须按容错系统配置，在电子信息系统运行期间，场地设施不应因操作失误、设备故障、外电源中断、维护和检修而导致电子信息系统运行中断。

（2）B 级信息机房内的场地设施须按冗余要求配置，在电子信息系统运行期间，场地设施在冗余能力范围内，不应因设备故障而导致电子信息系统运行中断。

(3) C级信息机房内的场地设施应按基本需求配置,在场地设施正常运行情况下,应保证电子信息系统运行不中断。

8.1.3 信息机房设计依据

信息机房设计依据:

(1) 机房宜采用矩形平面布局。

(2) 与机房内智能化系统无关的管道不应穿越机房。

(3) 机房的空调系统如采用整体式空调机组并设置在机房内时,空调机组周围宜设漏水报警装置,并应对加湿进水管及冷水管采取排水措施。

(4) 大型公共建筑的信息网络机房、智能化系统总控室、安防监控中心等宜设置机房综合管理系统和机房安全系统。

8.1.4 信息机房的组成

1. 信息网络机房设计

信息网络机房设计应符合下列规定:

(1) 信息机房的组成应根据系统运行特点及设备具体要求确定,宜由主机房、辅助区、支持区、行政管理区等功能区组成。

(2) 在灾难发生时,仍需保证电子信息业务连续性的单位,应建立灾备数据中心。灾备数据中心的组成应根据安全需求、使用功能和人员类别划分为限制区、普通区和专用区。

辅助区和支持区的面积之和可为主机房面积的 1.5～2.5 倍。用户工作室的使用面积可按 4～5m²/人计算;硬件及软件人员办公室等有人长期工作的房间,使用面积可按 5～7m²/人计算。

辅助区和支持区的面积主要与数据中心的等级、机柜功率密度、空调冷却方式等因素有关,当数据中心总建筑面积一定时,机柜功率密度越高,支持区需要的面积越大,主机房面积越小。

图 8-1 数据中心布线系统基本结构机房封闭式冷通道设计图

对于前进风/后出风方式冷却的设备,要求设备的前面为冷区,后面为热区,这样有利于设备散热和节能。当机柜或机架成行布置时,要求机柜或机架采用面对面、背对背的方式。机柜或机架面对面布置形成冷通道,背对背布置形成热通道,冷热通道隔离更有利于节能。图 8-1 为数据中心布线系统基本结构机房封闭式冷通道设计图。

(1) 机房组成应根据设备以及工作运行特点要求确定,宜由主机房、管理用房、辅助设备用房等组成。

(2) 机房的面积应根据设备布置和操作、维护等因素确定,并应留有发展余地。机房的使用面积宜符合下列规定:

主机房面积可按下列方法确定:

当系统设备已选型时,按下式计算:

$$A = K \sum S \tag{8-1}$$

式中　A——主机房的使用面积，m^2；
　　　K——系数，取值 5~7；
　　　S——系统设备的投影面积，m^2。

当系统设备未选型时，按下式计算：

$$A = KN \tag{8-2}$$

式中　K——单台设备占用面积，m^2/台，可取 $4.5\sim5.5m^2$/台；
　　　N——机房内所有设备的总台数，台。

（3）辅助区和支持区的面积之和可为主机房面积的 1.5~2.5 倍。

（4）用户工作室的使用面积可按 $4\sim5m^2$/人计算；用户工作室及硬件、软件人员办公室等有人长期工作的房间，使用面积可参照上文所述方式计算。

2. 合用机房设计

合用机房设计应符合下列规定：

（1）合用机房使用面积可按下式计算：

$$A = K \sum S \tag{8-3}$$

式中　A——机房的使用面积，m^2；
　　　K——需要系数，需分类管理的子系统数量 n：$n \leqslant 3$ 时，K 取 1；n 为 4~6 时，K 取 0.8；$n \geqslant 7$ 时，K 取 0.6~0.7；
　　　S——每个需要分类管理的智能化子系统占用的合用机房面积，m^2/个。

（2）机房的长宽比不宜大于 4∶3。设有大屏幕显示屏的机房，面对显示屏的机房进深不宜小于 5m。

（3）当合用机房内设备运行环境条件要求较高或设备较多，其发热、噪声干扰影响较大时，操作人员经常工作的房间与设备机房之间宜采用玻璃墙隔开。

（4）合并设置机房时，各系统设备宜统一安装于标准机柜内，并宜统一供电、统一敷设，不同系统的设备、线缆、端口等应有明显的标识。

8.2　信息机房选址与布局

在保证电力供给、通信畅通、交通便捷的前提下，数据中心的建设应选择气候环境温度相对较低的地区，这样有利于降低能耗。

在确定主机房的位置时，应对安全、设备运输、管线敷设、雷电感应、结构荷载、水患及空调系统室外设备的安装位置等问题进行综合分析和经济比较。

数据中心位置选择应尽可能远离产生粉尘、有害气体、强振源、强噪声源等场所，避开强电磁场干扰。对数据中心选址地区的电磁场干扰强度不能确定时，需作实地测量，电磁场干扰强度时，应采取屏蔽措施。

水灾隐患区域主要是指江、河、湖、海岸边，A 级数据中心的防洪标准应按 100 年重现期考虑；B 级数据中心的防洪标准应按 50 年重现期考虑。在园区内选址时，数据中心不应设置在园区低洼处。

8.2.1 信息机房选址

1. 机房位置选择

机房位置选择应符合下列规定：

（1）机房宜设在建筑物首层及以上各层，当有多层地下室时，也可设在地下一层；

（2）机房不应设置在厕所、浴室或其他潮湿、易积水场所的正下方或与其贴邻；

（3）机房应远离振动源和强噪声源的场所，当不能避免时，应采取有效的隔振、消声和隔声措施；

（4）机房应远离强电磁场干扰场所，当不能避免时，应采取有效的电磁屏蔽措施；

（5）机房的设置应满足设备运行环境、安全性及管理、维护等要求。

2. 大型公共建筑

大型公共建筑宜按使用功能和管理职能分类集中设置机房，并应符合下列规定：

（1）信息设施系统总配线机房宜与信息网络机房及用户电话交换机房靠近或合并设置；

（2）安防监控中心宜与消防控制室合并设置；

（3）与消防有关的公共广播机房可与消防控制室合并设置；

（4）有线电视前端机房宜独立设置；

（5）建筑设备管理系统机房宜与相应的设备运行管理、维护值班室合并设置或设于物业管理办公室；

（6）信息化应用系统机房宜集中设置，当火灾自动报警系统、安全技术防范系统、建筑设备管理系统、公共广播系统等的中央控制设备集中设在智能化总控室内时，不同适用功能或分属不同管理职能的系统应有独立的操作区域；

（7）有工作人员长时间值守的机房附近宜设卫生间和休息室。

8.2.2 信息机房布局

1. 信息网络机房设置

信息网络机房设置应符合下列要求：

（1）自用办公建筑或信息化应用程度较高的公共建筑，信息网络机房宜独立设置；

（2）商业类建筑信息网络机房应根据其应用、管理及经营需要设置，可单独设置，亦可与信息设施系统总配线机房、建筑设备管理系统等机房合并设置。

2. 建筑设备管理系统机房设置

建筑设备管理系统机房设置应符合下列要求：

（1）建筑设备管理系统中各子系统宜合并设置机房；

（2）合设机房宜设于建筑物的首层、二层或有多层地下室的地下一层，其使用面积不宜小于 $20m^2$；

（3）分设机房时，每间机房使用面积不宜小于 $10m^2$；

（4）大型公共建筑必要时可设分控室。

3. 安防监控中心设置

安防监控中心设置应符合下列要求：

（1）安防监控中心宜设于建筑物的首层或有多层地下室的地下一层，其使用面积不宜小于 $20m^2$；

(2) 综合体建筑或建筑群安防监控中心应设于防护等级要求较高的综合体建筑或建筑群的中心位置；在安防监控中心不能及时出警的部位宜增设安防分控室。

4. 进线间（信息接入机房）设置

进线间（信息接入机房）设置应符合下列要求：

(1) 单体公共建筑或建筑群内宜设置不少于1个进线间，多家电信业务经营者宜合设进线间；

(2) 进线间宜设置在地下一层并靠近市政信息接入点的外墙部位；

(3) 进线间应满足线缆的敷设路由、成端位置及数量、光缆的盘长空间和线缆的弯曲半径、配线设备、入口设施安装对场地空间的要求；

(4) 进线间的面积应按通局管道及入口设施的最终容量设置，并应满足不少于3家电信业务经营者接入设施的使用空间与面积要求，进线间的面积不应小于$10m^2$；

(5) 进线间设置在只有地下一层的建筑物内时，应采取防渗水措施，宜在室内设置排水地沟并与设有抽、排水装置的集水坑相连；

(6) 当进线间设置涉及国家安全和机密的弱电设备时，涉密与非涉密设备之间应采取房间分隔或房间内区域分隔措施。

5. 弱电间（弱电竖井）设置

弱电间（弱电竖井）设置应符合下列要求：

(1) 弱电间宜设在进出线方便，便于设备安装、维护的公共部位，且为其配线区域的中心位置；

(2) 智能化系统较多的公共建筑应独立设置弱电间及其竖井；

(3) 弱电间位置宜上下层对应，每层均应设独立的门，不应与其他房间形成套间；

(4) 弱电间不应与水、暖、气等管道共用井道；

(5) 弱电间应避免靠近烟道、热力管道及其他散热量大或潮湿的设施；

(6) 当设置综合布线系统时，弱电间至最远端的线缆敷设长度不得大于90m；当同楼层及临层弱电终端数量少，且能满足铜缆敷设长度要求时，可多层合设弱电间；

(7) 智能化系统性质重要、可靠性要求高或高度超过250m的公共建筑，宜增设1个弱电间（竖井）；

(8) 弱电间的面积应满足设备安装、线路敷设、操作维护及扩展的要求。

6. 弱电间（弱电竖井）

弱电间（弱电竖井）设计应符合下列规定：

(1) 弱电间与配电间宜分开设置，当受条件限制必须合设时，强、弱电设备及其线路必须分设在房间的两侧，各种设备箱体前宜留有不小于0.8m的操作、维护距离。

(2) 弱电间的面积，宜符合下列规定：

1) 采用落地式机柜的弱电间，面积不宜小于2.5m（宽）×2.0m（深）；当弱电间覆盖的信息点超过400点时，每增加200点应增加$1.5m^2$（2.5m×0.6m）的面积。

2) 采用壁挂式机柜的弱电间，系统较多时，弱电间面积不宜小于3.0m（宽）×0.8m（深）；系统较少时，面积不宜小于1.5m（宽）×0.8m（深）。

3) 当多层建筑弱电间短边尺寸不能满足0.8m的要求时，可利用门外公共场地作为维护、操作的空间，弱电间房门应将设备安装场地全部敞开，但弱电间短边尺寸不应小于0.6m。

（3）当弱电间内设置涉密弱电设备时，涉密弱电间应与非涉密弱电间分别设置；当建筑面积紧张，且能满足越层水平线缆敷设长度要求时，可分层、分区域设置涉密弱电间和非涉密弱电间。

（4）弱电间内的设备箱宜明装，安装高度宜为箱体底边距地 0.5～1.5m。

8.3　信息机房的空气环境

8.3.1　信息机房空气环境要求

机房的环境条件应符合下列要求：

（1）对环境要求较高的机房，其空气含尘浓度，在静态或动态状况下测试，每立方米空气中大于或等于 0.5μm 的悬浮粒子数，应小于 1.76×10^7 粒；

（2）机房内的噪声，在系统停机状况下，在操作员位置测量应小于 65dB（A）；

（3）当机房的电磁环境不符合智能化系统的安全运行标准或信息涉密管理规定时，应采取屏蔽措施。

8.3.2　信息机房对相关专业的要求

1. 土建专业要求

对土建专业的要求应符合下列规定：

（1）各类机房的室内净高、荷载及地面、门窗等要求，应符合表 8-1 的规定；

（2）机房内敷设活动地板时，应符合现行行业标准《防静电活动地板通用规范》SJ/T 10796 的要求；地板敷设高度应按实际需求确定，宜为 200～350mm；

（3）弱电间预留楼板洞上下对齐，楼板洞尺寸和数量应为发展留有余地，布线后应采用与楼板相同耐火等级的防火堵料封堵；

（4）弱电间地面宜抬高 150mm，当抬高地面有困难时，门口应设置不低于 150mm 高的挡水门槛；

（5）当机房内设有用水设备时，应采取防止漫溢和渗漏的措施；

（6）机房内装修设计和材料尚应符合现行国家标准《建筑内部装修设计防火规范》GB 50222 的要求。

2. 电气、暖通专业要求

各类机房对电气、暖通专业的要求应符合表 8-2 的规定。

8.3.3　信息机房新风系统技术设计

采用冷水空调系统的 A 级数据中心宜设置蓄冷设施，蓄冷时间应满足电子信息设备的运行要求；控制系统、末端冷水泵、空调末端风机应由不间断电源系统供电；冷水供水回路宜采用环形管网或双供双回方式。当水源不能可靠保证数据中心运行需要时，A 级数据中心也可采用两种冷源供应方式。

数据中心的风管及管道的保温、消声材料和胶粘剂，应选用非燃烧材料或难燃 B1 级材料。冷表面应作隔气、保温处理。

采用活动地板下送风时，地板的高度应根据送风量确定。

主机房应维持正压。主机房与其他房间、走廊的压差不宜小于 5Pa，与室外静压差不宜小于 10Pa。

第8章 信息机房系统

各类机房对土建专业的要求

表 8-1

房间名称		室内净高（梁下或风管下）(m)	楼、地面等效均布活荷载 (kN/m²)		地面材料	顶棚、墙面	门（及宽度）	窗
电话站	程控交换机室	≥2.5	≥4.5		防静电活动地板	饰材浅色、不反光、不起灰	外开双扇防火门（1.2～1.5m）	良好防尘
	总配线架室	≥2.5	≥4.5		防静电活动地板	饰材浅色、不反光、不起灰	外开双扇防火门（1.2～1.5m）	良好防尘
	话务室	≥2.5	≥3.0		防静电活动地板	吸声材料	隔声门（1.0m）	良好防尘设纱窗
	电力电池室	≥2.5	<200Ah时	4.5	防尘、防滑地面	饰材不起灰	外开双扇防火门（1.2～1.5m）	良好防尘
			200~400Ah时	6.0				
			≥500Ah时	10.0				
进线间（信息接入机房）		≥2.5	≥3.0		水泥地	墙身及顶棚需防潮	外开双扇防火门（≥1.0m）	—
信息网络机房		≥2.5	≥4.5		防静电活动地板	饰材浅色、不反光、不起灰	外开双扇防火门（1.2～1.5m）	良好防尘
建筑设备管理机房		≥2.5	≥4.5		防静电活动地板	饰材浅色、不反光、不起灰	外开双扇防火门（1.2～1.5m）	良好防尘
信息设施系统总配线机房		≥2.5	≥4.5		防静电活动地板	饰材浅色、不反光、不起灰	外开双扇防火门（1.2～1.5m）	良好防尘
广播室	录播室	≥2.5	≥2.0		防静电地毯	吸声材料	隔声门（1.0m）	隔声窗
	设备室	≥2.5	≥4.5		防静电活动地板	饰材浅色、不反光、不起灰	双扇门（1.2～1.5m）	良好防尘设纱窗
消防控制室		≥2.5	≥4.5		防静电活动地板	饰材浅色、不反光、不起灰	外开双扇甲级防火门（1.5m）或（1.2m）	良好防尘设纱窗

续表

房间名称		室内净高（梁下或风管下）(m)	楼、地面等效均布活荷载 (kN/m²)	地面材料	顶棚、墙面	门（及宽度）	窗
安防监控中心		≥2.5	≥4.5	防静电活动地板	饰材浅色、不反光、不起灰	外开双扇防火门（1.5m）或（1.2m）	良好防尘设纱窗
有线电视前端机房		≥2.5	≥4.5	防静电活动地板	饰材浅色、不反光、不起灰	外开双扇隔声门（1.2~1.5m）	良好防尘设纱窗
会议电视	电视会议室	≥2.5	≥3.0	防静电地毯	吸声材料	双扇门（1.2~1.5m）	隔声窗
	控制室	≥2.5	≥4.5	防静电活动地板	饰材不反光、不起灰	外开单扇门（≥1.0m）	良好防尘
	传输室	≥2.5	≥4.5	防静电活动地板	饰材不反光、不起灰	外开单扇门（≥1.0m）	良好防尘
弱电间		≥2.5	≥4.5	水泥地	墙身及顶棚需防潮	外开单扇门（≥0.7m）	—

注：
1. 如选用设备的技术要求高于本表所列要求，应遵照选用设备的技术要求执行；
2. 当300Ah及以上容量的免维护电池需置于楼上时不应叠放，如需叠放，应将其布置于梁上，并需另行计算楼板负荷；
3. 电视会议室最低净高一般为3.5m，室内设备高度按2.0m考虑；
4. 室内净高不含活动地板高度，当会议设备较大时，应按最佳容积比来确定，其混响时间宜为0.6~0.8s；
5. 会议电视室的围护结构应采用具有良好隔声性能的非燃烧材料或难燃材料，其隔声声量不低于50dB（A）；电视会议室的内壁、顶棚、地面应做吸声处理，室内噪声不应超过35dB（A）；
6. 电视会议室的装饰布置，严禁采用黑色和白色作为背景色。

第8章 信息机房系统

各类机房对电气、暖通专业的要求

表 8-2

房间名称		温度（℃）	相对湿度（%）	通风	照度（lx）	备注 应急照明	备注
电话站	程控交换机室	18~28	30~75	—	500 （0.75m水平面）	设置	注 2
	总配线架室	18~28	30~75	—	200 （地面）	设置	注 2
	话务室	18~28	30~75	—	300 （0.75m水平面）	设置	注 2
	电力电池室	18~28	30~75	注 2	200 （地面）	—	—
进线间（信息接入机房）、弱电间		18~28	30~75	注 1	200 （地面）	—	—
信息网络机房		18~28	30~70	—	500 （0.75m水平面）	设置	注 2
建筑设备管理机房		18~28	30~70	—	500 （0.75m水平面）	设置	注 2
信息设施系统总配线机房		18~28	30~75	—	200 （地面）	设置	—
广播室	录播室	18~28	30~80	—	300 （0.75m水平面）	设置	注 2
	设备室	18~28	30~80	—	300 （地面）	—	—
消防控制室		18~28	30~80	—	500 （0.75m水平面）	设置	注 2
有线电视前端机房		18~28	30~75	注 3	750 （0.75m水平面）（注 4）	设置	注 2
会议电视	电视会议室	18~28	30~75	—	≥300 （0.75m水平面）	设置	—
	控制室	18~28	30~75	—	≥300 （地面）	设置	—
	传输室	18~28	30~70	注 1	≥300 （地面）	设置	—
弱电间	有网络设备	18~28	30~70	—	—	—	—
	无网络设备	5~35	30~80	—	≥200 （地面）	设置	注 2

注：1. 地下电缆进线室一般采用轴流式通风机，排风按每小时不大于 5 次换风量计算，并保持负压；
2. 采用空调的机房应保持微正压；
3. 电视会议室新风换气量应按每人大于等于 30m³/h；
4. 投影电视电视屏幕照度不宜高于 75lx，电视会议室照度应均匀可调，会议室的光源应采用色温 3200K 的三基色灯。

空调系统的新风量应取下列两项中的最大值：

（1）按工作人员计算，每人 $40m^3/h$；

（2）维持室内正压所需风量。

主机房内空调系统用循环机组宜设置粗效过滤器或中效过滤器。新风系统或全空气系统应设置粗效和中效空气过滤器，也可设置亚高效空气过滤器和化学过滤装置。末级过滤装置宜设置在正压端。

设有新风系统的主机房，在保证室内外一定压差的情况下，送排风应保持平衡。

打印室、电池室等易对空气造成二次污染的房间，对空调系统应采取防止污染物随气流进入其他房间的措施。

数据中心专用空调机可安装在靠近主机房的专用空调机房内，也可安装在主机房内。

采用全新风空调系统时，应对新风的温度、相对湿度、空气含尘浓度等参数进行检测和控制。寒冷地区采用水冷冷水机组空调系统时，冬季应对冷却水系统采取防冻措施。

冷水供回水管路宜采用环形管网或双供双回方式。当 A 级数据中心采用两种冷源供应时两种冷源供应方式包括水冷机组与风冷机组的组合、水冷机组与直膨式机组的组合等。为保证供水连续性，避免单点故障，冷水供回水管路宜采用环形管网，如图 8-2 所示；当冷水系统采用双冷源时，冷水供回水管路可采用双供双回方式，如图 8-3 所示。

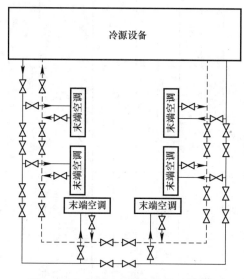

图 8-2　冷水供回水管路采用环形管网

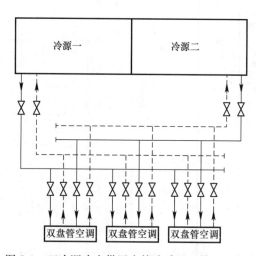

图 8-3　双冷源冷水供回水管路采用双供双回方式

空调对于电子信息设备的安全运行至关重要，因此机房空调设备的选用原则首先是高可靠性，其次是运行费用低、高效节能、低噪声和低振动。不同等级的数据中心对空调系统和设备的可靠性要求也不同，应根据机房的热湿负荷、气流组织形式、空调制冷方式、风量、系统阻力等参数及规范的相关技术要求执行。气候条件是指数据中心建设地点极端气候条件。建筑条件是指空调机房的位置、层高、楼板荷载等。如果选用风冷机组，应考虑室外机的安装位置；如果选用水冷冷水机组，应考虑冷却塔的安装位置。

空调系统和设备应根据数据中心的等级、气候条件、建筑条件、设备的发热量等进行选择。空调系统无备份设备时，为了提高空调制冷设备的运行可靠性及满足将来电子信息设备的少量扩充,要求单台空调制冷设备的制冷能力预留15%～20%的余量。

机房专用空调、行间制冷空调宜采用出风温度控制。空调机应带有通信接口,通信协议应满足数据中心监控系统的要求,监控的主要参数应接入数据中心监控系统,并应记录、显示和报警。主机房内的湿度可由机房专用空调、行间制冷空调进行控制,也可由其他加湿器进行调节。空调设备的空气过滤器和加湿器应便于清洗和更换,设计时应为空调设备预留维修空间。

数据中心空调系统常用的几种气流组织形式有:地板下送风方式、行间制冷送风方式、全新风自然冷却送风方式等。

1. 地板下送风方式

地板下送风是目前数据中心普遍采用的一种送风方式,空调机组的风机直接向架空地板下方输送冷风,在地板下形成冷风静压箱,并通过开孔地板进入冷通道,IT设备产生的热风通过热通道返回空调机组,形成气流循环。

采用计算流体动力学(Computational Fluid Dynamics,CFD)仿真可以发现机柜是否存在热点,是否存在气流组织短路或者热风回流现象、快速定位问题,需要改进以及验证改进后的效果。图8-4为地板下送风方式CFD图。

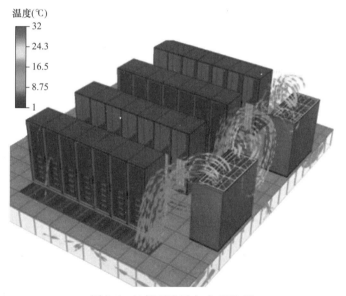

图8-4 地板下送风方式CFD图

2. 行间制冷送风方式

行间空调配合机柜封闭冷通道形成微模块,空调送回风口距离机柜更近,送风距离更短,风阻更低,可以解决高功率密度机柜的散热问题。当某台空调失效,冷量不足,空调回风需要绕过很长一段距离,风阻增加,空调制冷效率降低。设计时应考虑这种情况的发生,应采用CFD仿真来检验空调失效情况下,模块散热能力的变化,图8-5为行间制冷送风方式图。

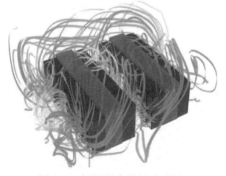

图8-5 行间制冷送风方式图

3. 全新风自然冷却送风方式

根据室外温度及空气质量，全新风自然冷却送风方式有三种运行模式：完全自然冷却、部分自然冷却及完全机械冷却方式。全新风自然冷却方式在国内没有成熟的经验数据，需要采用CFD仿真验证各种模式下气流组织是否良好，机柜是否存在热点。图8-6为完全自然冷却方式CFD图。

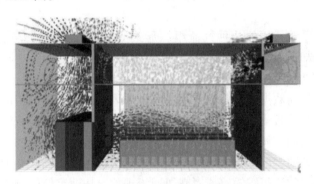

图8-6　完全自然冷却方式CFD图

8.4　信息机房电气系统要求

8.4.1　信息机房对供电系统的总体要求

信息机房对供电系统的总体要求为：

（1）机房用电负荷等级及供电要求应根据数据中心的等级，按现行国家标准《供配电系统设计规范》GB 50052的要求执行。

（2）电子信息设备采用直流电源供电时，供电电压应符合电子信息设备的要求。

（3）供配电系统应为电子信息系统的可扩展性预留备用容量。

8.4.2　信息机房供配电与照明设计

1. 供配电设计

数据中心应由专用变压器或专用回路供电，变压器宜采用干式变压器，变压器宜靠近负荷中心。数据中心低压配电系统的接地形式宜采用TN系统。采用交流电源的电子信息设备，其配电系统应采用TN-S系统。

信息网络机房、用户电话交换机房、消防控制室、安防监控中心、智能化总控室、公共广播机房、有线电视前端机房和建筑设备管理系统机房等宜设置专用配电箱。

各机房采用不间断电源装置或直流屏连续供电时间应符合表8-3的规定。

各机房不间断电源（UPS）装置或直流屏连续供电时间　　　　表8-3

机房名称	连续供电时间	供电范围	备注
安防监控中心	≥0.25h	安全技术防范系统主控设备	建筑物内有发电机组时
	≥3h	安全技术防范系统主控设备	建筑物内无发电机组时
用户电话交换机房	≥0.25h	电话交换机、话务台	建筑物内有发电机组时
	8h		建筑物内无发电机组时

续表

机房名称	连续供电时间	供电范围	备注
信息网络机房	≥0.25h	交换机、服务器、路由器、防火墙等网络设备	建筑物内有发电机组时
	≥2h		建筑物内无发电机组时
消防控制室	≥2h	火灾自动报警及联动控制系统	系统自带

注：1. 蓄电池组容量不应小于系统设备额定功率的1.5倍；
  2. 用户电话交换机房由发电机组供电时应按8h备油；
  3. 避难层（间）设置的视频监控摄像机和安防监控中心的主控设备无柴油发电机供电时应按3h备电。

  数据中心内采用不间断电源系统供电的空调设备和电子信息设备不应由同一组不间断电源系统供电；测试电子信息设备的电源和电子信息设备的正常工作电源应采用不同的不间断电源系统。

  电子信息设备的配电宜采用配电列头柜或专用配电母线。采用配电列头柜时，配电列头柜应靠近用电设备安装；采用专用配电母线时，专用配电母线应具有灵活性。

  电子信息设备的电源连接点应与其他设备的电源连接点严格区别，并应有明显标识。

  A级数据中心应由双重电源供电，并应设置备用电源。备用电源宜采用独立于正常电源的柴油发电机组，也可采用供电网络中独立于正常电源的专用馈电回路。当正常电源发生故障时，备用电源应能承担数据中心正常运行所需要的用电负荷。B级数据中心宜由双重电源供电，当只有一路电源时，应设置柴油发电机组作为备用电源。

  后备柴油发电机组的性能等级不应低于G3级；A级数据中心发电机组应连续和不限时运行，发电机组的输出功率应满足数据中心最大平均负荷的需要。B级数据中心发电机组的输出功率可按限时500h运行功率选择。

  柴油发电机应设置现场储油装置。当外部供油时间有保障时，储存柴油的供应时间宜大于外部供油时间。柴油在储存期间内，应对柴油品质进行检测，当柴油品质不能满足使用要求时，应对柴油进行更换和补充。

  正常电源与备用电源之间的切换采用自动转换开关电器时，自动转换开关电器宜具有旁路功能，或采取其他措施，在自动转换开关电器检修或故障时，不应影响电源的切换。

  当弱电间内用电设备较多时，宜设置电源配电箱并留有备用回路；用电设备较少时可设两个AC220V、10A的单相三孔电源插座。

  敷设在隐蔽通风空间的配电线路宜采用低烟无卤阻燃铜芯电缆，也可采用配电母线。电缆应沿线槽、桥架或局部穿管敷设；活动地板下作为空调静压箱时，电缆线槽（桥架）或配电母线的布置不应阻断气流通路。

  配电线路的中性线截面积不应小于相线截面积；单相负荷应均匀地分配在三相线路上。

  机房内各智能化设备外露可导电部分应做等电位联结。

  A级数据中心的供电电源应按一级负荷中特别重要的负荷考虑，B级数据中心的供电电源按一级负荷考虑，C级数据中心的供电电源应按二级负荷考虑。

  电子信息设备采用直流电源供电时，供电电压应符合电子信息设备的要求。供配电系统应为电子信息系统预留备用容量。

  引入机房的户外供电线路不宜采用架空方式敷设的目的是保证户外供电线路的安全，保证数据中心供电的可靠性。当户外供电线路采用埋地敷设有困难，只能架空敷设时，应采取措施，保证线路安全。

从安全的角度出发，在活动地板下及吊顶上敷设的电缆宜采用低烟无卤阻燃铜芯电缆；当活动地板下作为空调静压箱或吊顶上作为回风通道时，线槽、桥架和母线的布置应留出适当的空间，保证气流通畅。

柴油发电机周围应设置检修用照明和维修电源，电源宜由不间断电源系统供电。当外部供油时间没有保障时，应按规范规定的储油时间储存柴油。当市电和柴油发电机都出现故障时，检修柴油发电机需要电源，故只能采用UPS或EPS。

同城灾备数据中心与主用数据中心的供电电源不应来自同一个城市变电站。采用分布式能源供电的数据中心，备用电源可采用市电或柴油发电机。

正常电源与备用电源之间的切换采用自动转换开关电器时，自动转换开关电器宜具有旁路功能，或采取其他措施，在自动转换开关电器检修或故障时，不应影响电源的切换。

2. 照明设计

主机房和辅助区一般照明的照度标准值应按照300～500lx设计，一般显色指数不宜小于80。支持区和行政管理区的照度标准值应按现行国家标准《建筑照明设计标准》GB/T 50034的有关规定执行。

主机房和辅助区内的主要照明光源宜采用高效节能荧光灯，也可采用LED灯。荧光灯镇流器的谐波限值应符合现行国家标准《电磁兼容 限值 第1部分：谐波电流发射限值（设备每相输入电流≤16A）》GB 17625.1的有关规定，灯具应采取分区、分组的控制措施。

辅助区的视觉作业宜采取下列保护措施：
（1）视觉作业不宜处在照明光源与眼睛形成的镜面反射角上。
（2）辅助区宜采用发光表面积大、亮度低、光扩散性能好的灯具。
（3）视觉作业环境内宜采用低光泽的表面材料。

照明灯具不宜布置在设备的正上方，工作区域内一般照明的照明均匀度不应小于0.7，非工作区域内的一般照明照度值不宜低于工作区域内一般照明照度值的1/3。

主机房和辅助区应设置备用照明，备用照明的照度值不应低于一般照明照度值的10%；有人值守的房间，备用照明的照度值不应低于一般照明照度值的50%；备用照明可为一般照明的一部分。

数据中心应设置通道疏散照明及疏散指示标志灯，主机房通道疏散照明的照度值不应低于5lx，其他区域通道疏散照明的照度值不应低于1lx。

数据中心内的照明线路宜穿钢管暗敷或在吊顶内穿钢管明敷。

技术夹层内宜设置照明和检修插座，并应采用单独支路或专用配电箱（柜）供电。

8.4.3 信息机房静电防护设计

主机房和安装有电子信息设备的辅助区，地板或地面应有静电泄放措施和接地构造，且应具有防火、环保、耐污耐磨性能。主机房和辅助区中不使用防静电活动地板的房间，可铺设防静电地面，其静电耗散性能应长期稳定，且不应起尘。辅助区内的工作台面宜采用导静电或静电耗散材料。

防静电地板（包括陶瓷防静电地板）在铺设后，一定要进行防静电接地处理并接保护电阻盒，这样才会起到防静电的效果功用。在防静电接地处理中接地线连接主要用于防静电台垫接地插座之间的连接，可有效将生产工作时人体或台垫产生的静电排放至大地。

防静电接地线主要是静电接地线，接地线组件包括聚氨酯直线或弹弓线，在两端头上有吸盘、爪钉、环形端子、母扣、鳄鱼夹。如果想实现桌地垫的简单接地，一端采用10mm通用母扣连接桌垫或地垫，另一端连接公共接地点，将10mm按扣精密注塑而成，配以绿黄色接线，美观结实，耐用。对于台垫通用接地线，常配有爪钉式金属扣钉，方便直接安装于台垫上；在接地线另一端配有香蕉插头和鳄鱼夹，方便插入接地插座和直接夹住接地线，通过接地线将工作中产生的静电迅速泄放。

为减少数据中心机房的静电危害，一般采取下列措施：

（1）维持正常温湿度

控制机房湿度是避免产生静电的重要手段。静电生成的主要条件就是相对湿度低，要保证数据中心机房的相对湿度保持在规定的范围之内。因此，管理员必须要时刻对机房内部的温湿度进行监测。通常，IT类设备的工作环境温度要求为22～24℃，相对湿度要求为35%～50%。

（2）铺设防静电地板

在机房建设时，应该在机房地面铺设防静电地板，或者铺盖防静电PVC地胶板，要保证从地板表面到接地系统的电阻在 $2.5 \times 10^4 \sim 1.0 \times 10^9 \Omega$ 之间，阻值的下限是为了人身安全，上限就是为了防止静电。应具有防火、环保、耐污耐磨性能。

（3）防静电地坪

不具备铺设防静电地板条件时可采用防静电地坪，其防静电性能应长期稳定，且不易起尘，其表面电阻或体积电阻亦应满足 $2.5 \times 10^4 \sim 1.0 \times 10^9 \Omega$。

（4）工作台设施材料

机房内的工作台、架、柜、桌椅以及工作人员的服装，宜采用静电耗散材料，其静电性能指标应满足表面电阻或体积电阻为 $2.5 \times 10^4 \sim 1.0 \times 10^9 \Omega$ 的规定。

（5）采取静电接地措施

在信息机房内不应存在对地绝缘的孤立导体，机房内所有设备可导电金属外壳、各类金属管道、金属线槽、建筑物金属结构、防静电地板、金属顶棚、墙面板、隔断墙、门、窗等必须进行等电位联结并可靠防静电接地；保证计算机设备工作场地静电电位小于1kV。

（6）穿戴防护工具

操作人员在工作时穿戴防静电衣服和防静电鞋，防静电帽和防静电手套等。维护人员在拆装和检修机器时应在手腕上戴上防静电手环、手套等。

机房地面及工作面的静电泄漏电阻和单元活动地板的系统电阻应符合现行行业标准《防静电活动地板通用规范》SJ/T 10796 的规定。机房内绝缘体的静电电位不应大于1kV。机房不用活动地板时，可铺设导静电地面；导静电地面可采用导电胶与建筑地面粘牢，导静电地面电阻率均应为 $1.0 \times 10^7 \sim 1.0 \times 10^{10} \Omega \cdot cm$，其导电性能应长期稳定且不易起尘。机房内采用的防静电活动地板的基材可由钢、铝或其他有足够机械强度的难燃材料制成。静电接地的接地线应有足够的机械强度和化学稳定性，宜采用焊接或压接。当采用导电胶与接地导体粘接时，其接触面积不宜小于 $20cm^2$。

8.4.4 信息机房的防雷与接地

信息机房的防雷与接地设计，应满足人身安全及电子信息系统正常运行的要求，保护性接地包括：防雷接地、防电击接地、防静电接地、屏蔽接地等；功能性接地包括：交流工作接地、直流工作接地、信号接地等。保护性接地和功能性接地宜共用一组接地装置，其接地电阻应按其中最小值确定。图 8-7 为机房内部防雷接地系统图。

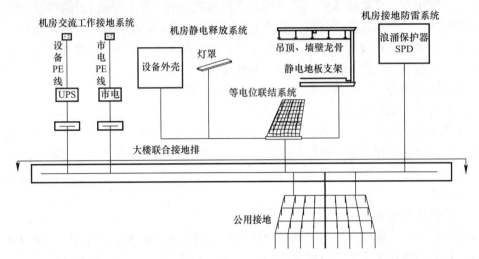

图 8-7　机房内部防雷接地系统图

信息机房的防雷与接地设计，应满足人身安全及电子信息系统正常运行的要求，并应符合现行国家规范《建筑物防雷设计规范》GB 50057 和《建筑物电子信息系统防雷技术规范》GB 50343 的有关规定。

机房的功能接地、保护接地（包括等电位联结、防静电接地）等宜与建筑物供配电系统共用接地装置，接地电阻值按系统中最小值确定。

机房内应设置等电位联结端子箱，该箱的接地导体与机房地板钢筋单点接地，并采用铜导体与建筑物总接地端子箱以最短距离连接。

弱电间（弱电竖井）应设接地干线和接地端子箱，接地干线宜采用不小于 BV (BVR)-25mm² 的导体与机房接地端子箱连接；弱电间（弱电竖井）的接地干线应每三层与楼层钢筋做等电位联结。

当建筑内设有多个机房时，各机房接地端子箱引出的接地干线应在弱电间（弱电竖井）处与竖向接地干线汇接。

对功能性接地有特殊要求需单独设置接地线的电子信息设备，接地线应与其他接地线绝缘；供电线路与接地线宜同路径敷设。

数据中心内所有设备的金属外壳、各类金属管道、金属线槽、建筑物金属结构等必须进行等电位联结并接地。

电子信息设备等电位联结方式应根据电子信息设备易受干扰的频率及数据中心的等级和规模确定，可采用 S 型、M 型或 SM 混合型。

采用 M 型或 SM 混合型等电位联结方式时，主机房应设置等电位联结网络，网格四周应设置等电位联结带，并应通过等电位联结导体将等电位联结带就近与接地汇流排、各类金属管道、金属线槽、建筑物金属结构进行连接。每台电子信息设备（机柜）应采用两根不同长度的等电位联结导体就近与等电位联结网格连接。

等电位联结网格应采用截面积不小于 25mm² 的铜带或裸铜线，并应在防静电活动地

第8章 信息机房系统

板下构成边长为 0.6～3m 的矩形网格。

接地是消除静电最基础的一环，接地的好坏直接关系到静电消除的效果。通常情况下，机房的接地采用共用接地装置，阻值一般要求不大于 4Ω。如果设备有特殊要求，应按照最小值接入。在工程中常用的做法：

（1）机房的接地干线采用钢质材料，截面积不小于 $16mm^2$，并与机房内设置的局部等电位接地端子板可靠连接。机房内的其他接地线路，与该接地端子板可靠连接，主要用于消除不同接地之间的干扰和反击。

（2）机房内的金属机柜外壳、金属设备外壳、线缆屏蔽层、金属桥架、屏蔽网（包括静电底板）等均与局部等电位接地端子板电气导通。

等电位联结是整个接地系统的重中之重。在电子信息设备的安全防护与机房抗静电方面发挥重要的作用。所以要尽量规避地绝缘的孤立导体。对于电子信息机房内部的各种电子设备，在等电位联结方式的选择上，应当结合机房的实际建设规模以及防雷等级、设备易受干扰的频率等进行确定，一般选择 S 型、M 型或 SM 混合型。例如，当在机房中选择 M 型时，需要在活动地板的底下做环状 M 形的等电位的接地网格，材料可选用 30mm×3mm 铜带，用于对矩形网格的边长进行控制，确保在 0.6～3m 范围内，并在每个交叉部位施予电气联结在网格四周，形成一个等电位联结带，通过相应的联结导体，将等电位的联结带与建筑物的各个金属管道、线槽等进行连接。对于每一台电子信息设备，选用不同长度的等电位联结导体时，可以采取邻近原则，与系统机房中的等电位联结网格保持相连的状态。对于机房中的等电位联结导体，或对于等电位联结带中的最小截面及材料，必须达到国家电子信息机房的设计标准。在接地操作中，每台计算机需要分别与防静电的接地体相连。而每个防静电的装置以及相匹配的独立接地线在对截面进行设置的时候，需要令其大于等于 2mm，若超过一个静电装置时，则应当对导电线的直径予以有效的控制，一般大于 3mm 为宜。在预埋接地线的时候，应当确保接地桩和接地线二者之间牢固地相接。在机械强度上也要进行充分的考虑。防静电的接地线中，有些是不可连接的，如电源的中性线，而且也不可以与某些线路进行共用，如防雷地线。关于供电方面，可选择三相五线制。把保护屏安设于显示器上，可以防止静电给机房带来的干扰，以免发生辐射。选择一根引线，让其与显示器的保护屏相连，同时将引线的一端以较为科学的方式与静电的接地线相连，这样可让计算机显示器屏幕上的静电向大地倾泻。此外，电子信息机房中的所有显露在外的金属设施，比如暖气管、金属吊顶、配电线等，均需采取邻近原则，与等电位的铜带相连接，可选择 BVR-6 型号的塑铜线，把等电位的铜带和地板的支托有机地连接起来，1 点/5m。地板底下的等电位联结铜带，则需要以一种合适的方式将其与自然接地体相连。

等电位联结带、接地线和等电位联结导体的材料和最小截面积，应符合表 8-4 的要求。

等电位联结带、接地线和等电位联结导体的材料和最小截面积　　　　表 8-4

名称	材料	截面积（mm^2）
等电位联结带	铜	50
利用建筑内的钢筋做接地线	铁	50
单独设置的接地线	铜	25

续表

名称	材料	截面积（mm²）
等电位联结导体（从等电位联结带至接地汇集排或至其他等电位联结带；各接地汇集排之间）	铜	16
等电位联结导体（从机房内各金属装置至等电位联结带或接地汇集排；从机柜至等电位联结网格）	铜	6

地面弹方格网线，弹线要反复校正。在机房四周墙面安装角钢支架，金属屏蔽网（采用10mm宽铜皮与铺设所有机房地板支脚下面，如图8-8所示，然后按多点与固定在机房内四周的铜带隔5～5.5m位置与铜带连接）与机房接地铜排相连，组成一个完整的机房屏蔽系统，具有接地、抗静电、抗干扰的作用。

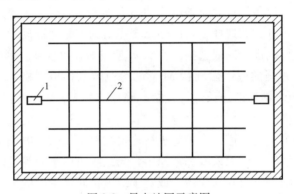

图 8-8 导电地网示意图
1—接地端子；2—导电地网

8.5 电磁屏蔽机房

电磁屏蔽机房的基本原理是依据"法拉第笼"，根据这一原理，机房空间内应设金属屏蔽网，屏蔽网间电气导通，可靠接地；机房内的金属门、窗、防静电地板等，应使用金属导线（最好是带绝缘包的导线）与室内的汇流排作等电位联结。机房宜选择在建筑物底层中心部位，其设备应远离外墙结构柱及屏蔽网等可能存在强电磁干扰的地方。

8.5.1 一般规定

对涉及国家秘密或企业对商业信息有保密要求的信息机房，应设置电磁屏蔽室或采取其他电磁泄漏防护措施，电磁屏蔽室的性能指标应按国家现行有关标准执行。

对于环境要求达不到如下要求的数据中心，应采取电磁屏蔽措施：主机房和辅助区的无线电骚扰环境场强在80～1000MHz和1400～2000MHz频段范围内不应大于130dB（μV/m）；工频磁场场强不应大于30A/m。

电磁屏蔽室的结构形式和相关的屏蔽件应根据电磁屏蔽室的性能指标和规模选择。

设有电磁屏蔽室的数据中心，建筑结构应满足屏蔽结构对荷载的要求。

电磁屏蔽室与建筑（结构）墙之间宜预留维修通道或维修口。

电磁屏蔽室的壳体应对地绝缘，接地宜采用共用接地装置和单独接地线的形式。

第8章 信息机房系统

8.5.2 结构形式

用于保密目的的电磁屏蔽室，其结构形式可分为可拆卸式和焊接式。焊接式可分为自撑式和直贴式。

建筑面积小于 $50m^2$、日后需搬迁的电磁屏蔽室，结构形式宜采用可拆卸式。

电场屏蔽衰减指标大于 120dB、建筑面积大于 $50m^2$ 的屏蔽室，结构形式宜采用自撑式。

电场屏蔽衰减指标大于 60dB 的屏蔽室，结构形式宜采用直贴式，屏蔽材料可选择镀锌钢板，钢板的厚度应根据屏蔽性能指标确定。

电场屏蔽衰减指标大于 25dB 的屏蔽室，结构形式宜采用直贴式，屏蔽材料可选择金属丝网，金属丝网的目数应根据被屏蔽信号的波长确定。

8.5.3 屏蔽件

屏蔽门、滤波器、波导管、截止波导通风窗等屏蔽件，其性能指标不应低于电磁屏蔽室的性能要求，安装位置应便于检修。

屏蔽门可分为旋转式和移动式。一般情况下，宜采用旋转式屏蔽门。当场地条件受到限制时，可采用移动式屏蔽门。

所有进入电磁屏蔽室的电源线应通过电源滤波器进行处理。电源滤波器的规格、供电方式和数量应根据电磁屏蔽室内设备的用电情况确定。

所有进入电磁屏蔽室的信号电缆应通过信号滤波器或进行其他屏蔽处理。

进出电磁屏蔽室的网络线宜采用光缆或屏蔽线缆，光缆不应带有金属加强芯。

截止波导通风窗内的波导管宜采用等边六角形，通风窗的截面积应根据室内换气次数进行计算。

非金属材料穿过屏蔽层时应采用波导管，波导管的截面尺寸和长度应满足电磁屏蔽的性能要求。

8.6 智能化系统

信息机房应设置总控中心、环境和设备监控系统、安全防范系统、火灾自动报警系统、基础设施管理系统等智能化系统，各系统的设计应根据机房的等级，按现行国家标准以及规范的要求执行。信息机房智能化系统设计内容一般包括环境和设备监控系统、网络与布线系统、电话交换系统、小型移动蜂窝电话系统、火灾自动报警及消防联动控制系统、背景音乐及紧急广播系统、视频安防监控系统、入侵报警系统、出入口控制系统、停车库管理系统、电子巡更管理系统、电梯管理系统、周界防范系统、有线电视系统、卫星通信系统、大屏幕显示系统、扩声系统、中控系统、资产管理系统、气流与热场管理系统等，各信息机房可根据实际需求确定。

各智能化系统可集中设置在总控中心内，各系统设备应集中布置，供电电源应可靠，宜采用独立不间断电源系统供电。当采用集中不间断电源系统供电时，各系统应单独回路配电。

智能化系统宜采用统一系统平台，并宜采用集散或分布式网络结构及现场总线控制技术，支持各种传输网络和多级管理。系统平台应具有集成性、开放性、可扩展性及可对外互联等功能，其操作系统、数据库管理系统、网络通信协议等应采用国际上通用的系统。智能化系统应具备显示、记录、控制、报警、提示及趋势和能耗分析功能。图8-9为信息机房智能化系统框图。

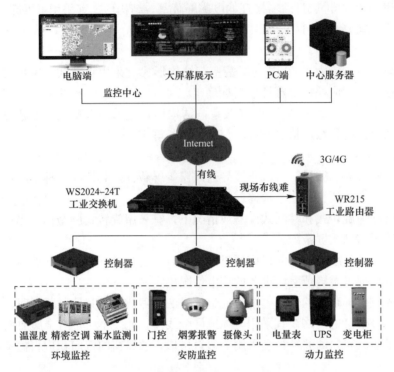

图8-9　信息机房智能化系统框图

8.6.1　环境和设备监控系统

通信机房环境监控系统（以下简称动环监控系统）是指电源柜、UPS、监控、远程通信、远程调试、远程控制，即时监控其运行参数、故障检测和处理、记录和分析的有关数据，对其设备、空调、电池等工业设备以及门磁、红外、渗水、温湿度、烟度等环境参数进行统一监控和维护的计算机控制系统。

机房的特点之一是设备密集、发热量高。因此，空调对于控制设备之间的温湿度水平起着决定性的作用。根据实时监测情况，可以对空调运行情况进行综合诊断，监测空调部件（压缩机、风机、加热器、加湿器、除湿器、过滤器等）的运行状态和参数，远程改变空调的设定参数（温度、湿度、上下温度、上下湿度等）。并通过机房环境监控系统的管理功能重启精密空调。即使制冷机组发生轻微故障，也能通过机房环境监测系统进行检测，及时采取措施，避免制冷机组进一步损坏。

为确保机房主要设备和系统可靠运行，电力环检对系统机房用电设备、环境标准、安全消防设备等进行集中检查，对机房各类设备和系统进行远程操控管理。动力环监控系统对机房进行24h、实时、全面的监控和管理。第一时间发送报警信息，记录并分析数据。帮助机房运行管理服务商妥善处理机房故障，确保机房安全。

环境和设备监控系统宜符合下列要求：

（1）监测和控制主机房和辅助区的温度、露点温度或相对湿度等环境参数，当环境参数超出设定值时,应报警并记录。核心设备区及高密设备区宜设置机柜微环境监控系统。

(2) 主机房内有可能发生水患的部位应设置漏水检测和报警装置,强制排水设备的运行状态应纳入监控系统。

(3) 环境检测设备的安装数量及安装位置应根据机房运行和控制要求确定,主机房的环境温度、露点温度或相对湿度应以冷通道或以送风区域的测量参数为准。

设备监控系统宜对机电设备的运行状态和能耗进行监视、报警并记录。机房专用空调设备、冷水机组、柴油发电机组、不间断电源系统等设备自身应配置监控系统,监控的主要参数应纳入设备监控系统,通信协议应满足设备监控系统的要求。图 8-10 为机房监控系统架构图。

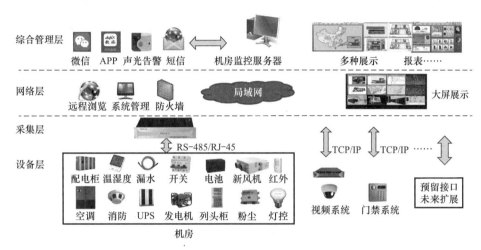

图 8-10 机房监控系统架构图

8.6.2 安全防范系统

安全防范系统宜由视频安防监控系统、入侵报警系统和出入口控制系统组成,各系统之间应具备联动控制功能。A 级数据中心主机房的视频监控应无盲区。紧急情况时,出入口控制系统应能接受相关系统的联动控制信号,自动打开疏散通道上的门禁系统。室外安装的安全防范系统设备应采取防雷电保护措施,电源线、信号线应采用屏蔽电缆,避雷装置和电缆屏蔽层应接地,且接地电阻不应大于 10Ω。安全防范系统宜采用数字式系统,支持远程监视功能。

8.6.3 总控中心

总控中心宜设置单独房间,系统宜接入基础设施运行信息、业务运行信息、办公及管理信息等信号。总控中心接入的信号有设备和环境监控信息、能源和能耗监控信息、安防监控信息、火灾报警及消防联动控制信息、业务及应急广播信息、气流与热场管理信息、KVM 信息、资产管理信息、桌面管理子信息、网络管理信息、系统管理信息、存储管理信息、安全管理信息、事件管理信息、IT 服务管理信息、会议视频和音频信息、语音通信信息等。

总控中心宜设置总控中心机房、大屏显示系统、信号调度系统、话务调度系统、扩声系统、会议系统、对讲系统、中控系统、网络布线系统、出入口控制系统、视频监控系统、灯光控制系统、操作控制台和座席等。总控中心作为数据中心的重要组成部分,为数据中心的运行维护和灾备演练提供工作场所及管理手段，通过使用文字、图像、声音信息，以及其他控制信号，对数据中心基础设施和IT系统实时运行状态进行监控，同时可以跨团队、跨部门协同处理故障和应急事件。

智能建筑机房工程指为智能化系统的中心控制设备和装置等提供安装条件、地点，建立确保各系统安全、稳定和可靠运行与维护的建筑环境（控制中心）而实施的综合工程。

现代化电子信息机房不只是一个简单的放置电子设备的场所，而是由供配电、建筑装饰、照明、防静电、防雷、接地、消防、火灾报警、环境监控等多个功能系统组成的综合体。电子信息机房工程涉及供暖通风、电气、给水排水、建筑、结构、装饰等多种专业技术。

机房是各种信息系统的中枢，只有构建一个高可靠性的整体机房环境，才能保证计算机主机、通信设备免受外界因素的干扰，消除环境因素对信息系统带来的影响。所以，机房建设工程的目标不仅是要为机房工作人员提供一个舒适而良好的工作环境，而更加重要的是必须保证计算机及网络系统等重要设备能长期而可靠地运行。

机房工程不仅包含机房中所涉及的各个专业，如机房装修、供配电、空调、综合布线、安全监控、设备监控与消防系统等，如图8-11所示，还包括从数据中心到动力机房整体解决方案咨询、规划、设计、制造、安装和维护服务，因此不能孤立地看待机房的各个系统，而应看成一个更大的统一系统来进行设计和实施，以提高整体方案实施的可靠性、可用性、安全性和易管理性。

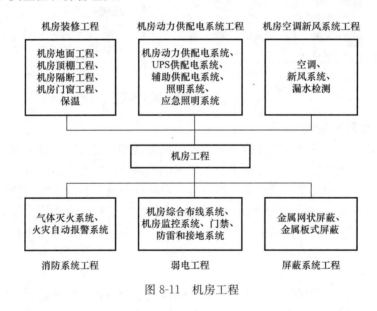

图8-11　机房工程

8.7　信息机房布线系统与网络系统

8.7.1　网络系统

数据中心网络系统应根据用户需求和技术发展状况进行规划和设计。用户需求包括业务发展战略对数据中心的网络容量、性能和功能需求；应用系统、服务器、存储等设备对网络通信的需求；用户当前的网络现状、主机房环境条件、建设和维护成本、网络管理需

第 8 章 信息机房系统

求等。技术发展状况包括技术发展趋势、网络架构模型、技术标准等。

数据中心网络应包括互联网络、前端网络、后端网络和运管网络。前端网络可采用三层、二层和一层架构。A 级数据中心的核心网络设备应采用容错系统，并应具有可扩展性，相互备用的核心网络设备宜布置在不同的物理隔间内。数据中心网络系统基本架构如图 8-12 所示。

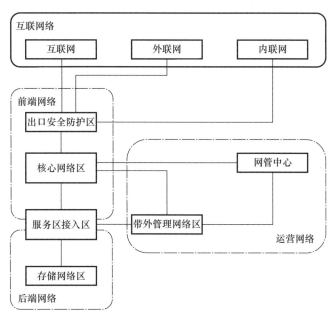

图 8-12　数据中心网络系统基本架构

互联网络包括互联网、外联网及内联网，不同网络区域间应进行安全隔离。前端网络的主要功能是数据交换，三层架构包括核心层、汇聚层和接入层，如图 8-13 所示；二层和一层网络架构也称为矩阵架构，这种架构可为任意两个交换机节点提供低延迟和高带宽的通信，可以配合高扩展性的模块化子集设计。

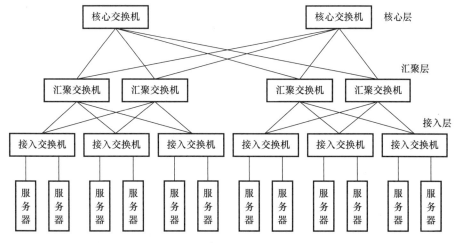

图 8-13　数据中心三层网络架构

后端网络的主要功能是存储，存储网络交换机宜与存储设备贴邻部署，存储网络的连接应尽量减少无源连接点的数量，以保证存储网络低延时、无丢包的性能。服务器与网络设备或存储设备的距离应由网络应用类型和传输介质决定。

运管网络包括带内管理网络及带外管理网络，带内管理是指管理控制信息与业务数据信息使用同一个网络接口和通道传送，带外管理是指通过独立于业务数据网络之外专用管理接口和通道对网络设备和服务器设备进行集中化管理。A级机房应单独部署带外管理网络，服务器带外管理网络和网络设备带外管理网络可使用相同的物理网络。

8.7.2 布线系统

合理布线。

（1）强电线路与弱电线路分开敷设，防止强电干扰。

（2）布置信号线路的路由走向时，应尽量减少由线缆自身形成的感应环路面积，强电、弱电分开敷设。

（3）有的机房，预留的电源、信号线缆较长，在室内空间有限的情况下，需要被打卷存放，施工时要把打卷的线缆留出适当的长度后，割掉多余的部分，让线缆尽量平铺放置。

（4）进入机房的线缆屏蔽层、金属桥架、光缆的金属接头等，应在进入机房时做一次接地处理，即与机房内汇流排可靠连接。

（5）防静电地板下面的线缆，强电线缆与弱电线缆在地面平铺，距离很近，甚至相互交叉穿行，在工程中，应当把它们分开敷设，保持合理间距。

数据中心布线系统应支持数据和语音信号的传输。

数据中心布线系统应根据网络架构进行设计。设计范围包括主机房、辅助区、支持区和行政管理区。主机房宜设置主配线区、中间配线区、水平配线区和设备配线区，也可设置区域配线区。主配线区可设置在主机房的一个专属区域内；占据多个房间或多个楼层的数据中心可在每个房间或每个楼层设置中间配线区；水平配线区可设置在一列或几列机柜的端头或中间位置。

承担数据业务的主干和水平子系统应采用OM3/OM4多模光纤、单模光纤或6A类及以上对绞电缆，传输介质各组成部分的等级应保持一致，并应采用冗余配置。

主机房布线系统中，所有屏蔽和非屏蔽对绞线缆宜两端各终接在一个信息模块上，并固定至配线架。所有光缆应连接到单芯或多芯光纤耦合器上，并固定至光纤配线箱。

存储网络的布线系统宜采用多芯MPO/MTP预连接系统。

A级数据中心宜采用智能布线管理系统对布线系统进行实时智能管理。

数据中心布线系统所有线缆的两端、配线架和信息插座应有清晰耐磨的标签。

数据中心存在下列情况之一时，应采用屏蔽布线系统、光缆布线系统或采取其他相应的防护措施：

（1）环境要求未达到8.5.1要求时；

（2）网络安全保密要求时；

（3）安装场地不能满足非屏蔽布线系统与其他系统管线或设备的间距要求时。

数据中心布线系统与公用电信业务网络互联时，接口配线设备的端口数量和线缆的敷设路由应根据数据中心的等级，并在保证网络出口安全的前提下确定。

线缆采用线槽或桥架敷设时,线槽或桥架的高度不宜大于150mm,线槽或桥架的安装位置应与建筑装饰、电气、空调、消防等协调一致。当线槽或桥架敷设在主机房顶棚下方时,线槽和桥架的顶部距离顶棚或其他障碍物不宜小于300mm。

主机房布线系统中的铜缆与电力电缆或配电母线槽之间的最小间距应根据机柜的容量和线缆保护方式确定,并应符合表8-5的规定。

铜缆与电力电缆或配电母线槽之间的最小间距　　　　表8-5

机柜容量 (kVA)	铜缆与电力电缆的 敷设关系	铜缆与配电母线槽的 敷设关系	最小间距 (mm)
≤5	铜缆与电力电缆平行敷设	—	300
	有一方在金属线槽或钢管中敷设, 或使用屏蔽铜缆	铜缆与配电母线槽平行敷设	150
	双方各自在金属线槽或钢管中敷设, 或使用屏蔽铜缆	铜缆在金属线槽或钢管中敷设, 或使用屏蔽铜缆	80
>5	铜缆与电力电缆平行敷设	—	600
	有一方在金属线槽或钢管中敷设, 或使用屏蔽铜缆	铜缆与配电母线槽平行敷设	300
	双方各自在金属线槽或钢管中敷设, 或使用屏蔽铜缆	铜缆在金属线槽或钢管中敷设, 或使用屏蔽铜缆	150

数据中心布线系统应支持数据和语音信号的传输。数据中心布线系统应根据网络架构进行设计,范围应包括主机房、辅助区、支持区和行政管理区。参照《数据中心设计规范》GB 50174—2017。主配线区可设置在主机房的一个专属区域内;占据多个房间或多个楼层的数据中心可在每个房间或每个楼层设置中间配线区;水平配线区可设置在一列或几列机柜的端头或中间位置。数据中心布线系统与网络系统架构密切相关,设计时应根据网络架构确定布线系统。数据中心布线系统基本结构如图8-14所示。在实际网络布线系统

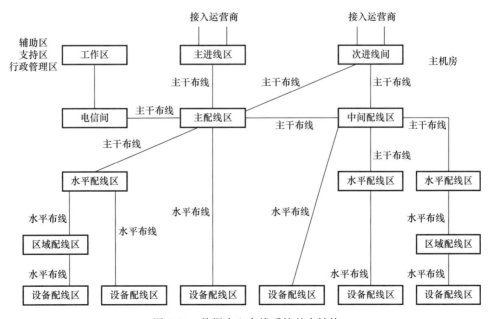

图8-14　数据中心布线系统基本结构

设计中，布线系统的基本结构根据建筑物的功能、实际结构、信息点的数量需要进行灵活调整，例如，当建筑物信息点较少时，在设计中可能去掉汇聚交换机。

承担数据业务的主干和水平子系统应采用 OM3/OM4 多模光缆、单模光缆或 6A 类及以上对绞电缆，传输介质各组成部分的等级应保持一致，并应采用冗余配置。主机房布线系统中，所有屏蔽和非屏蔽对绞线缆以及所有光缆连接方式参照《数据中心设计规范》GB 50174—2017。

主机房布线系统中 12 芯及以上的光缆主干或水平布线系统宜采用多芯 MPO/MTP 预连接系统。存储网络的布线系统宜也采用多芯 MPO/MTP 预连接系统。MPO 是推拉式多芯光纤连接器件，通过阵列完成多芯光纤的连接；MTP 是基于 MPO 发展而来的机械推拉式多芯光纤连接器件，MTP 兼容所有 MPO 连接器件的标准和规范。单个 MPO/MTP 连接器件可以支持 12 芯、24 芯、48 芯或 72 芯光纤的连接。

8.8 信息机房消防系统

8.8.1 一般规定

一般规定：

（1）A 级数据中心的主机房宜设置气体灭火系统，也可设置细水雾灭火系统。当 A 级数据中心的电子信息系统在其他数据中心内安装有承担相同功能的备份系统时，也可设置自动喷水灭火系统。

（2）B 级和 C 级数据中心的主机房宜设置气体灭火系统，也可设置细水雾灭火系统或自动喷水灭火系统。

（3）总控中心等长期有人工作的区域应设置自动喷水灭火系统。

（4）数据中心应设置火灾自动报警系统，并应符合现行国家标准《火灾自动报警系统设计规范》GB 50116 的有关规定。

（5）数据中心应设置室内消火栓系统和建筑灭火器，室内消火栓系统宜配置消防软管卷盘。

8.8.2 防火与疏散

防火与疏散：

（1）机房的耐火等级不应低于二级。

（2）机房出口应设置向疏散方向开启且能自动关闭的门，并应保证在任何情况下都能从机房内打开。

（3）当数据中心按照厂房进行设计时，数据中心的火灾危险性分类应为丙类，数据中心内任一点到最近安全出口的直线距离不应大于表 8-6 的规定。当主机房设有高灵敏度的吸气式烟雾探测火灾报警系统时，主机房内任一点到最近安全出口的直线距离可增加 50%。

数据中心内任一点到最近安全出口的直线距离（m） 表 8-6

单层	多层	高层	地下室/半地下室
80	60	40	30

（4）当数据中心按照民用建筑设计时，直通疏散通道的房间疏散门至最近安全出口的直线距离不应大于表 8-7 的规定。各房间内任一点至房间疏散通道的疏散门的直线距离不

应大于表 8-8 的规定。建筑内全部采用自动灭火系统时，采用自动喷水灭火系统的区域，安全疏散距离可增加 25%。

直通疏散通道的房间疏散门至最近安全出口的直线距离 表 8-7

疏散门的位置	单层、多层（m）	高层（m）
位于两个安全出口之间的疏散门	40	40
位于袋形走道两侧或尽端的疏散门	22	20

房间内任一点至房间直通疏散走道的疏散门的直线距离 表 8-8

单层、多层（m）	高层（m）
22	20

8.8.3 消防设施

消防设施：

（1）采用管网式气体灭火系统或细水雾灭火系统的主机房，应同时设置两组独立的火灾探测器，且火灾报警系统应与灭火系统和视频监控系统联动。

（2）采用全淹没方式灭火的区域，灭火系统控制器应在灭火设备动作之前，联动控制关闭房间内的风门、风阀，并应停止空调机、排风机，切断非消防电源等。

（3）采用全淹没方式灭火的区域应设置火灾警报装置，防护区外门口上方应设置灭火显示灯。灭火系统的控制箱（柜）应设置在房间外便于操作的地方，且应有保护装置防止误操作。

（4）当数据中心与其他功能用房合建时，数据中心内的自动喷水灭火系统，应设置单独的报警阀组。

（5）灭火剂不应对电子信息设备造成污渍损害。

A 级数据中心的主机房宜设置气体灭火系统，也可设置细水雾灭火系统。当 A 级数据中心内的电子信息系统在其他数据中心内安装有承担相同功能的备份系统时，也可设置自动喷水灭火系统。B 级和 C 级数据中心的主机房宜设置气体灭火系统，也可设置细水雾灭火系统或自动喷水灭火系统。数据中心应设置室内消火栓系统和建筑灭火器，室内消火栓系统宜配置消防软管卷盘。总控中心等长期有人工作的区域应设置自动喷水灭火系统。

常用的气体灭火剂分为卤代烷和惰性混合气体，前者的典型代表为七氟丙烷（HFC-227ea），后者的典型代表为 IG-541。卤代烷的灭火机理是化学反应，惰性气体的灭火机理是控制氧气浓度达到窒息灭火。气体灭火系统具有响应速度快、灭火后药剂无残留、对电子设备损伤小等特点。气体灭火系统自动化程度高、灭火速度快，对于局部火灾有非常强的抑制作用，但由于造价高，应选择火灾对机房影响最大的部分设置气体灭火系统。

采用管网式气体灭火系统或细水雾灭火系统的主机房，应同时设置两组独立的火灾探测器，且火灾报警系统应与灭火系统和视频监控系统联动。主机房是电子信息系统运行的核心，在确定消防措施时，应同时保证人员和设备的安全，避免灭火系统误动作造成损失。只有当两组独立的火灾探测器同时发出报警后，才能确认为真正的灭火信号。当吊顶内或活动地板下含有可燃物时，也应同时设置两组独立的火灾探测器。当数据中心与其他功能用房合建时，数据中心内的自动喷水灭火系统应设置单独的报警阀组。

对于空气高速流动的主机房，由于烟雾被气流稀释，致使一般感烟探测器的灵敏度降低；此外，烟雾可导致电子信息设备损坏，如能及早发现火灾，可减少设备损失。因此，主机房宜采用灵敏度严于 0.01%obs/m 的吸气式烟雾探测火灾报警系统作为感烟探测器。

采用全淹没方式灭火的区域，灭火系统控制器应在灭火设备动作之前，联动控制关闭房间内的风门、风阀，并应停止空调机、排风机，切断非消防电源等。采用全淹没方式灭火的区域应设置火灾警报装置，防护区外门口上方应设置灭火显示灯。

电子信息设备属于重要和精密设备，使用手提灭火器对局部火灾进行灭火后，不应使电子信息设备受到污渍损害。而干粉灭火器、泡沫灭火器、手持式气溶胶灭火器灭火后，其残留物对电子信息设备有腐蚀作用，且不宜清洁，将造成电子信息设备损坏，故推荐采用手提式二氧化碳灭火器、水基喷雾灭火器或新型哈龙替代物灭火器。灭火器应配置标签，以标识其应用的具体场所。

8.8.4 安全措施

安全措施如下：

（1）凡设置气体灭火系统的主机房，应配置专用空气呼吸器或氧气呼吸器。

（2）数据中心应采取防鼠害和防虫害措施。

（3）数据中心的机房安全管理要做到"六防政策"：

1）防设备损坏：机房内放置的都是精密的信息化设备，价值不菲，是企业的重要资产。企业要管好用好这些设备，防止损坏。要固定好路由器、交换机、服务器等硬件，不得随意挪动或更改位置。如因工作需要必须挪动，需要完成可行性测试后再进行。

2）防病毒：防止病毒侵害是机房安全管理的重要内容。为落实责任，企业需要指定专门的机房管理人员负责维护设备运行安全。服务器必须安装常用杀毒软件、经常升级系统补丁，并定期更改用户口令。此外，要即时监控网络数据流，从中检测出攻击行为并给予响应和处理。要统一管理计算机及相关设备，完整保存计算机及其相关设备的驱动程序、保修卡及重要随机文件。

3）防腐蚀性气体和易燃易爆物体，因为这些气体会随着机房的通风口进入，不管是对工作人员还是对机器设备都很不利，还会造成一些滤网的污染。温度和湿度一定要控制好，严格控制在规定的标准范围内。干球温度计要在 20~25℃（68~77F）之间，相对湿度要在 40%~50%之间。

4）防噪声和照度：主机房中心的噪声保持在 65dB（A）以下是正常的一个范围，照度是距地 0.8m 处应该高于 300lx，辅助房间的要大于 200lx。

5）防火：机房内要保持清洁、卫生，不得放置其他与机房无关的设备，更不能堆放杂物。在日常操作使用时，严禁携带易燃易爆和强磁物品及其他与机房工作无关的物品进入机房。同时，长期连续运行的计算机系统应有备用空调，以防止设备温度过高而引发火灾。机房应采用专用的空调设备；若与其他系统共用，应确保空调效果。计算机的专用空调设备应与计算机联控，保证做到开机前先送风、停机后再停风。机房应配置完善的火灾报警和灭火系统，便于发生危险时采取急救措施。同时，为避免发生火灾时人员伤亡，机房还应设置疏散照明设备和安全出口标志。

6）防泄密：由于机房内服务器的存储内容涉及企业机密，一旦泄露会对企业造成无法估量的影响。因此，首先要做到防泄密。在日常工作中，要安排专人负责安全防护工作，可采取指纹识别、安全门禁等方式，禁止非工作人员进入机房。

还有一个因素是需要我们注意的，那就是无线电和磁场的干扰场强，这个在设置的时候要根据规定的大小。数据中心的机器比较多，散热问题需要注意，要有制冷系统来稳定机房内的温度。

以上就是加强机房安全管理的"六防政策"，数据中心机房作为安置核心网络设备和重要服务器的地方，加强对它的安全管理非常重要。

本 章 小 结

机房是各类信息的中枢，机房工程不仅集建筑、电气、安装、网络等多个专业技术于一体，更需要丰富的工程实施和管理经验。机房设计与施工的优劣是直接关系到机房内计算机系统是否能稳定可靠地运行，是否能保证各类信息通信畅通无阻。由于机房的环境必须满足计算机等各种微机电子设备对温度、湿度、洁净度、电磁场强度、噪声干扰、安全保安、防漏、电源质量、振动、防雷和接地等的要求，所以一个合格的现代化机房，应该是一个安全可靠、舒适实用、节能高效和具有可扩充性的机房。本章介绍了信息机房的发展历程、分级与性能要求、设计依据、组成、选址与布局、空气环境、对电气系统的要求、电磁屏蔽机房、智能化系统、机房布线系统与网络系统、消防系统等。

思考题与习题

1. 简述信息机房的种类及其特点。
2. 什么是智能建筑机房工程？其范围包括什么？
3. 数据中心划分成了哪几级？划分的依据是什么？
4. 不同等级下数据中心的性能要求是什么？
5. 信息机房设计的依据是什么？
6. 信息机房布局包括了哪几个部分？
7. 机房空调设备的选用原则是什么？不同等级的数据中心对空调系统和设备的可靠性要求有什么不同？
8. 数据中心空调系统常用的几种气流组织形式有哪几种？
9. 信息机房对供电系统的总体要求是什么？
10. 照明设计中辅助区的视觉作业保护措施有哪些？
11. 一般采用什么措施减少数据中心机房的静电危害？
12. 什么是环境和设备监控系统？该系统正常运行应符合什么要求？
13. 什么是智能建筑机房工程？其中机房的范围有哪些？
14. 总控中心设置在哪里？有什么作用？
15. 什么是机房工程？机房工程包括哪些？有什么作用？
16. 信息机房的消防设施有哪些？
17. 为什么在采用管网式气体灭火系统或细水雾灭火系统的主机房要设置两组独立的火灾探测器？
18. 什么是数据中心机房的"六防政策"？

第9章 无源光局域网系统工程实例

教育建筑、办公建筑、旅馆建筑是无源光局域网应用中的重要场景，下面以具体项目为例，介绍无源光局域网 POL 在各个应用场景中的应用特点，分光器的设置位置，前端弱电信息箱（IBU）的设置位置，IBU 中设置 ONU，接至前端数据、语音、IPTV 信息点、无线 AP 的方式。

9.1 学校无源光局域网工程实例

9.1.1 教学综合楼工程概况

本项目含多个子项目，以教学综合楼为示例。

建筑工程等级：大型公共建筑。

设计使用年限：50 年。

建筑防火分类：多层公共建筑。

耐火等级：地上建筑为二级，地下建筑均为一级。

建筑物抗震设防烈度：8 度。

建筑结构类型：框架结构。

建筑规模：小学普通教室 43 间（每班 45 人），初中普通教室 21 间（每班 45 人），合班教室 1 间（可容纳 200 人），计算机教室 3 间，其他为教师办公及配套用房。

总建筑面积：14555.02m^2。

建筑基底面积：3519.17m^2。

建筑层数：地上 4 层；

机房设置情况：

弱电机房：设置于地库（其他子项目）负一层，与前端机房合用；

消防安防控制室：设置于 2 号楼（其他子项目）一层；

楼层设备间（弱电井）：各层设置弱电间。

9.1.2 设计依据

《智能建筑设计标准》GB 50314—2015；

《智能建筑工程设计通则》T/CECA 20003—2019；

《民用建筑电气设计标准》GB 51348—2019；

《教育建筑电气设计规范》JGJ 310—2013；

《科研建筑设计标准》JGJ 91—2019；

《智能建筑工程施工规范》GB 50606—2010；

《安全防范工程技术标准》GB 50348—2018；

《公共广播系统工程技术标准》GB/T 50526—2021；

《综合布线系统工程设计规范》GB 50311—2016；
《数据中心设计规范》GB 50174—2017；
《建筑物电子信息系统防雷技术规范》GB 50343—2012；
《电子会议系统工程设计规范》GB 50799—2012；
《建筑节能与可再生能源利用通用规范》GB 55015—2021；
《建筑机电工程抗震设计规范》GB 50981—2014；
《无源光局域网工程技术标准》T/CECA 20002—2019；
国家和地方其他有关的现行规程、规范及标准。

9.1.3 设计内容及设计工程界面

1. 设计内容

信息设施系统（ITSI）：信息接入系统、综合布线系统、移动通信室内信号覆盖系统、用户电话交换系统、信息网络系统、五方对讲系统、有线电视系统、公共广播系统（背景音乐系统）、会议系统、信息导引及发布系统。

2. 设计分界点

（1）用户电话交换系统、通信接入系统、室内移动通信覆盖系统由运营商负责建设，仅做接口预留设计。

（2）有线电视接入由地方有线电视运营商负责建设，仅做接口预留设计。

（3）本项目弱电中心机房、消防安防控制室、弱电竖井内设备平面布置由中标集成商根据业主具体需求和最终所选产品在本套图纸基础上进行深化设计和施工。

9.1.4 信息设施系统（ITSI）

1. 信息接入系统

（1）本工程市政通信信号由市政电信管井引来，通过地下车库弱电机房分别引入三家运营商、有线电视、移动通信室内覆盖信号。

（2）由运营承包商负责进户光缆的接入，并将进线接至总配线架进线侧。

（3）在弱电进线间预留 6 根 SC100 入户套管。

2. 综合布线系统

（1）综合布线系统主要提供高性能的数据和语音通信通道，支持电话、数据、图文、图像、视频等多媒体业务，满足语音、数字信号传输的需要，并能适应今后不断发展的计算机网络的需求；可实现资源共享、综合信息数据库管理、电子邮件等。

（2）整个综合布线系统将根据信息网络的建设要求，统一规划、合理布局，同时具备开放性、灵活性和可扩性，充分满足与外界的信息交流需要。

（3）本次设计综合布线系统主要为办公网、设备网；办公网数据、语音、公区 Wi-Fi、多媒体会议系统信号传输基于办公网；视频监控、出入口控制系统（门禁、停车场管理）、背景音乐、信息发布系统信号传输基于设备网。

（4）系统设计

1）本系统采用无源光局域网 POL 布线系统。如图 9-1、图 9-2 所示，由光线路终端（OLT）、光分配网络（ODN）、光网络单元（ONU）和交换设备等组成，采用一级分光，核心设备及 OLT 设置于弱电机房，分光器设置于各单体弱电井中。

2）OLT（局端设备）至光分路器主要采用室内 8 芯单模光缆，光分路器至前端 ONU

智能建筑信息设施系统

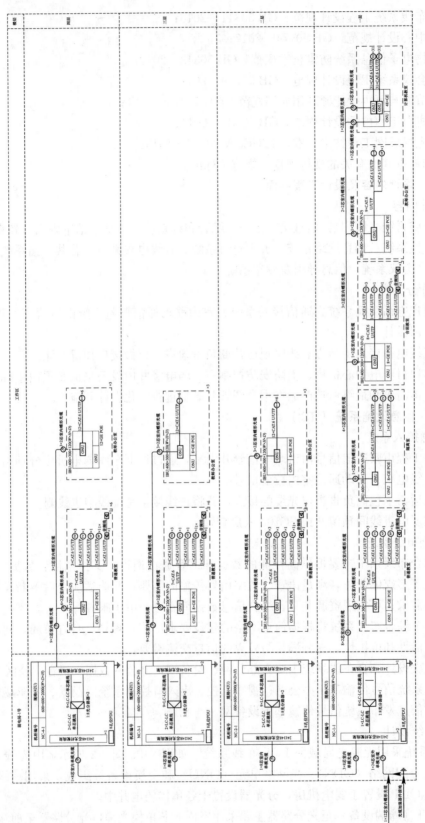

图 9-1 1号电井办公网综合布线系统图

第9章 无源光局域网系统工程实例

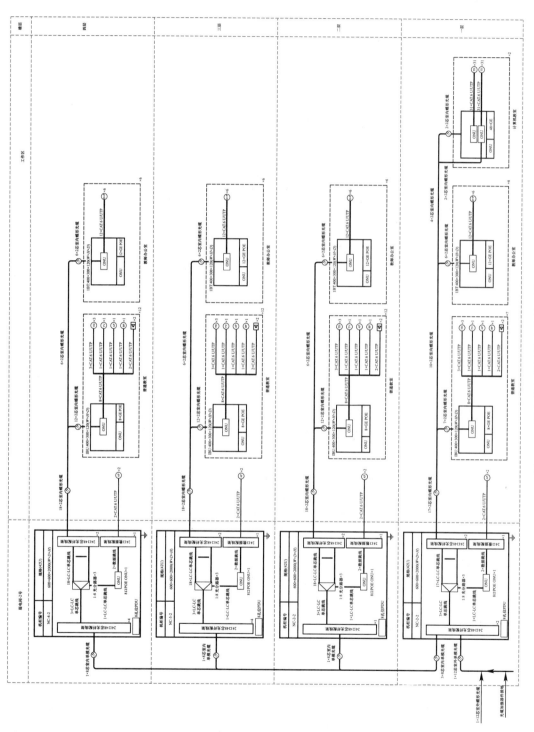

图 9-2　2号电井办公网综合布线系统图

采用 2 芯室内蝶形光纤，ONU 至前端信息面板采用六类非屏蔽 4 对对绞线。

3）在各层弱电间中设置 19in（482.6mm）机柜，安装快接式光纤配线架端接主干光缆。

4）电信运营商进线光缆由大楼南侧方向埋地 0.8m 引入，进线处光缆加强器件设置接地措施，穿钢管保护，全部接入 CD。本项目 CD 设置于 4 号楼一层弱电机房。由 CD 经金属槽盒引至各 BD（各单体一层弱电间）。

5）如图 9-4 所示，以首层综合布线平面为例，线缆经 BD 引出后至 FD，在各 FD 种设置分光器及设备网 ONU（带 POE 功能），各层水平线路敷设均采用金属线槽在吊顶内敷设，引至各信息插座或前端弱电信息箱（IBU），至前端数据、语音信息插座均采用 6 类对绞电缆穿 JDG 管沿吊顶内及垂直部分暗敷。至前端信息点 1～2 根 UTP 穿 JDG20 管暗敷，3～4 根 UTP 穿 JDG25 暗敷。综合布线图例说明，如图 9-3 所示。

序号	图例	名称	规格	单位	所用线型及穿线管	备注
1		网络机柜	19寸(633.3mm)标准机柜，42U	台	—	落地安装，设备金属底座上固定
2		单口数据面板	标准面板，带1个六类非屏蔽RJ-45模块	个	1根CAT.6 U/UTP穿JDG20-WC/FC	底沿距地1.5m墙或根据家具确定
3		电视信息面板	标准面板，带1个六类非屏蔽RJ-45模块	个	1根CAT.6 U/UTP穿JDG20-WC/FC/CC	底沿距地1.5m墙或根据家具确定
4		双口数据电信信息面板	标准面板，带2个六类非屏蔽RJ-45模块	个	2根CAT.6 U/UTP穿JDG20-WC/FC	底沿距地0.3m墙或根据家具确定
5		外网无线AP	双频	个	1根CAT.6 U/UTP穿JDG20-WC/FC/CC	吸顶安装
6		单口语音面板	标准面板，带1个六类非屏蔽RJ-45模块	个	1根CAT.6 U/UTP穿JDG20-WC/FC/CC	底沿距地0.3m墙或根据家具确定
7		信息配线箱	IBU:400mm×300mm×120mm (W×H×D)，箱体距地1.8m暗装	个	1根4芯室内单模光缆穿JDG20-WC/CT/SCE	全光接入交换机 具体配置详见系统图
8		电子班牌信息面板	标准面板，带1个六类非屏蔽RJ-45模块	个	1根CAT.6 U/UTP穿JDG20-WC/FC/CC	底沿距地1.5m墙或根据家具确定
9		IP广播音箱	10W	个	1根CAT.6 U/UTP穿JDG20-WC/FC/CC	底沿距地2.2m墙或根据家具确定

图 9-3　综合布线图例说明

（5）办公室、相应附属用房信息点位设置，具体如下：

1）办公室：每工位 1 个双孔信息插座（1 个办公网网数据点＋1 个语音点）；其他用房：按照规范及房间功能合理设置办公网、语音点的数量；公共区无线覆盖。

2）教室黑板处设置 IPTV 及数据面板，讲桌处及教室后方预留数据面板，教室吸顶安装 Wi-Fi 面板。

3）未尽功能房间：参照以上信息点设置原则或建设方需求，预留相应信息点位。

4）以上外网信息点和语音点均可通用互换。

5）由于设备网 ONU 设置于弱电井中，受限于水平传输距离 90m 限制，本项目设置 2 个弱电井，分别负责不同区域线缆接入。

3. 移动通信室内信号覆盖系统

（1）本系统由通信运营商提供专业化设计、施工、安装，本次智能化设计根据各通信公司的要求预留机房、配电等技术条件，并预留垂直及水平路由及线槽安装空间。

（2）移动通信室内信号覆盖系统机房设置在弱电机房。

4. 用户电话交换系统

程控交换设备设于弱电机房，电话容量按 300 门考虑。基于办公网，采用 IP-PBX，最终数量由通信运营商根据业主实际需求确定。

5. 信息网络系统

（1）本工程的计算机网络系统考虑日后发展需要，部署两套网络，即办公网、设备网，两套网络设备各自独立设置，办公网与设备网共用机柜。

（2）办公网、智能化专网网络均采用无源光局域网 GPON 形式，如图 9-5 所示，采用

第 9 章 无源光局域网系统工程实例

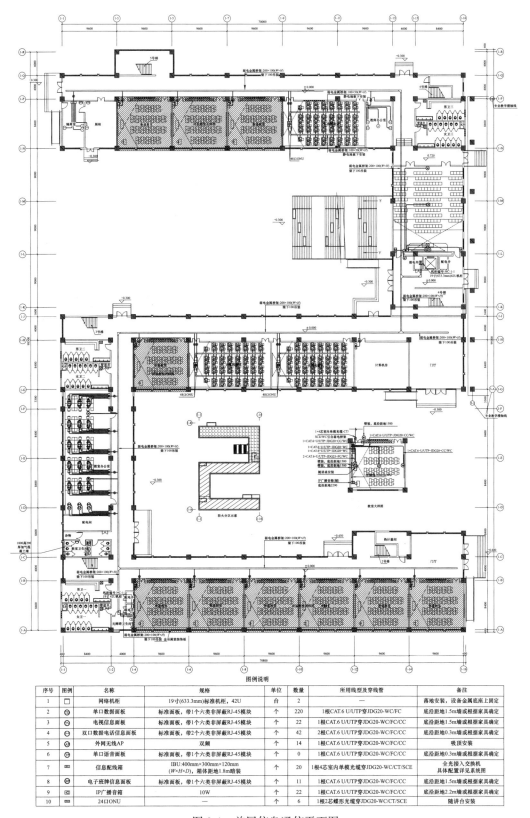

图例说明

序号	图例	名称	规格	单位	数量	所用线型及穿线管	备注
1		网络机柜	19寸(633.3mm)标准机柜,42U	台	2	—	落地安装,设备金属底座上固定
2		单口数据面板	标准面板,带1个六类非屏蔽RJ-45模块	个	220	1根CAT.6 U/UTP穿JDG20-WC/FC	底沿距地1.5m墙或根据家具确定
3		电视信息面板	标准面板,带1个六类非屏蔽RJ-45模块	个	22	1根CAT.6 U/UTP穿JDG20-WC/FC/CC	底沿距地1.5m墙或根据家具确定
4		双口数据电话信息面板	标准面板,带2个六类非屏蔽RJ-45模块	个	42	1根CAT.6 U/UTP穿JDG20-WC/FC/CC	底沿距地0.3m墙或根据家具确定
5		外网无线AP	双频	个	14	1根CAT.6 U/UTP穿JDG20-WC/FC/CC	吸顶安装
6		单口语音面板	标准面板,带1个六类非屏蔽RJ-45模块	个	0	1根CAT.6 U/UTP穿JDG20-WC/FC/CC	底沿距地1.5m墙或根据家具确定
7		信息配线箱	IBU:400mm×300mm×120mm($W×H×D$),箱体距地1.8m暗装	个	20	1根4芯室内单模光缆穿JDG20-WC/CT/SCE	全光接入交换机,具体配置详见系统图
8		电子班牌信息面板	标准面板,带1个六类非屏蔽RJ-45模块	个	11	1根CAT.6 U/UTP穿JDG20-WC/FC/CC	底沿距地1.5m墙或根据家具确定
9		IP广播音箱	10W	个	22	1根CAT.6 U/UTP穿JDG20-WC/FC/CC	底沿距地2.2m墙或根据家具确定
10		24口ONU	—	个	6	1根2芯蝶形光缆穿JDG20-WC/CT/SCE	随讲台安装

图 9-4 首层信息通信平面图

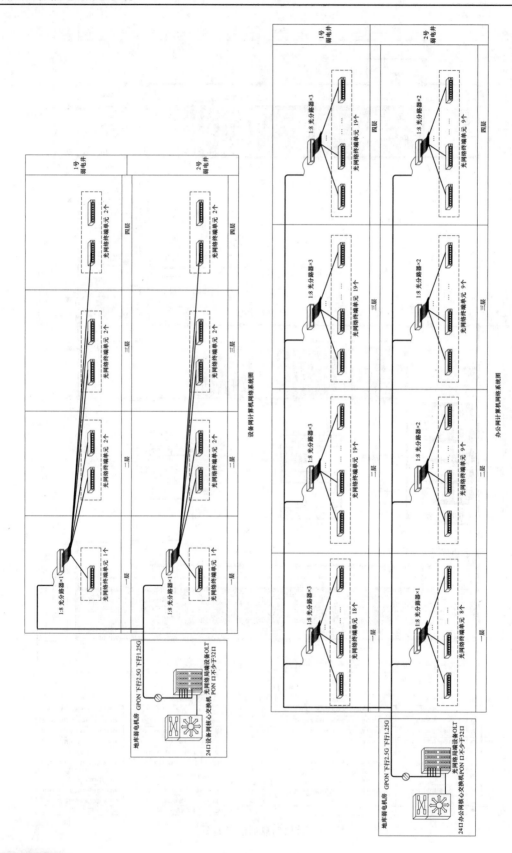

图 9-5 计算机网络系统图

"OLT（局端设备）-ODN（光分配网络）-ONU"组成形式，采用一级分光，以上两套网络核心设备设置于弱电机房内。

（3）设备网也为局域网，主要负责物业设施控制系统（建筑设备管理系统、视频监控系统、出入口控制系统、信息发布系统等）的通信和联络。

6. 五方对讲系统

（1）电梯五方通话设置为有线制五方通话，如图9-6所示，五方包含电梯轿厢、电梯井底坑、电梯轿顶、电梯机房和消防安防控制室，每部电梯均需从电梯机房设置一根电梯五方专用线缆（RVVP-6×1.5mm^2）至消防安防控制室。具体线缆型号最终以电梯厂家要求为准。

（2）平常状态下管理主机可与电梯内对讲，当电梯维护时，可实现电梯内、电梯机房与管理中心管理机间多方互相通话，达到物业现代化综合管理要求。要求电梯轿厢、电梯井底坑、电梯轿顶、管理中心组成可靠的对讲通信系统。

（3）在集中监控中心能直观地显示报警状态（包括对应点指示灯、对讲状态指示灯、故障指示灯等），以便对电梯的运行状态进行监听及紧急情况下的控制。

（4）电梯中途发生故障而停止运行时，梯内乘客可按下电梯操作盘中的报警按钮，通过电梯轿厢内对讲系统，与监控中心值班人员联系，以便于值班人员进行故障处理。

7. 有线电视系统

（1）有线电视系统由地下一层弱电机房引来。

（2）本次基于办公网GPON形式，通过光分路器，用2芯蝶形光缆引至前端ONU后接至IPTV面板，IPTV服务器设置于弱电机房。

（3）有线电视末端点位设置原则：在休息区、会议室、餐厅、活动室等房间设置有线电视终端点。

8. 公共广播系统

本工程公共区域的背景音乐系统与消防广播系统共用前端扬声器，如图9-7所示，基于设备网，采用100V电压输出形式。IP网络功放设置在各层弱电间中，通过广播切换模块实现消防应急广播和背景音乐的音源切换输入。教室设置IP网络音箱（主）和一个辅助音箱，主音箱通过6类非屏蔽对绞线接入办公网。

9. 会议系统

合班教室会议系统建成后可以满足200人上课需求，如图9-8所示，建设内容包括音响扩声系统、视频显示系统，形成一个集音频、视频为一体的综合管理系统。

专业扩声系统：参考国家厅堂扩声设计标准一级进行设计，语言扩声系统一级标准要大于或等于98dB，声场不均匀度要做到1kHz和4kHz时测量小于或等于8dB；传声增益在125～4kHz的平均值要大于或等于-8dB。

音箱、功放设计：设计2只400W垂直线阵列柱形扬声器安装于大屏两侧作为主扩扬声器，另外设计4只200W垂直线阵列柱形扬声器（由1台2×250W@8Ω功放驱动）音箱安装在会场后边两侧墙上用于补声，安装高度距离地面2000mm，为会场提供清晰的语音与音乐重放。

音源、处理器设计：设计1套双通道无线手持话筒及无线头戴话筒，用于主持、移动发言等。设计8路数字调音台1台，保证系统操控灵活、可靠性强、信号质量优良。数字

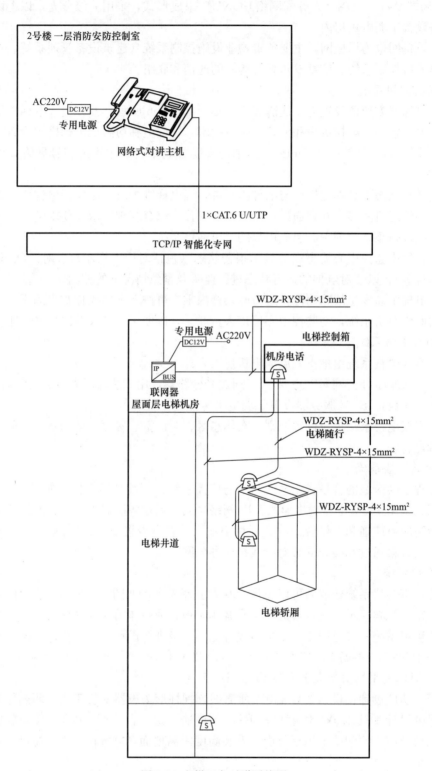

图 9-6 电梯五方对讲系统图

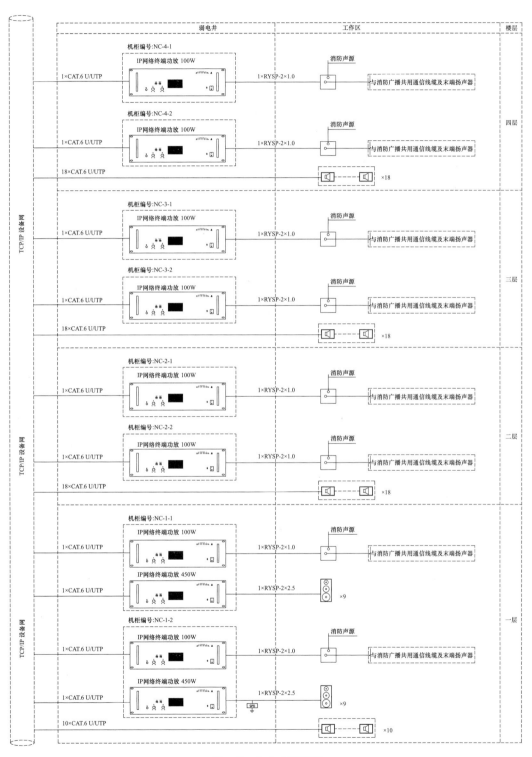

图 9-7 公共广播系统

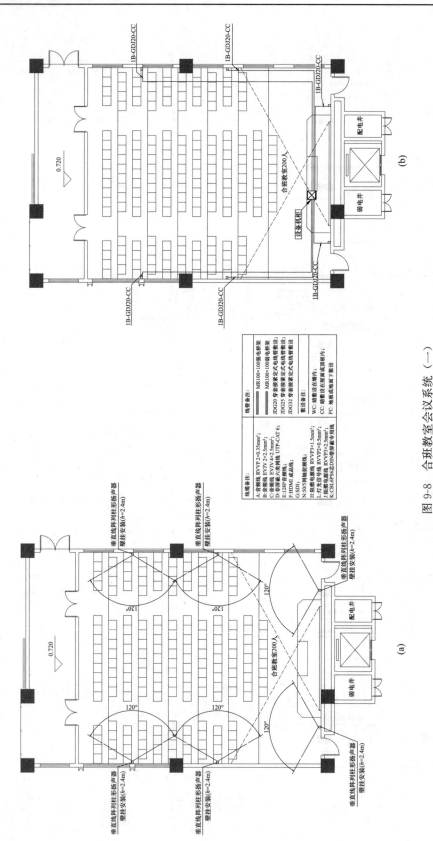

图 9-8 合班教室会议系统（一）
(a) 合班教室会议系统平面布置图；(b) 合班教室会议系统接线图

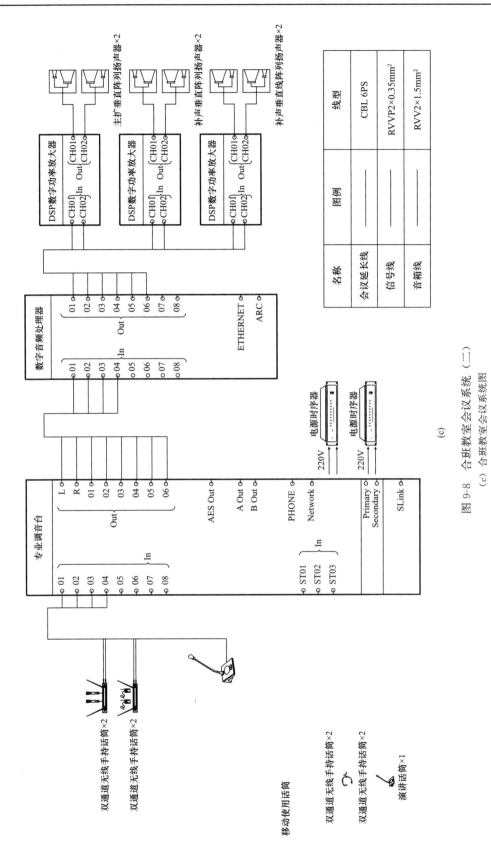

图 9-8 合班教室会议系统（二）
(c) 合班教室会议系统图

音频媒体矩阵处理器1台，主要用于音频矩阵切换、反馈抑制、前级放大、均衡调节、声音滤波、处理音色效果等功能。8路电源时序器1台确保每个设备的开关电源顺序，避免不必要的人为因素造成使用不畅，确保设备安全使用。

显示系统：根据教师实际使用86寸（2866.7mm）智慧黑板正面显示为一个由三块拼接而成的平面普通黑板，整体书写面均采用钢化玻璃材质，黑板整体表面支持粉笔书写、液态水笔书写等。

10. 信息导引及发布系统

（1）本项目设置一套信息导引及发布系统，对本子项内采取集中控制、统一管理的方式将视音频信号、图片和滚动字幕等多媒体信息通过网络平台传输到显示终端，以高清数字信号播出。其信息发布服务器设置在外网机房内。如图9-9所示，基于设备网的信息发布系统图。

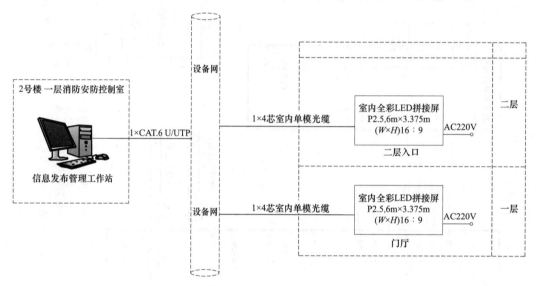

图9-9 信息发布系统图

（2）系统采用B/S架构，使管理平台与服务器相对分离，管理者只需通过网络登录服务器端即可完成内容设计并发布，节目通过网络传输到各播放端，进行本地播放。本系统具有多媒体发布、公共信息发布等功能。

（3）点位设置原则：

1）在一层大厅设置室内全彩P2.5，屏体尺寸为6m（宽）×3.375m（高）16∶9；

2）在二层入口设置室内全彩P2.5，屏体尺寸为6m（宽）×3.375m（高）16∶9。

11. Wi-Fi网络系统

本系统工程设置一套Wi-Fi系统，覆盖办公区及教室。

9.1.5 其他

1. 防雷保护

（1）本建筑的防雷装置能满足防雷电磁脉冲和雷电波的侵入，并满足总等电位联结的要求。

（2）室外信息化设备及入楼的信号铜缆均应加装相应等级的浪涌保护器保护，如室外摄像机、室外广播信号等。室外入户光缆外皮应接地。

2. 接地系统

弱电设备用房采用共用接地装置，其接地电阻不大于1Ω。

3. UPS供电

本工程电话网络机房、安防控制室、弱电竖井内弱电设备均采用UPS电源供电，后备时间30min。其中弱电中心机房内UPS容量由机房工程专业设计确定。弱电竖井内UPS供电采用分散式UPS供电。

4. 电气抗震

机电系统的抗震设计应由专业公司进行设计，深化方案报设计院审核。确保满足《建筑与市政工程抗震通用规范》GB 55002—2021及《建筑机电工程抗震设计规范》GB 50981—2014的要求，抗震支撑最终间距应根据具体深化设计及现场实际情况综合确定。

9.2 办公楼无源光局域网工程实例

9.2.1 办公楼工程概况

本项目含有多个子项目，以办公楼作为示例。

建筑工程等级：中型。

设计使用年限：50年。

建筑防火分类：多层民用建筑。

耐火等级：二级。

建筑物抗震设防烈度：7度。

建筑结构类型：框架结构。

建筑规模：综合办公

功能组成：一层办公和报告厅，二～五层为综合办公室

总建筑面积：5503.16m^2

建筑基底面积：1671.16m^2

建筑层数：共5层，其中地上5层。

建筑高度：22.950m（室外地面至屋面面层）。

设计标高（m）：相对标高±0.000等于绝对标高值（黄海系）449.400。

设计依据同9.1.2节。

9.2.2 设计内容及设计工程界面

1. 设计内容

（1）信息设施系统（ITSI）：信息接入系统、综合布线系统、移动通信室内信号覆盖系统、用户电话交换系统、信息网络系统、五方对讲系统、有线电视系统、公共广播系统（背景音乐系统）、会议系统、信息导引及发布系统。

（2）机房工程：弱电机房（办公楼子项目）、消防安防控制室（办公楼子项目）。

2. 设计分界点

同9.1.3节中2.。

9.2.3 信息设施系统（ITSI）

1. 信息接入系统

（1）本工程市政通信信号由市政电信管井引来，通过一层消防安防监控室，分别引入

三家运营商及广电有线电视信号至弱电机房。

（2）运营承包商负责进户光缆，接至总配线架进线侧。

（3）在消防安防控制室预留8根SC100入户套管。

2. 综合布线系统

（1）综合布线系统同9.1.4节中2.。

（2）办公网及设备网服务内容同9.1.4节5.中的相关内容。

（3）系统设计

1）本办公楼工程采用无源光局域网POL布线系统。如图9-10所示，由光线路终端（OLT）、光分配网络（ODN）、光网络单元（ONU）和交换设备等组成，采用一级分光，核心设备及OLT设置于消防安防控制室，分光器设置于楼层弱电井中。

2）OLT（局端设备）至光分路器主要采用室内8芯单模光缆，光分路器至光网络单元（ONU）采用2芯室内蝶形光纤，光网络单元（ONU）至前端信息面板采用超六类非屏蔽4对对绞线。

3）弱电间设置内容及穿线要求同9.1.4节2.中的相关内容。

4）电信运营商进线光缆由办公楼南侧消防安防控制室埋地0.8m引入，进线处光缆加强器件设置接地措施，穿钢管保护。本项目CD设置于办公楼一层弱电机房。由CD经金属槽盒引至各BD（各单体一层弱电间）。

5）如图9-11、图9-12、图9-13所示，以三层、四层、五层综合布线平面图为例。线缆经CD引出后至FD，在各FD种设置分光器及设备网ONU（带POE功能），各层水平线路敷设均采用金属线槽在吊顶内敷设，引至各信息插座或前端弱电信息箱（IBU），至前端信息插座采用超6类对绞电缆穿JDG管沿墙及地面暗敷。语音面板采用RVS-2×1.0穿JDG管沿墙及地面暗敷。至前端信息点1~2根UTP穿JDG20管暗敷，3~4根UTP穿JDG25暗敷。综合布线系统图例说明，如图9-14所示。

（4）办公室、相应附属用房信息点位设置，具体如下：

1）办公室：每工位1个双孔信息插座（1个数据点+1个语音点）；其他用房：按照规范及房间功能合理设置办公网、语音点的数量；公共区无线覆盖；

2）未尽功能房间：参照以上信息点设置原则或建设方需求，预留相应信息点位。

3. 移动通信室内信号覆盖系统

（1）该系统由通信运营商提供专业化设计、施工、安装，本次智能化设计根据各通信公司的要求预留机房、配电等技术条件，并预留垂直及水平路由及线槽安装空间。

（2）移动通信室内信号覆盖系统机房设置在一层弱电机房。

4. 用户电话交换系统

程控交换设备设于弱电中心机房，电话容量按500门考虑。基于办公网，采用IP-PBX，最终数量由通信运营商根据业主实际需求确定。

5. 信息网络系统

（1）本工程的计算机网络系统考虑日后发展需要，部署两套网络，即办公网、设备网，两套网络设备各自独立设置，办公网与设备网共用机柜。

（2）办公网、智能化专网网络均采用无源光局域网GPON形式，办公网、设备网计算机网络系统图如图9-15、图9-16所示，均采用"OLT（局端设备）-ODN（光分配网

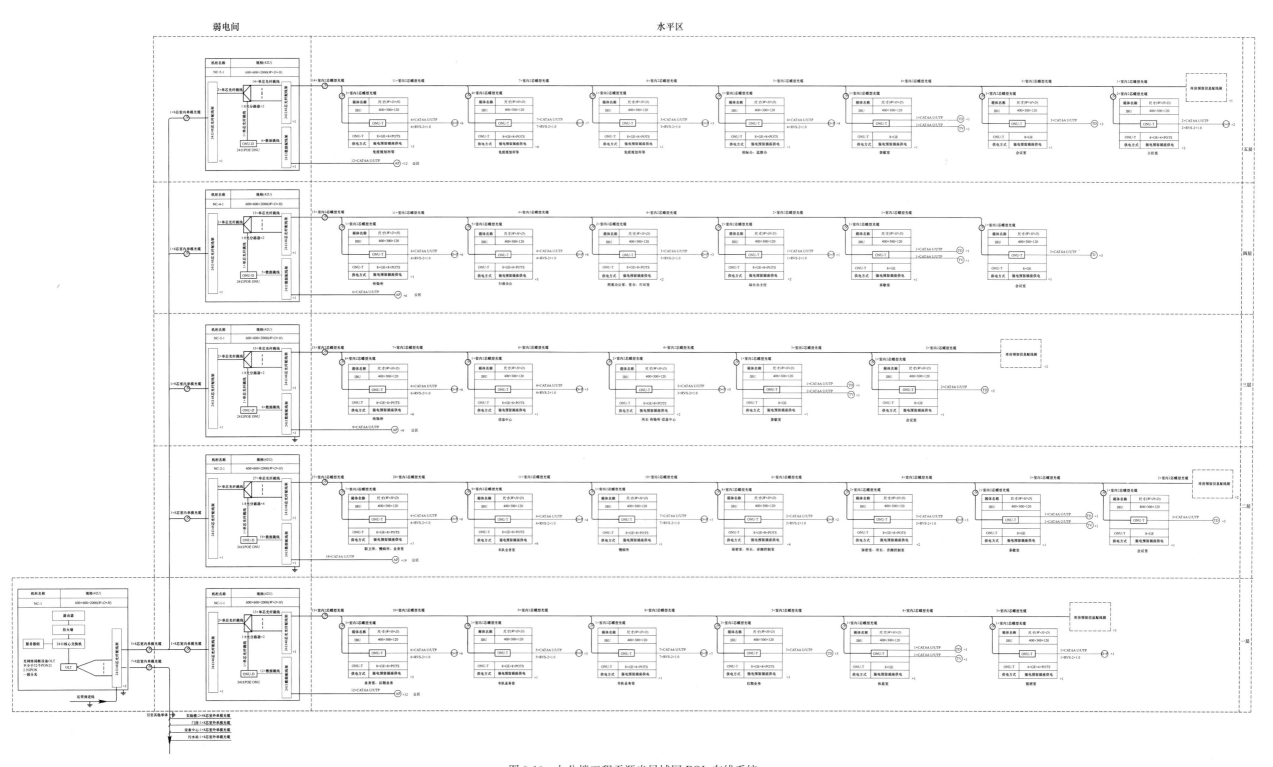

图 9-10 办公楼工程无源光局域网 PQL 布线系统

络)-ONU"组成形式,采用一级分光。以上两套网络核心层位于一层弱电机房内。

(3)办公网负责办公数据、语音、多媒体会议、Wi-Fi 等通信;设备网也为局域网,主要负责物业设施控制系统(建筑设备管理系统、视频监控系统、出入口控制系统、信息发布系统等)的通信和联络。

6. 电梯五方对讲系统

电梯五方对讲系统图如图 9-17 所示。

7. 有线电视系统

系统图含于综合布线系统。

8. 公共广播系统

公共广播系统图如图 9-18 所示。

9. 会议系统

会议系统建成后可以满足 213 人的学术报告会议,文艺演出等多功能需要。报告厅长 21.45m,宽 14.6m,面积约 300m^2。多功能厅建成后主要满足学术报告、中小型会议、各类型培训及文艺演出为一体等功能,报告厅会议系统平面图如图 9-19、图 9-20 所示。

本会议系统可实现其他信号(闭路电视、广播电视、网络会议信号等)接入视频显示系统,同时具备网络出口,实现双向网络电视会议交流、现场实况实时播出、转播、录像等。

报告厅会议系统图如图 9-21 所示,包括音响扩声系统、舞台灯光系统、舞台机械幕布系统、LED 显示系统,形成一个集音频、视频为一体的综合管理系统保证所采用的设备和技术属世界主流产品。

(1)系统设计指标:满足《厅堂、体育场馆扩声系统设计规范》GB/T 28049—2011 中多用途类扩声一级指标。

1)声压级≥103dB,语言清晰度;

2)语言传输指数 STI:满场(80%观众)时观众席大部分区域平均值≥0.5,高保真的还原;

3)充足的功率储备≥1∶1.5;

4)主观感受:丰满度、明亮度、圆润度、柔和度、温暖、真实。

(2)系统配置方案。

音响扩声方面:配置专业多合一左右主扩声器 2 组,超低频扬声器 2 组,效果环绕全频扬声器 8 组,台唇补声全频扬声器 4 组,舞台流动返听扬声器 2 组,整个音箱系统的特点是功率大、灵敏度高、最大声压级频响曲线稳定,能保证听众听到清晰动态广阔而不失真的发言。

音频处理设备:选用 32 路专业数字调音台作为调控设备的核心,保证系统操控灵活、可靠性强、信号质量优良。配置 12 进 12 出数字音频处理器 1 台,以及 5 寸有源监听一套,8 组 12 路滤波电源时序器 1 台确保每个会议室各设备的开关电源顺序,避免不必要的人为因素造成使用不畅,确保设备安全使用。

拾音设备:选用高品质单通道数字无线话筒系统(4 套单通道无线手持话筒,4 套单通道无线头戴话筒以及 2 套话筒信号放大系统),确保多套话筒同时使用不干扰、串频、增强话筒信号等、满足文艺表演需求。为满足多功能厅演讲需求,设置 1 只会议话筒。无线数字会议设备:选用数字会议主机 1 台,数字会议主席单元 1 只,数字会议代表单元 5 只来满足主席台每位参会人员发言需求。

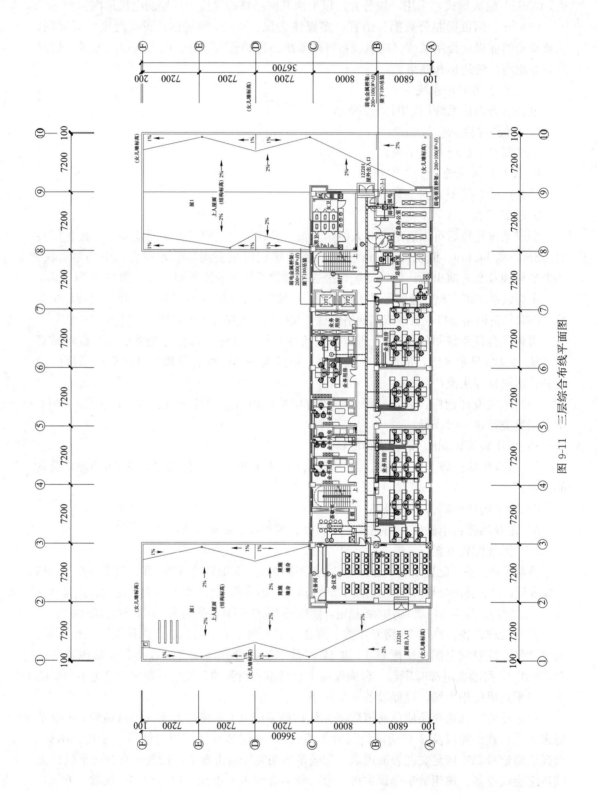

图 9-11 三层综合布线平面图

第 9 章 无源光局域网系统工程实例

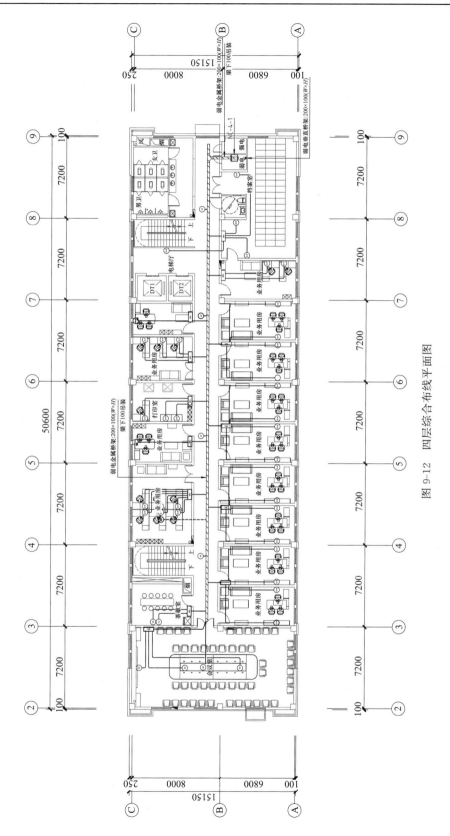

图 9-12 四层综合布线平面图

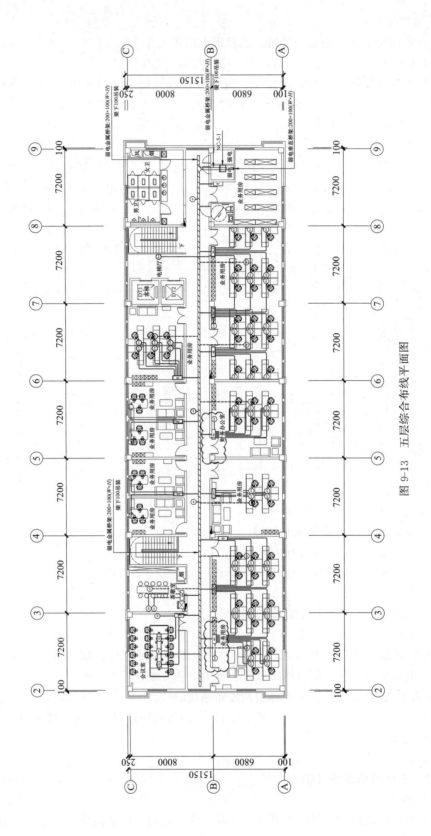

图 9-13 五层综合布线平面图

第9章 无源光局域网系统工程实例

图例说明

序号	图例	名称	规格	单位	所用线型及穿线管	备注
1	□	网络机柜	19寸(633.3mm)标准机柜，42U	台	—	落地安装,设备金属底座上固定
2	TD	单口数据面板	标准面板，带1个超六类非屏蔽RJ-45模块	个	1根CAT.6A U/UTP穿JDG20-WC/FC/CC	底沿距地0.3m墙或根据家具确定
3	TV	电视信息面板	标准面板，带1个超六类非屏蔽RJ-45模块	个	1根CAT.6A U/UTP穿JDG20-WC/FC/CC	底沿距地1.5m墙或根据家具确定
4	D+P	双口数据电话信息面板	标准面板，带1个超六类非屏蔽RJ-45模块和1个RJ-11模块	个	1根CAT.6A U/UTP+1×RVS-2×1.0穿JDG20-WC/FC/CC	底沿距地0.3m墙或根据家具确定
5	AP	无线AP	双频	个	1根CAT.6A U/UTP+1芯穿JDG20-WC/CT/SCE	吸顶安装
6	IBU	信息配线箱	IBU:400mm×300mm×120mm(W×H×D)，箱体距地0.5m暗装	个	1根2芯蝶形光缆穿JDG20-WC/CT/SCE	ONU具体配置详见系统图

图 9-14 综合布线系统图例说明

智能建筑信息设施系统

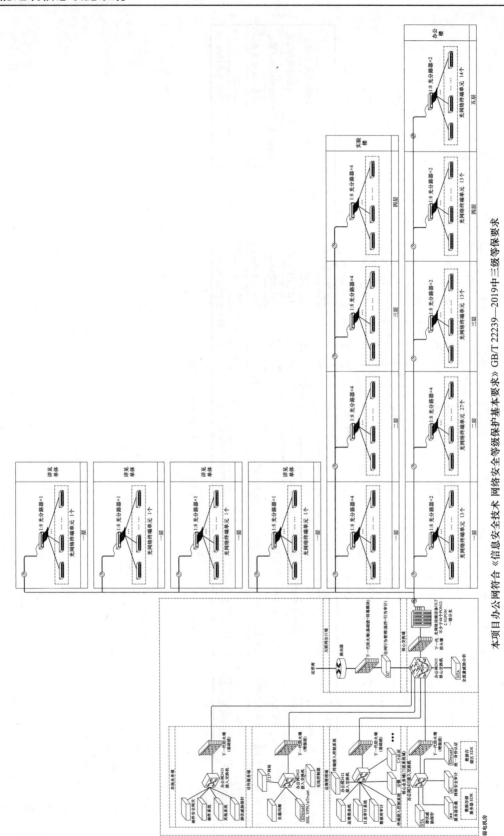

图 9-15 办公网计算机网络系统图

第 9 章 无源光局域网系统工程实例

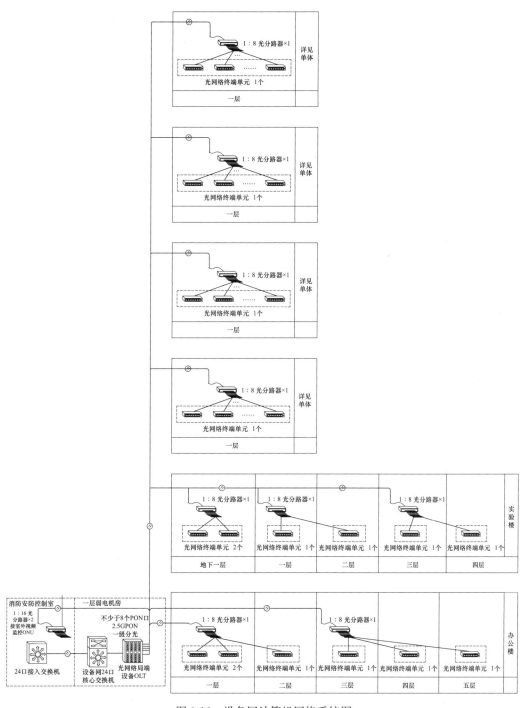

图 9-16　设备网计算机网络系统图

241

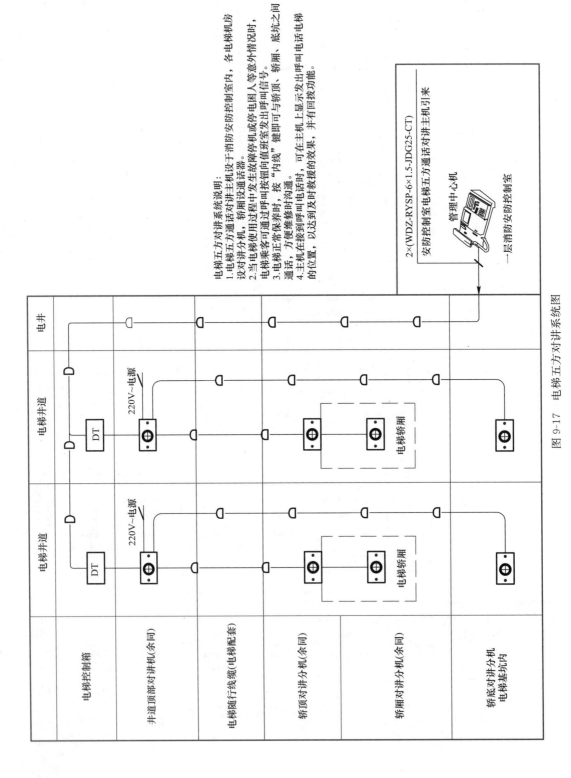

图 9-17 电梯五方对讲系统图

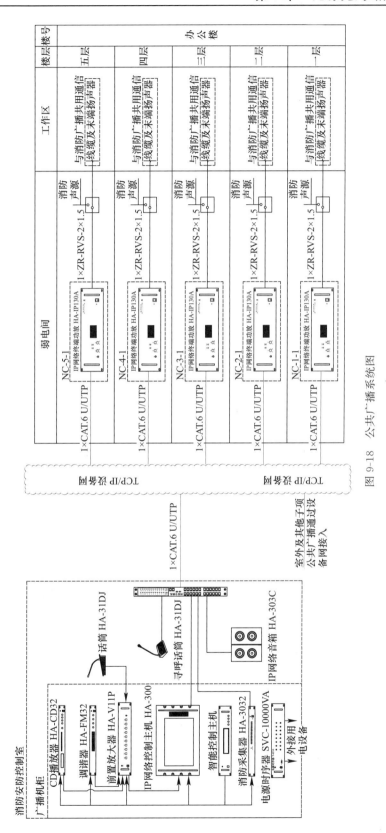

图 9-18 公共广播系统图

智能建筑信息设施系统

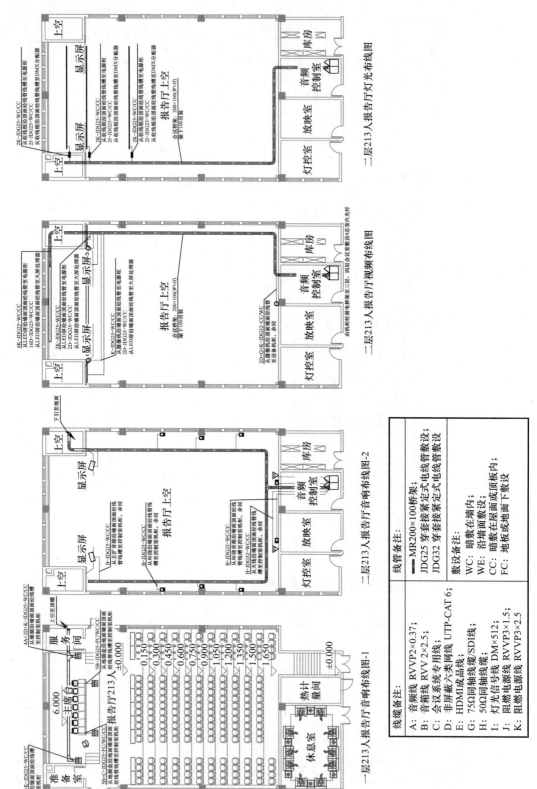

图 9-19 报告厅会议系统平面图（一）

第9章 无源光局域网系统工程实例

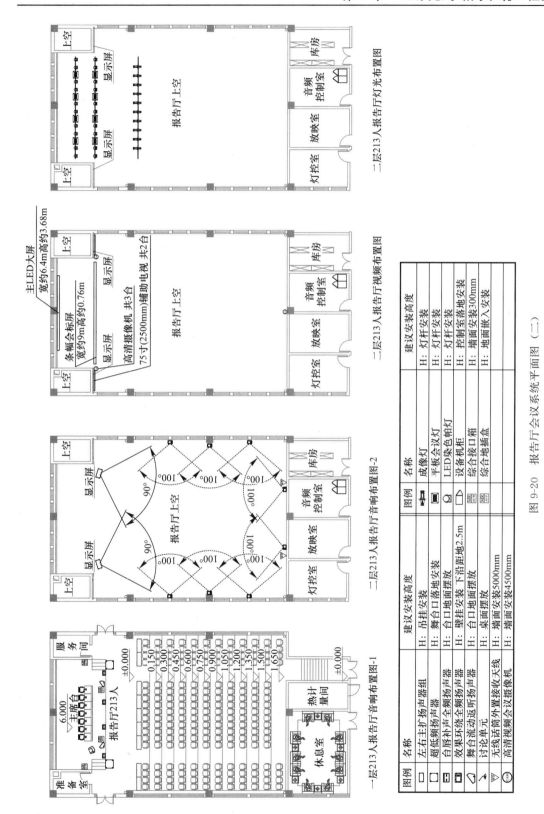

图 9-20 报告厅会议系统平面图（二）

显示系统，设置会标 LED 单色显示屏，设置舞台背景全彩显示屏，设置 75 寸辅助电视 4 台。

10. 信息导引及发布系统

（1）本项目设置一套信息导引及发布系统，对本子项内采取集中控制、统一管理的方式将视音频信号、图片和滚动字幕等多媒体信息通过网络平台传输到显示终端，以高清数字信号播出。其信息发布服务器设置在外网机房内。如图 9-22 所示为信息发布系统图。

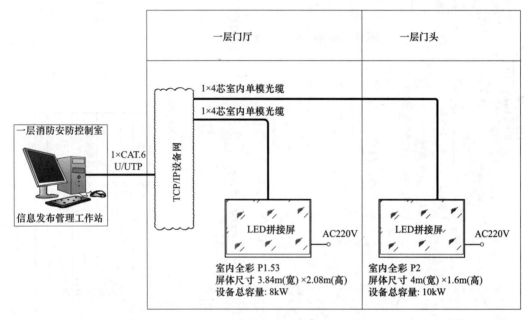

图 9-22 信息发布系统图

（2）系统采用 B/S 架构，使管理平台与服务器相对分离，管理者只需通过网络登录服务器端即可完成内容设计并发布，节目通过网络传输到各播放端，进行本地播放。本系统具有多媒体发布、公共信息发布等功能。

（3）点位设置原则：

1）在一层大厅设置室内全彩 P1.53，屏体尺寸 3.84m（宽）×2.08m（高）；

2）在一层大厅门头设置室内全彩 P2，屏体尺寸 4m（宽）×1.6m（高）。

11. Wi-Fi 网络系统

本系本工程设置一套 Wi-Fi 系统，覆盖办公区间、会议室及大办公室。

9.2.4 机房工程

系统按照《数据中心设计规范》GB 50174—2017 相关条款 B 级机房标准进行设计建设。如图 9-23 和图 9-24 所示，分别对弱电机房、消防安防控制室的机房装修、电气工程、防雷接地及空调进行设计。

1. 机房装修（弱电机房、消防安防控制室）

（1）地面装修：机房地面找平，防尘处理，机房采用无边全钢 600mm×600mm×35mm 抗静电地板，防火等级一级，分散承受力大于或等于 12kN，表面 PVC 贴面，地板高度 300mm，出入口处设置踏步台阶。

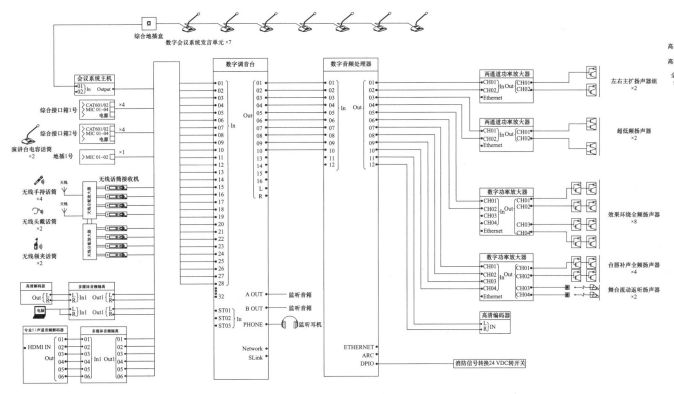
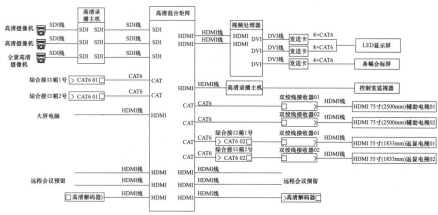
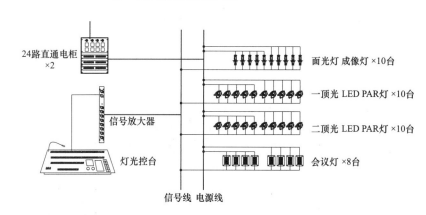
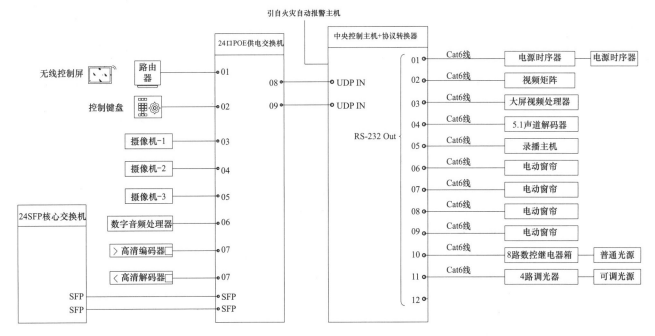
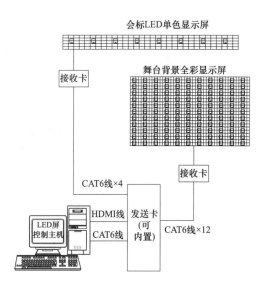

图 9-21 报告厅会议系统图

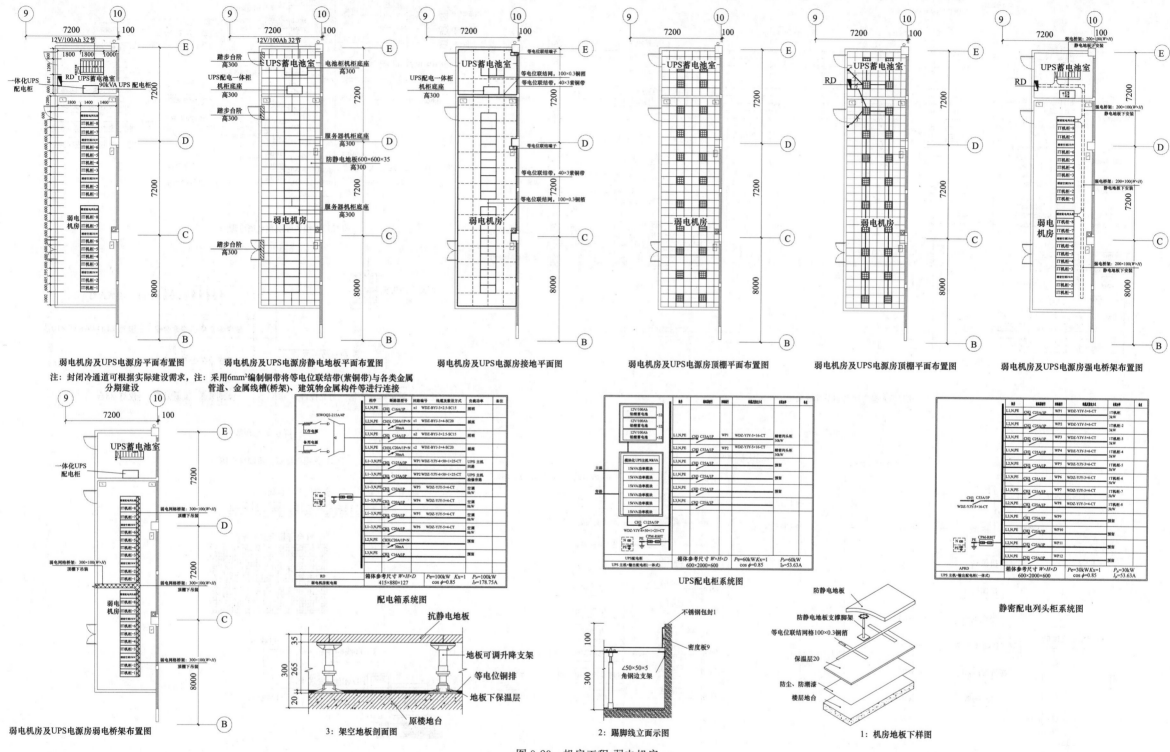

图 9-23 机房工程-弱电机房

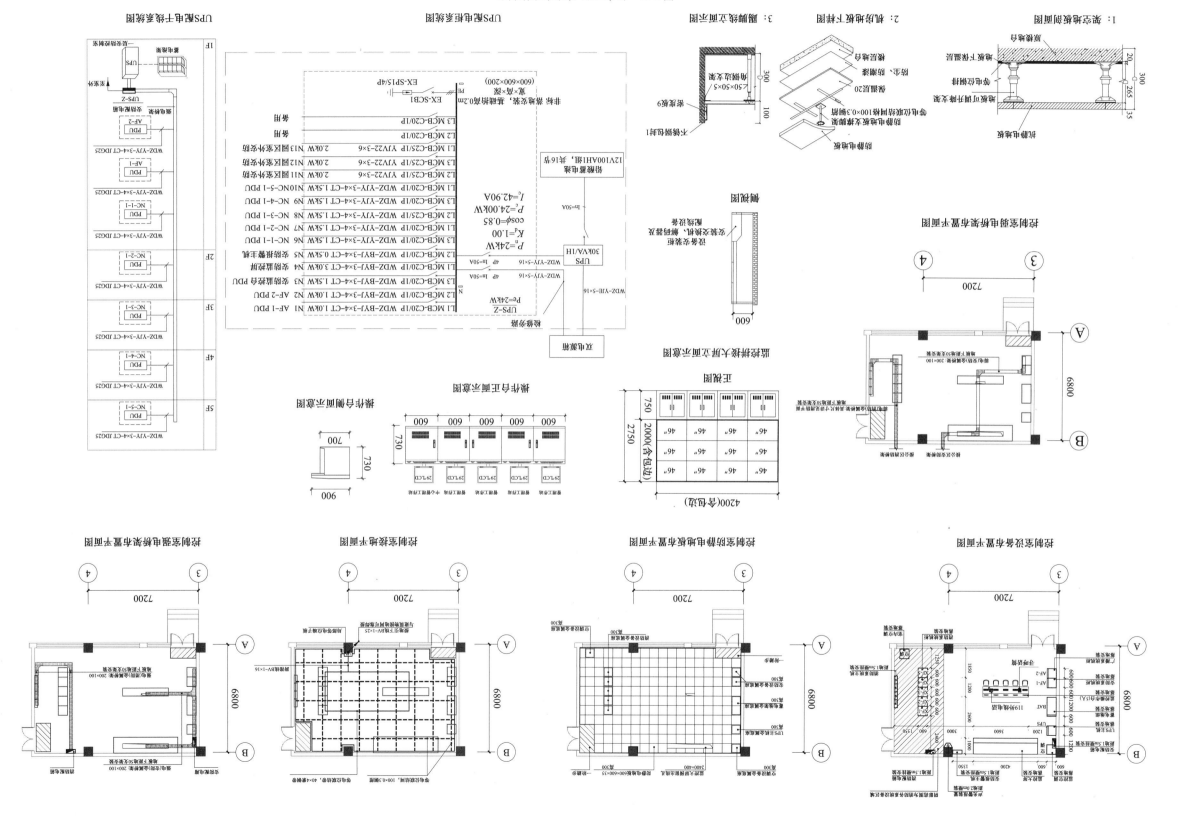

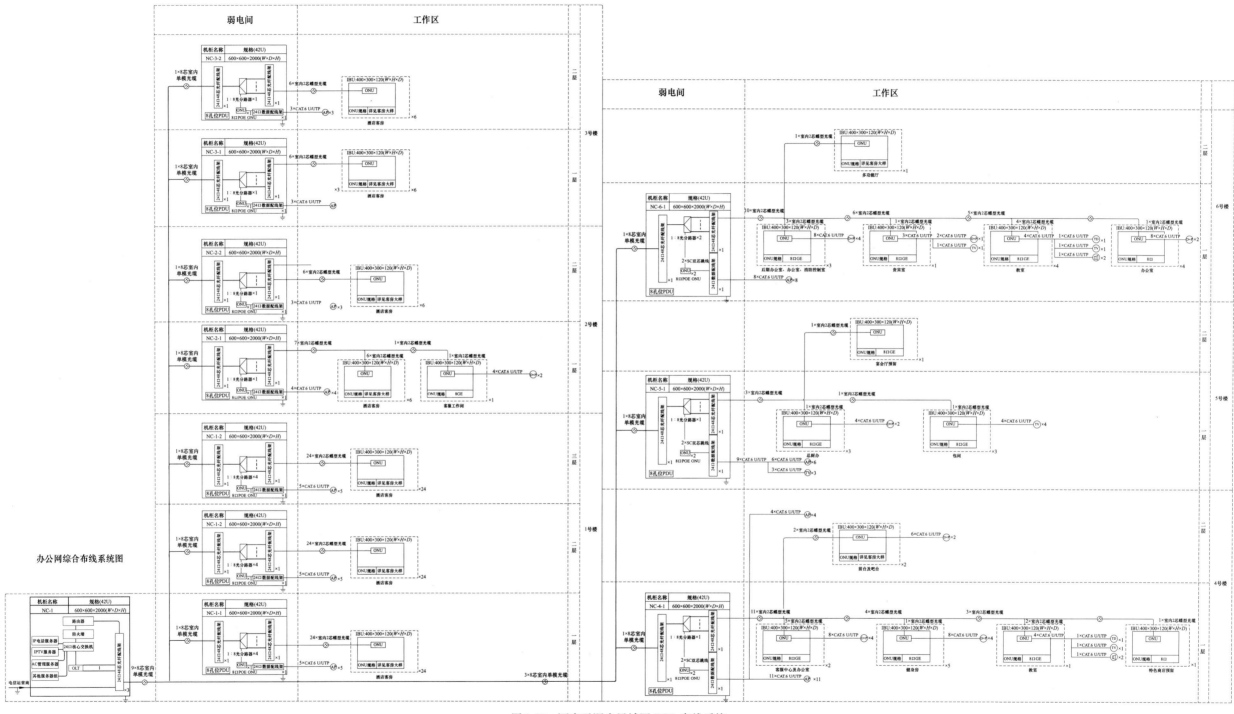

图 9-25 酒店无源光局域网 POL 布线系统

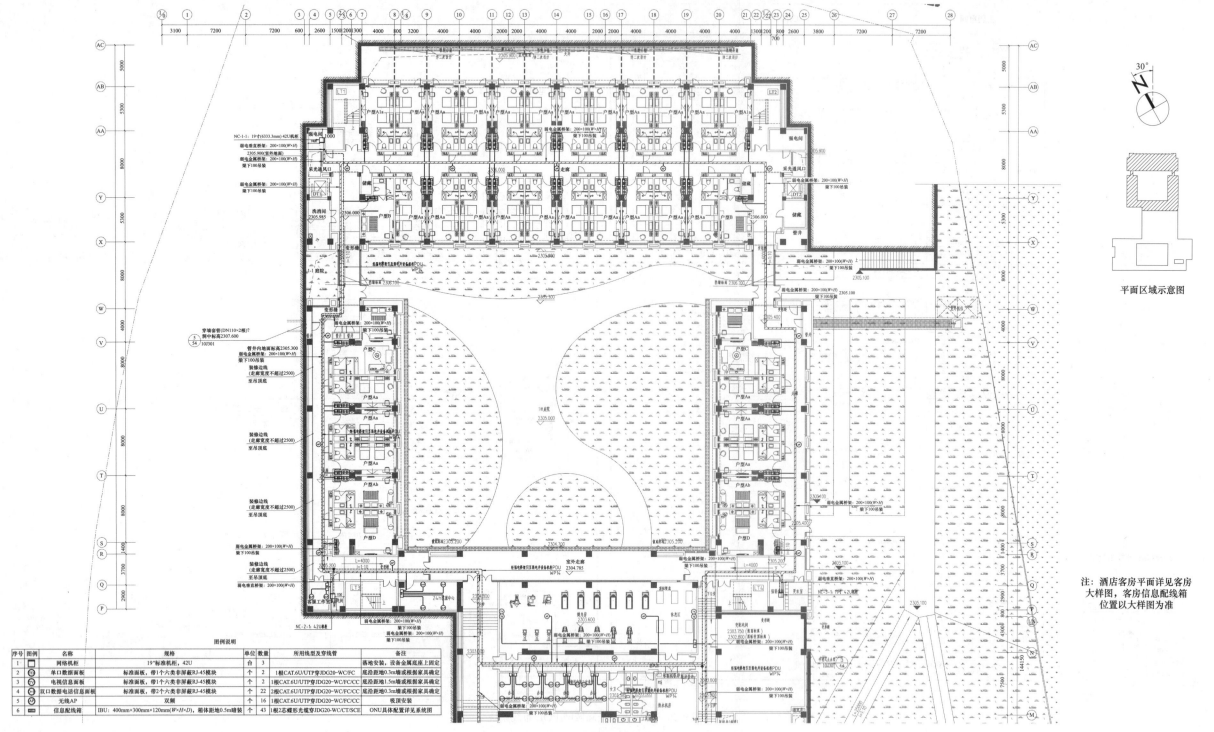

图 9-26 一层综合布线平面图

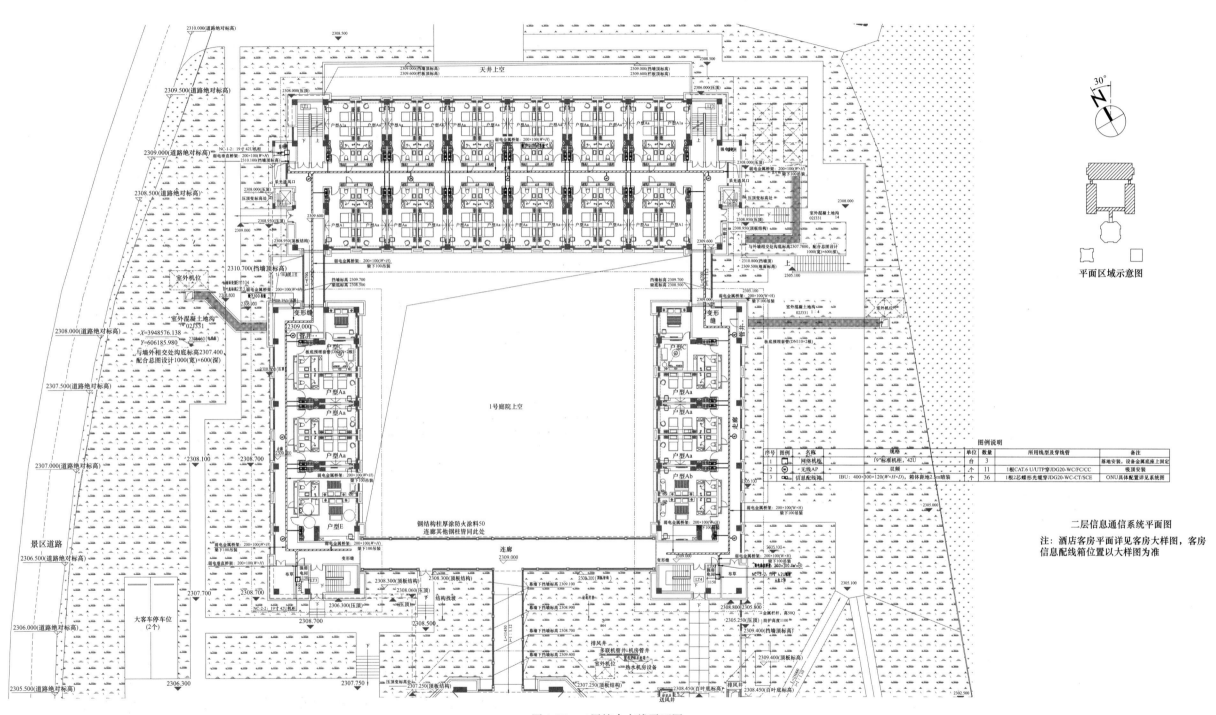

图 9-27 二层综合布线平面图

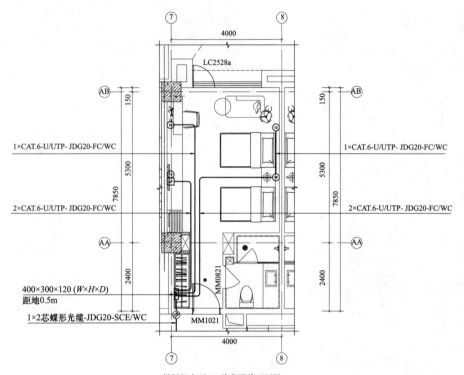

样板间户型A1a信息通信平面图

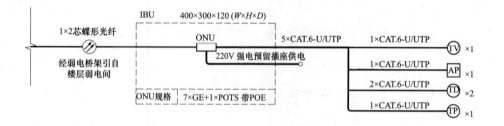

样板间户型A1a信息通信系统图

图例说明

序号	图例	名称	规格	单位	数量	备注
1	IBU	信息配线箱	400mm×300mm×120mm ($W×H×D$)	台	1	距地0.5m
2	TP	单孔电话插座	86型，带RJ-11模块	个	1	安装高度以精装为准
3	TD	单孔数据插座	86型，带1个六类非屏蔽RJ-45模块	个	2	安装高度以精装为准
4	AP	面板无线AP	86型，双频	个	1	安装高度以精装为准
5	TV	IPTV电视插座	86型，带1个六类非屏蔽RJ-45模块	个	1	安装高度以精装为准

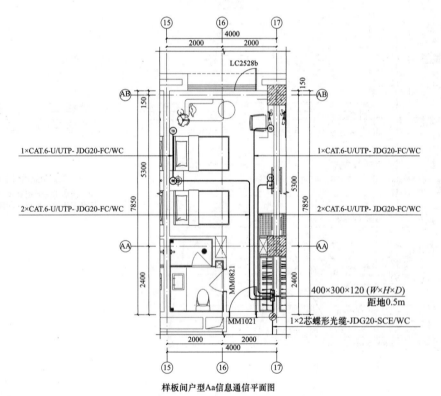

样板间户型Aa信息通信平面图

样板间户型Aa信息通信系统图

图例说明

序号	图例	名称	规格	单位	数量	备注
1	IBU	信息配线箱	400mm×300mm×120mm ($W×H×D$)	台	1	距地0.5m
2	TP	单孔电话插座	86型，带RJ-11模块	个	1	安装高度以精装为准
3	TD	单孔数据插座	86型，带1个六类非屏蔽RJ-45模块	个	2	安装高度以精装为准
4	AP	面板无线AP	86型，双频	个	1	安装高度以精装为准
5	TV	IPTV电视插座	86型，带1个六类非屏蔽RJ-45模块	个	1	安装高度以精装为准

图 9-28　客房综合布线平面图

(2) 墙面装修：采用钢质龙骨基层内加防火保温材料。彩钢板面层，具有装饰性强、防电磁干扰性好，达到阻燃、隔声、降尘的功能。

(3) 顶面装修：吊顶采用600mm×600mm的铝合金微孔顶板。

(4) 踢脚线：采用100mm高拉丝不锈钢踢脚。

(5) 门：机房进门采用外开甲级全钢防火门。

2. 电气工程设计

(1) 动力配电系统：机房内用电设计为一级负荷，采用两路380V/220V电路经ATS给UPS主机及空调照明供电，设备机柜提供双电源供电，地板下安装16A的工业连接器，设备机柜配置1台防雷电源分配器（PDU）。

(2) 照明系统：弱电机房照度500lx，无眩光，眩光限制等级为Ⅰ级；照明系统采用分区分路集中控制方式，应急照明持续时间大于或等于180min。

3. 接地及防雷系统

(1) 机房采用零线和地线分开设置的TN-S联合接地方式，总接地电阻小于1Ω，零-地压降小于1V。

(2) 抗静电地板下均铺设紫铜带做静电泄漏网。其中等电位联结带采用40mm×3mm紫铜带，等电位联结网采用100mm×0.3mm铜箔。采用$6mm^2$编织铜带将等电位联结带（紫铜带）与各类金属管道、金属线槽（桥架）、建筑物金属构件等进行连接。

(3) 从联合接地引一路专用地线至机房，做等电位连接排。

(4) 设计安全可靠完整的二级防雷系统，市电配电柜采用B+C级防雷器保护。

4. UPS配电

(1) 弱电机房设置90kVA UPS电源1套，后备时间0.5h。

(2) 消防安防控制室设置30kVA UPS电源1套，后备时间0.5h。

5. 弱电间

(1) 墙面地面采用防尘、防潮、防静电处理。

(2) 网络机柜下采用金属设备底座，底座与地面、机柜与底座均进行螺栓固定。金属底座由∠40mm×40mm×4mm角钢现场制作。

6. 其他

除上述措施之外，机房内环境还需要进行防火、防噪声、防鼠虫和防盗措施。

(1) 机房所选择的吊顶板、防静电地板以及其他内装修材料的燃烧性能均为A级，符合《建筑内部装修设计防火规范》GB 50222—2017的有关规定。

防火涂料：不可避免的木质隐蔽部分应做防火处理。

防火阀：新风管跨越消防分区时，采用防火阀的方式保证隔绝。

防火枕：强弱电线槽及桥架等穿越不同防火分区时加防火枕隔离。

安全疏散：机房有畅通的疏散通道、足够的疏散出口和醒目的疏散标志。

(2) 机房主出入口采用门禁系统限制外来人员进入。室内安装视频监控摄像机，当有人员非法闯入时，提示并及时报警。

9.2.5 其他

1. 防雷保护

(1) 本建筑的防雷装置能满足防雷电磁脉冲和雷电波的侵入，并满足总等电位联结的要求。

（2）室外信息化设备及入楼的信号铜缆均应加装相应等级的浪涌保护器保护，如室外摄像机、室外广播信号等。室外入户光缆外皮应接地。

2. 接地系统

消防安防控制室等弱电设备用房采用共用接地装置，其接地电阻不大于1Ω。

3. UPS供电

本工程电话网络机房、安防控制室、弱电竖井内弱电设备均采用UPS电源供电，后备时间30min。其中弱电中心机房内UPS容量由机房工程专业设计确定。弱电竖井内UPS供电采用分散式UPS供电。

4. 电气抗震

机电系统的抗震设计应由专业公司进行设计，深化方案报设计院审核。确保满足《建筑与市政工程抗震通用规范》GB 55002—2021 及《建筑机电工程抗震设计规范》GB 50981—2014 的要求，抗震支撑最终间距应根据具体深化设计及现场实际情况综合确定。

9.3 酒店无源光局域网工程实例

9.3.1 酒店工程概况

建筑工程等级：中型。

建筑工程设计等级：一级。

设计使用年限：50年。

建筑防火分类：多层。

耐火等级：地上建筑为二级、地下建筑为一级。

建筑物抗震设防烈度：8度。

建筑结构类型：钢筋混凝土框架结构。

建筑规模：本项目为中型旅馆建筑，共有96间钥匙间以及大堂、健身房、400人餐厅、145人多功能厅、研学教室、后勤办公、机房等配套设施。

功能组成：1号楼、2号楼、3号楼为客房区；4号楼、5号楼、6号楼为酒店配套用房。

总建筑面积：11870m^2（地上7381m^2，地下4489m^2）。

建筑基底面积：5892m^2。

设计依据同9.1.2节。

9.3.2 设计内容及设计工程界面

1. 设计内容

（1）信息设施系统（ITSI）：信息接入系统、综合布线系统、移动通信室内信号覆盖系统、用户电话交换系统、信息网络系统、五方对讲系统、有线电视系统、公共广播系统（背景音乐系统）、会议系统、信息导引及发布系统。

（2）机房工程：弱电机房、消防安防控制室。

2. 设计分界点

同9.1.3节中2.。

9.3.3 信息设施系统（ITSI）

1. 信息接入系统

（1）本工程市政通信信号由市政电信管井引来，通过一层消防安防监控室，分别引入三家运营商及广电有线电视信号。

（2）运营承包商负责总配线侧进线侧的线缆接入。

（3）在消防安防控制室预留 8 根 SC100 入户套管。

2. 综合布线系统

（1）综合布线系统同 9.1.4 节中 2.。

（2）办公网及设备服务内容见 9.1.4 节 5. 中的相关内容。

3. 系统设计

（1）本酒店采用无源光局域网 POL 布线系统。如图 9-25 所示，由光线路终端（OLT）、光分配网络（ODN）、光网络单元（ONU）和交换设备等组成，采用一级分光，核心设备及 OLT 设置于弱电机房，分光器设置于各单体楼层弱电井中。

（2）OLT（局端设备）至光分路器主要采用室内 8 芯单模光缆，光分路器至光网络单元（ONU）采用 2 芯室内蝶形光纤，光网络单元（ONU）至前端信息面板采用六类非屏蔽 4 对对绞线。

（3）在各层弱电间中设置 19in（482.6mm）机柜，安装快接式光纤配线架端接主干光缆。

（4）电信运营商进线光缆由大楼南侧方向埋地 0.8m 引入，进线处光缆加强器件采取接地措施，穿钢管保护，全部接入 CD。本项目 CD 设置于 4 号楼一层弱电机房。由 CD 经金属槽盒引至各 BD（各单体一层弱电间）。

（5）如图 9-26～图 9-28 所示，以一层、二层综合布线平面图及客房综合布线平面图为例。线缆经 BD 引出后至 FD，在各 FD 中设置分光器及设备网 ONU（带 POE 功能），各层水平线路敷设均采用金属线槽在吊顶内敷设，引至各信息插座或前端弱电信息箱（IBU），至前端数据、语音信息插座均采用 6 类对绞电缆穿 JDG 管沿吊顶内及垂直部分暗敷。至前端信息点 1～2 根 UTP 穿 JDG20 管暗敷，3～4 根 UTP 穿 JDG25 暗敷，综合布线图例说明，如图 9-29 所示。

（6）办公室、相应附属用房信息点位设置，具体如下：

1）办公室：每工位 1 个双孔信息插座（1 个办公网数据点＋1 个语音点）。

2）客房：每个客房设置 1 个单孔有线电视面板、1 个无线 AP 面板、1 个单孔电话面板，2 个单孔数据面板。

3）其他用房：按照规范及房间功能合理设置办公网、语音点的数量。

4）未尽功能房间：参照以上信息点设置原则或建设方需求，预留相应信息点位。

5）以上办公网信息点和语音点均可通用互换。

4. 移动通信室内信号覆盖系统

（1）该本系统由通信运营商提供专业化设计、施工、安装，本次智能化设计根据各通信公司的要求预留机房、配电等技术条件，并预留垂直及水平路由及线槽安装空间。

（2）移动通信室内信号覆盖系统机房设置在 4 号楼一层弱电机房。

5. 用户电话交换系统

程控交换设备设于弱电中心机房，电话容量按 500 门考虑。基于办公网，采用 IP-PBX，

图例说明

序号	图例	名称	规格	单位	所用线型及穿线管	备注
1	□	网络机柜	19寸(6333.3mm)标准机柜，42U	台	—	落地安装，设备金属底座上固定
2	TD	单口数据面板	标准面板，带1个六类非屏蔽RJ-45模块	台	1根CAT.6U/UTP穿JDG20-WC/FC	底沿距地0.3m墙或根据家具确定
3	TV	IPTV电视插座	标准面板，带1个六类非屏蔽RJ-45模块	个	1根CAT.6U/UTP穿JDG20-WC/FC/CC	底沿距地1.5m墙或根据家具确定
4	⊕	双口数据电话信息面板	标准面板，带2个六类非屏蔽RJ-45模块	个	2根CAT.6U/UTP穿JDG20-WC/FC/CC	底沿距地0.3m墙或根据家具确定
5	AP	无线AP	标准面板，双频	个	1根CAT.6U/UTP穿JDG20-WC/FC/CC	吸顶安装
6	IBU	信息配线箱	IBU: 400mm×300mm×120mm(W×H×D)，箱体距地0.5m暗装	个	1根2芯蝶形光缆穿JDG20-WC/CT/SCE	ONU具体配置详见系统图
7	IP	单孔电话插座	标准面板，带RJ-11模块	个	1根CAT.6U/UTP穿JDG20-WC/FC	安装高度以精装为准
8	TD	单孔数据插座	标准面板，带1个六类非屏蔽RJ-45模块	个	1根CAT.6U/UTP穿JDG20-WC/FC	安装高度以精装为准
9	AP	面板无线AP	标准面板，双频	个	1根CAT.6U/UTP穿JDG20-WC/FC	安装高度以精装为准
10	TV	IPTV电视插座	标准面板，带1个六类非屏蔽RJ-45模块	个	1根CAT.6U/UTP穿JDG20-WC/FC	安装高度以精装为准

图9-29 无源光局域网POL布线系统图例说明

最终数量由通信运营商根据业主实际需求确定。

6. 信息网络系统

（1）本工程的计算机网络系统考虑今后发展需要，部署两套网络，即办公网、设备网，两套网络设备各自独立设置，办公网与设备网共用机柜。

（2）办公网、智能化专网网络均采用无源光局域网GPON形式，如图9-30所示，采用"OLT（局端设备）-ODN（光分配网络）-ONU"组成形式，采用一级分光，以上两套网络核心层位于4号楼一层弱电机房内。

（3）办公网负责办公数据、语音、多媒体会议、Wi-Fi等通信；设备网也为局域网，主要负责物业设施控制系统（建筑设备管理系统、视频监控系统、出入口控制系统、信息发布系统等）的通信和联络。

7. 电梯五方对讲系统

（1）电梯五方通话设置为有线制五方通话，其系统图如图9-31所示，五方包含电梯轿厢、电梯井底坑、电梯轿顶、电梯机房和消防安防控制室，每部电梯均需从电梯机房设置一根电梯五方专用线缆（RVVP-6×1.5）至消防安防控制室。具体线缆型号最终以电梯厂家要求为准。

（2）平常状态下管理主机可与电梯内对讲，当电梯维护时，可实现电梯内、电梯机房与管理中心管理机间多方互相通话，达到物业现代化综合管理要求。要求电梯轿厢、电梯井底坑、电梯轿顶、管理中心组成可靠的对讲通信系统。

（3）在集中监控中心能直观地显示报警状态（包括对应点指示灯、对讲状态指示灯、故障指示灯等），以便对电梯的运行状态进行监听及紧急情况下的控制。

（4）电梯中途发生故障而停止运行时，梯内乘客可按下电梯操作盘中的报警按钮，通过电梯轿厢内对讲系统，与监控中心值班人员联系，以便值班人员进行故障处理。

8. 有线电视系统（系统图包含在综合布线系统图）

（1）有线电视系统由一层弱电机房引来。

（2）本次基于办公网GPON形式，通过光分路器，用2芯蝶形光缆引至前端ONU后接至IPTV面板，IPTV服务器设置于弱电机房。

（3）有线电视末端点位设置原则：在休息区、会议室、餐厅、活动室等房间设置有线电视插座。

9. 公共广播系统

本工程公共区域的公共广播系统与消防广播系统共用前端扬声器，公共广播系统图如图9-32所示，基于设备网，采用100V电压输出形式。IP网络功放设置在各层弱电间中，

第9章 无源光局域网系统工程实例

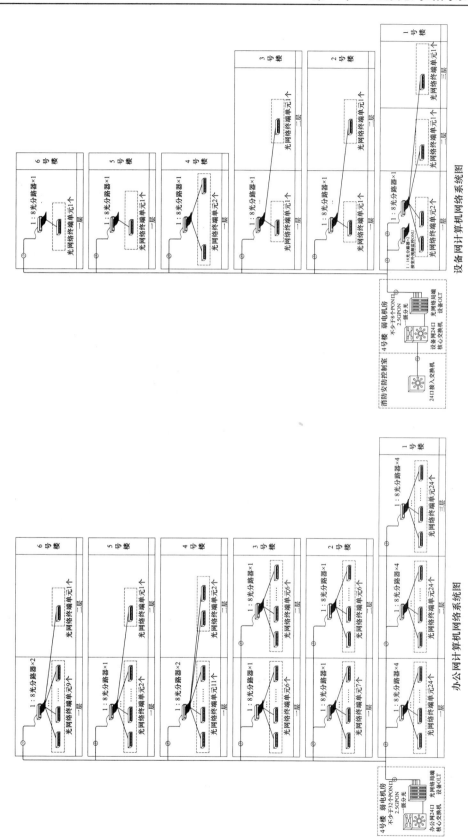

图 9-30 无源光局域网 GPON 形式

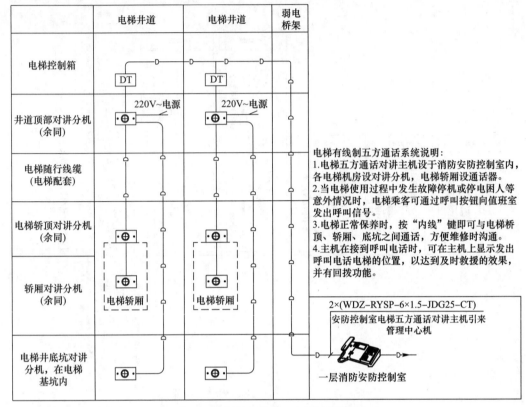

图 9-31 电梯有线制五方通话系统图

通过广播切换模块实现消防应急广播和背景音乐的音源切换输入。

10. 会议系统

多功能厅会议系统建成后可以满足 128 人的学术报告会议，文艺演出等多功能需要。多功能厅长 15.0m，宽 15.0m，面积约 225m²。多功能厅建成后主要以满足学术报告、中小型会议、各类型培训及文艺演出为一体的多功能场所。

多功能厅会议系统可实现其他信号（闭路电视、广播电视、网络会议信号等）接入视频显示系统，同时具备网络出口，实现双向网络电视会议交流、现场实况实时播出、转播、录像等。该会议系统包括音响扩声系统、舞台灯光系统、舞台机械幕布系统、LED 显示系统，形成一个集音频、视频为一体的综合管理系统保证所采用的设备和技术属世界主流产品。

多功能厅会议系统平面图如图 9-33 所示。

(1) 系统设计指标：满足《厅堂、体育场馆扩声系统设计规范》GB/T 28049—2011 中多用途类扩声一级指标。

1) 声压级≥103dB。
2) 语言传输指数 STI：满场（80％观众）时观众席大部分区域平均值≥0.5。
3) 充足的功率储备≥1∶1.5。
4) 主观感受：丰满度、明亮度、圆润度、柔和度、温暖、真实。

(2) 系统配置方案。

音响扩声方面：配置专业多合一有源柱形扬声器 2 组；每组（低音＋全频扬声器组合）

第9章 无源光局域网系统工程实例

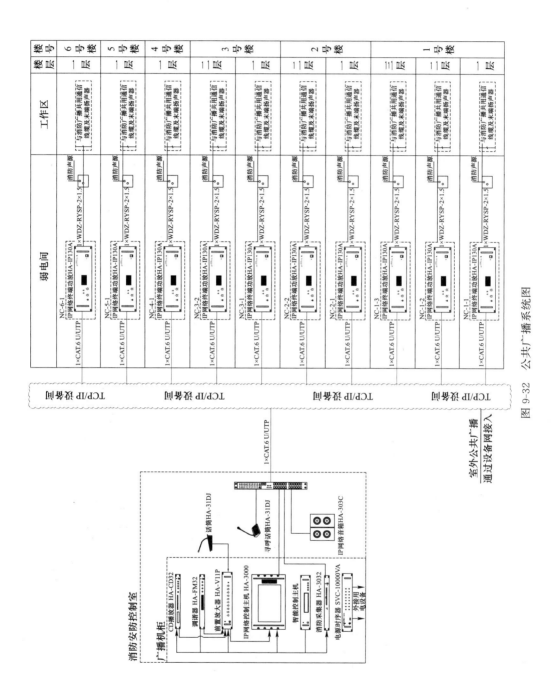

图 9-32 公共广播系统图

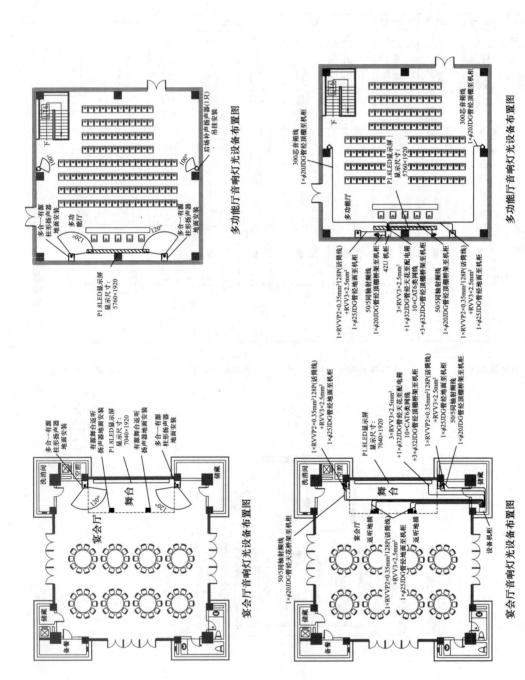

图9-33 多功能厅会议系统平面图

来完成整个场地的左、右立体声声道扩声工作；另外设置后场全频补声扬声器 2 只，整个音箱系统的特点是功率大、灵敏度高、最大声压级频响曲线稳定，能保证听众听到清晰动态广阔而不失真的发言。

音频处理设备：选用 16 路专业数字调音台作为调控设备的核心，保证系统操控灵活、可靠性强、信号质量优良。配置 4 进 8 出数字音频处理器 1 台，以及 5 寸有源监听一套，8 组 12 路滤波电源时序器 1 台，确保每个会议室各设备的开关电源顺序，避免不必要的人为因素干扰，确保设备安全使用。

拾音设备：选用高品质单通道数字无线话筒系统（4 套单通道无线手持话筒，4 套单通道无线头戴话筒以及 2 套话筒信号放大系统），确保多套话筒同时使用不干扰、串频、增强话筒信号等、满足文艺表演需求。为满足多功能厅演讲需求，设置 1 只会议话筒。无线数字会议设备：选用数字会议主机 1 台，数字会议主席单元 1 只，数字会议代表单元 5 只，满足主席台每位参会人员发言需求。

11. 信息导引及发布系统

（1）本项目设置一套信息导引及发布系统，对本子项内采取集中控制、统一管理的方式将视音频信号、图片和滚动字幕等多媒体信息通过网络平台传输到显示终端，以高清数字信号播出。其信息发布服务器设置在外网机房内。如图 9-34 所示为基于设备网的信息发布系统图。

（2）系统采用 B/S 架构，使管理平台与服务器相对分离，管理者只需通过网络登录服务器端即可完成内容设计并发布，节目通过网络传输到各播放端，进行本地播放。本系统具有多媒体发布、公共信息发布等功能。

（3）点位设置原则：本项目在各层电梯厅设置 32 寸（1066.7mm）液晶信息发布屏。

12. Wi-Fi 网络系统

本系本工程设置一套 Wi-Fi 系统，覆盖办公区及酒店客房。

9.3.4 机房工程

机房工程按照《数据中心设计规范》GB 50174—2017 相关条款 C 级机房标准进行设计建设。如图 9-35 和图 9-36 所示，分别对弱电机房、消防安防控制室的机房装修、电气工程、防雷接地及空调系统进行设计。

1. 机房装修（弱电机房、消防安防控制室）

（1）地面装修：机房地面找平，防尘处理，机房采用无边全钢 600mm×600mm×35mm 抗静电地板，防火等级一级，分散承受力大于或等于 12kN，表面 PVC 贴面，地板高度 300mm，出入口处设置踏步台阶。

（2）墙面装修：采用钢质龙骨基层内加防火保温材料。彩钢板面层具有装饰性强、防电磁干扰性好达到阻燃、隔声、降尘的功能。

（3）顶面装修：吊顶采用 600mm×600mm 的铝合金微孔顶板。

（4）踢脚线：采用 100mm 高拉丝不锈钢踢脚。

（5）门：机房进门采用外开甲级全钢防火门。

2. 电气工程设计

（1）动力配电系统：机房内用电设计为一级负荷，采用两路 380V/220V 电路经 ATS 给 UPS 主机及空调照明供电，设备机柜提供双电源供电，地板下安装 16A 的工业连接器，

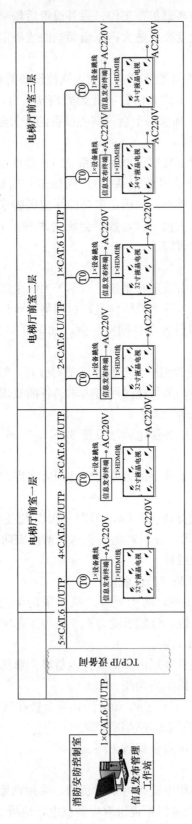

图 9-34 基于设备网的信息发布系统图

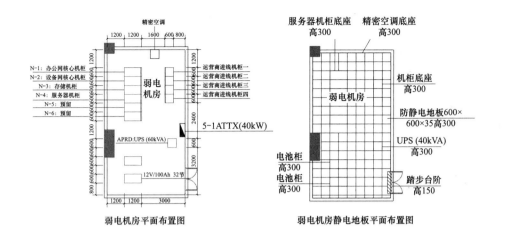
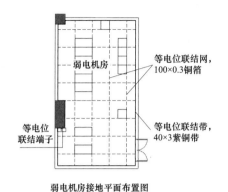
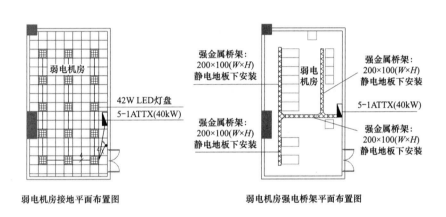
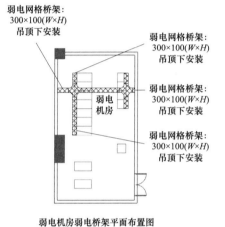

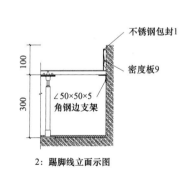
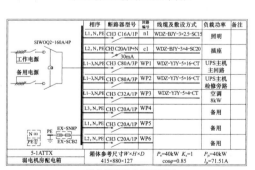

图 9-35 机房工程-弱电机房

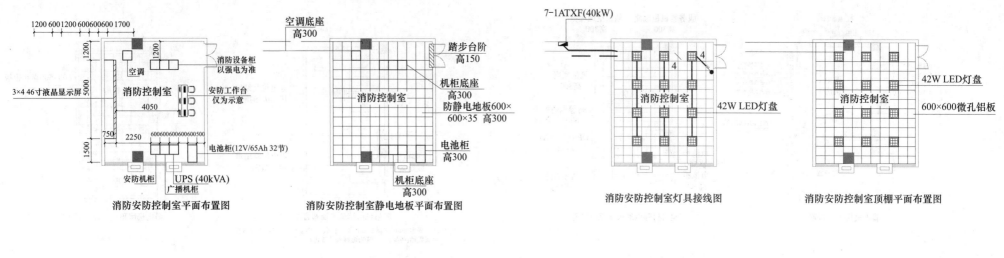
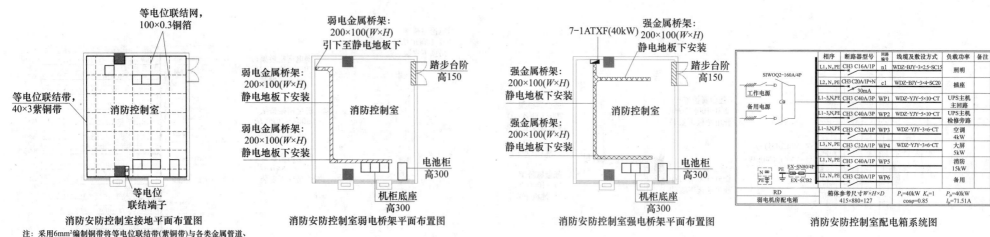
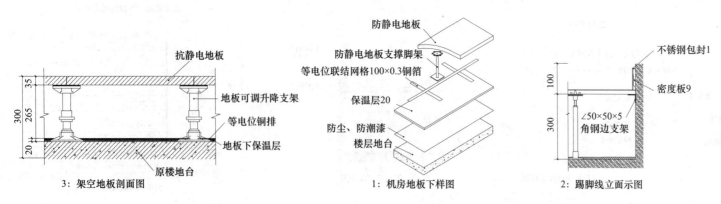

图 9-36 机房工程-消防安防控制室

设备机柜配置1台防雷电源分配器（PDU）。

（2）照明系统：弱电机房照度500lx，无眩光，眩光限制等级为Ⅰ级；照明系统采用分区分路集中控制方式，应急照明持续时间≥180min。

3. 接地及防雷系统

（1）机房采用零线和地线分开设置的TN-S联合接地方式，总接地电阻小于1Ω，零-地压降小于1V。

（2）抗静电地板下均铺设紫铜带做静电泄漏网。其中等电位联结带采用40mm×3mm紫铜带，等电位联结网采用100mm×0.3mm铜箔。采用6mm²编制铜带将等电位联结带（紫铜带）与各类金属管道、金属线槽（桥架）、建筑物金属构件等进行连接。

（3）从联合接地引一路专用地线至机房，做等电位连接排。

（4）设计安全可靠完整的二级防雷系统，市电配电柜采用B+C级防雷器保护。

4. UPS配电

弱电机房设置60kVA UPS电源1套，后备时间0.5h。

消防安防控制室设置40kVA UPS电源1套，后备时间0.5h。

5. 弱电间

（1）墙面地面采用防尘、防潮、防静电处理；

（2）网络机柜下采用金属设备底座，底座与地面、机柜与底座均进行螺栓固定。金属底座由∠40mm×40mm×4mm角钢现场制作。

6. 其他

除上述措施之外，机房内环境还需要进行防火、防噪声、防鼠虫和防盗措施。

（1）机房所选择的吊顶板、防静电地板以及其他内装修材料的燃烧性能均为A级，符合《建筑内部装修设计防火规范》GB 50222—2017的有关规定。

防火涂料：不可避免的木质隐蔽部分应作防火处理。

防火阀：新风管跨越消防分区时，采用防火阀的方式保证隔绝。

防火枕：强弱电线槽及桥架等穿越不同防火分区时加防火枕隔离。

安全疏散：机房有畅通的疏散通道、足够的疏散出口和醒目的疏散标志。

（2）机房主出入口采用门禁系统限制外来人员进入。室内安装视频监控摄像机，当有人员非法闯入时，提示并及时报警。

9.3.5 其他

1. 防雷保护

（1）本建筑的防雷装置能满足防雷电磁脉冲和雷电波的侵入，并满足总等电位联结的要求。

（2）室外信息化设备及入楼的信号铜缆均应加装相应等级的浪涌保护器保护，如室外摄像机、室外广播信号等。室外入户光缆外皮应接地。

2. 接地系统

消防安防控制室等弱电设备用房采用共用接地装置，其接地电阻不大于1Ω。

3. UPS供电

本工程电话网络机房、安防控制室、弱电竖井内弱电设备均采用UPS电源供电，后备时间30min。其中弱电中心机房内UPS容量由机房工程专业设计确定。弱电竖井内UPS

供电采用分散式 UPS 供电。

4. 电气抗震

机电系统的抗震设计应由专业公司进行设计，深化方案报设计院审核。确保满足《建筑与市政工程抗震通用规范》GB 55002—2021 及《建筑机电工程抗震设计规范》GB 50981—2014 的要求，抗震支撑最终间距应根据具体深化设计及现场实际情况综合确定。

本 章 小 结

随着大数据、云计算的高速发展，对数据"南北向"传输，提出高带宽、低时延的要求，无源光局域网 POL 在此场景下具有优势。本章以学校、办公楼、旅馆建筑的无源光局域网设计为例，介绍在不同应用场景下无源光局域网的应用特点，光分路器和 ONU 的设置位置及安装方式，分光比的确定依据。了解无源光局域网在设计实际应用中的架构组成，了解无源光局域网在办公网及设备网的设置差异。

参考文献

[1] 于海鹰，朱学莉. 建筑物信息设施系统［M］. 北京：中国建筑工业出版社，2018.

[2] 中华人民共和国住房和城乡建设部. 建筑电气与智能化通用规范：GB 55024—2022［S］. 北京：中国建筑工业出版社，2022.

[3] 王月明，张瑶瑶，吴建明. 建筑物信息设施系统［M］. 北京：机械工业出版社，2020.

[4] 中国勘测设计协会. 无源光局域网工程技术标准：T/CECA 20002—2019［S］. 北京：中国建筑工业出版社，2019.

[5] 中国勘测设计协会. 智能建筑工程设计通则：T/CECA 20003—2019［S］. 北京：中国建筑工业出版社，2020.

[6] 中华人民共和国住房和城乡建设部. 综合布线系统工程设计规范：GB 50311—2016［S］. 北京：中国计划出版社，2017.

[7] 中华人民共和国住房和城乡建设部，中华人民共和国国家质量监督检验检疫总局. 综合布线系统工程验收规范：GB/T 50312—2016［S］. 北京：中国计划出版社，2017.

[8] 中国建筑标准设计研究院. 综合布线系统设计与施工（国家建筑标准设计图集）：20X101-3—2020［S］. 北京：中国计划出版社，2020.

[9] 中华人民共和国住房和城乡建设部. 智能建筑设计标准：GB 50314—2015［S］. 北京：中国计划出版社，2015.

[10] 中华人民共和国住房和城乡建设部. 民用建筑电气设计标准：GB 51348—2019［S］. 北京：中国建筑工业出版社，2020.

[11] 中华人民共和国住房和城乡建设部. 教育建筑电气设计规范：JGJ 310—2013［S］. 北京：中国建筑工业出版社，2014.

[12] 中华人民共和国住房和城乡建设部. 科研建筑设计标准：JGJ 91—2019［S］. 北京：中国建筑工业出版社，2019.

[13] 中华人民共和国住房和城乡建设部. 智能建筑工程施工规范：GB 50606—2010［S］. 北京：中国计划出版社，2011.

[14] 中华人民共和国住房和城乡建设部. 安全防范工程技术标准：GB 50348—2018［S］. 北京：中国计划出版社，2018.

[15] 中华人民共和国住房和城乡建设部. 公共广播系统工程技术标准：GB/T 50526—2021［S］. 北京：中国计划出版社，2018.

[16] 中华人民共和国住房和城乡建设部. 数据中心设计规范：GB 50174—2017［S］. 北京：中国计划出版社，2017.

[17] 中华人民共和国住房和城乡建设部. 建筑物电子信息系统防雷技术规范：GB 50343—2012［S］. 北京：中国建筑工业出版社，2014.

[18] 中华人民共和国住房和城乡建设部. 电子会议系统工程设计规范：GB 50799—2012［S］. 北京：中国计划出版社，2013.

[19] 中华人民共和国住房和城乡建设部. 建筑节能与可再生能源利用通用规范：GB 55015—2021［S］. 北京：中国建筑工业出版社，2021.

[20] 中华人民共和国住房和城乡建设部．建筑工程设计文件编制深度规定（2016年版）[S]．北京：中国计划出版社，2016．

[21] 中华人民共和国住房和城乡建设部．建筑机电工程抗震设计规范：GB 50981—2014 [S]．北京：中国建筑工业出版社，2014．

[22] 王娜．智能建筑信息设施系统 [M]．北京：人民交通出版社，2007．